国外城市规划与设计理论译丛

城市设计理论与实践
Stadtgestaltung Theorie und Praxis

[德] 米歇尔·特瑞普　著

王　骞　吾　超　陈神周　译

鲁西米　张亚津　校

中国建筑工业出版社

著作权合同登记图字：01-2021-2439 号

图书在版编目（CIP）数据

城市设计理论与实践 ／（德）米歇尔·特瑞普著；
王骞，吾超，陈神周译．—北京：中国建筑工业出版社，
2021.5
（国外城市规划与设计理论译丛）
书名原文：Stadtgestaltung Theorie und Praxis
ISBN 978-7-112-25322-7

Ⅰ．①城… Ⅱ．①米… ②王… ③吾… ④陈… Ⅲ．
①城市规划－研究 Ⅳ．①TU984

中国版本图书馆CIP数据核字（2020）第130214号

Stadtgestaltung Theorie und Praxis **Michael Trieb** ISBN 978-3-0356-0046-9
© 1974 Birkhäuser Verlag GmbH, Basel P. O. Box 44, 4009 Basel, Switzerland, Part of De Gruyter
Chinese Translation Copyright © China Architecture Publishing & Media Co., Ltd. 2020
China Architecture Publishing & Media Co., Ltd. is authorized to publish and distribute exclusively the Chinese edition. This edition is authorized for sale through-
hout the world. No part of the publication may be reproduced or distributed by any means, or stored in a database or retrieval system, without the prior written
permission of the publisher.
本书中图片标注了图片来源；未标注者均由Maria-Elaine Kohlsdorf, Jurek Katz 和 Wittig Belser 按照作者意图拍摄或绘制。
本书中文翻译版由瑞士伯克豪斯出版社授权中国建筑出版传媒有限公司独家出版，并在全世界销售。

责任编辑：张幼平　费海玲　孙书妍
责任校对：张惠雯

国外城市规划与设计理论译丛
城市设计理论与实践
Stadtgestaltung Theorie und Praxis
[德] 米歇尔·特瑞普　著

王　骞　吾　超　陈神周　译
鲁西米　张亚津　校

＊

中国建筑工业出版社出版、发行（北京海淀三里河路9号）
各地新华书店、建筑书店经销
北京方舟正佳图文设计有限公司制版
天津图文方嘉印刷有限公司印刷
＊

开本：787毫米×1092毫米　1/16　印张：24½　字数：413千字
2021年5月第一版　2021年5月第一次印刷
定价：**98.00**元
ISBN 978-7-112-25322-7
（36096）

中文版序一

在 1900 年之后，城市功能主导的现代主义运动崛起，城市设计学科也没有在巨浪之中失去过自己的声音。从 20 世纪中叶开始，城市设计作为一门古老的学科，以海纳百川的态势与包容性容纳了建筑学、城市规划学、城市经济学、社会学、环境心理学等范畴，一直在顽强地拓展，从美学到功能复合，从社会问题的解决手段到生态保育的人与自然关系的整合设计，城市设计生生不息，今天城市设计更是融合了人工智能大数据的计算和深度学习的方法。

我们重新去阅读米歇尔·特瑞普（Michael Trieb，1936～2019 年）这部完成于 1974 年的著作，十分感慨。城市设计的理论体系因为其设计对象的生长，始终有一个主体对象飘移的重大问题。如何为城市形态与景观体系的塑造提供更具系统性、更具科学性的支持体系，并在实践中应用，是城市设计研究学者的重大挑战。对此，米歇尔·特瑞普的这一著作为我们提供了一个深具历史观视野与现实意义的思路。

凯文·林奇的《城市意象》（The Image of The City，1960 年）奠定了区域、边界、节点、路径和标志物为城市设计五要素的基础理论。1970 年代，安特罗·马克林（Antero Markelin，1966 年任斯图加特大学建筑与规划系主任）与米歇尔·特瑞普同为斯图加特大学规划系主力教师，敏锐地投入城市物理环境塑造与心理性的相互共鸣关系研究之中，迅速获得了国际影响，并构建了国际化研究联动网络，在城市设计的人文科学领域的理论、方法与实践领域中保持着高水准。他们借助模型，使用了模仿人的视点的窥镜与当时仍属于先锋技术的计算机模拟，进行了大量的环境模拟研究，并在学院普及推广其研究方法与技术设备[1]。1974 年，米歇尔·特瑞普教授出版了《城市设计理论与实践》（Stadtgestaltung. Theorie und Praxi），为一个以人性为本源的城市与社区制定了完整的标准体系。他的目标是让这本书成为建筑师、规划者、建设业主与政治家的工作手册。借鉴格式塔心理学（Gestaltung）和现代心理学、美学的系列理论体系，他对凯文·林奇的城市意象理论作出

---

1 Johann Jessen, Klaus Jan Philipp. Der Städtebau der Stuttgarter Schule.

了欧洲学派的理解和深化。他更为深入和系统地研究了人的主观体验与城市的客观环境的动态交互作用全程，并着力将一个城市设计理论的三级框架应用于规划实践中。1975 年，特瑞普教授出任斯图加特大学城市规划研究院建筑与城市规划系主任，领导起欧洲的城市设计理论的研究。

米歇尔·特瑞普的城市设计理论模型分为三个层级：

1. 静态城市设计（Stadtgestalt）：城市物质空间塑造，由城市建筑、街道、自然、功能、层级等组成的空间设计。特瑞普教授诗意地描述为：当城市晨曦初启，静谧的街道、建筑、公园沐浴在晨光中，没有人的介入，一个城市的实体性与非实体性的客观环境。

2. 动态城市设计（Stadterscheinung）：城市感知流程创造，由城市不同局部空间串联形成整体城市的感受设计。具体设计手段有：A. 借助空间序列；B. 借助交流活力区（例如唐人街、轨道交通站点、市场中心等）；C. 借助一个城市天际线等联动要素；D. 借助关联品质（Beziehungsqualitaet）。此为首创的城市设计理论。

3. 城市互动设计：城市客观环境与主观体验间的有效互动构造，一方面激活散布于物质空间中的潜在信息，构造城市各场所对于人的有效感受；另一方面，以人为本，以不同个体感知力差异为依据，构造城市客观环境最有效的感受。

城市设计，以城市意象作为个体心理层面对于城市的最终意象。特瑞普教授总是这样形容：结束了一天的城市游历，闭目沉思，一座城市予以个体的最终意象。一方面，它既是个体对空间环境经验的综合，另一方面，它由散布在三维空间中的环境信息中为我们所感知到的那部分所构成。

自静态城市设计至动态城市设计，最终实现对城市意象的补充和完善，特瑞普教授的理论以人为个体，将城市意象转化为每个个体对城市的感受历程，并在模拟过程中提取出了系列可评估要素、可评估标准，其中有"可定向性（Orientierung）""连续性（Kontinuerlichtaet）""变化性（Abwechselung）""唯一性（Einmaligkeit）"等系列与环境心理学相关的评价标准。在书中的第二部分设计实践中，进一步罗列了出明晰性、对比、独特性和生动性等品质，以及隔断、突显、紧缩、延伸等效果，结合已有城市空间和实践需要，体现这一理论在设计与实践层面的实用性[1]。这些设计要素在当时，乃至今天的大量城市设计实践中，

1 张亚津，王骞. 城市设计：欧洲 80 年代城市规划转型期的新兴价值观. 西部人居环境学刊，2015（5）：41.

仍然处于空白或不自觉的应用状态。

城市感知与城市设计分列这一序列的两侧。正向，是一个城市观察者体验城市的历程；反向，事实上正是城市设计的工作历程：首先讨论和确定未来构建的核心意象，将其分解为重要的感受历程、天际线的呈现效果，具有特定价值的空间节点与承载其的公共空间体系等系列内容，然后将其落实为环境层面、城市功能层面、建筑层面的系列设计与管制要素内容。这正是城市设计的本源性意义、本源性过程与本源性价值。

特瑞普教授此作已于 1977 年被列入德国大学的城市设计 / 建筑的基石丛书系列（Bauwelt Fundament 43），可以称得上欧洲学派的基石性的重要著作，也是了解城市设计欧洲学派，尤其是德国学界与美国城市设计理论之不同的重要篇章。

特瑞普教授出版的其他著作还有《规划实践中的城市形态：从总体规划到用地审批中的全程性城市设计——作为市政工作的要素》（Stadtbild in der Planungspraxis. Stadtgestaltung vom Flächennutzungsplan bis zur Ortsbausatzung als Element der kommunalen Arbeit, 1976）、《城市设计政策》（Stadtgestaltungspolitik，1985）等系列相关重要研究文献[1]，这些文献奠定了特瑞普教授在德国城市设计界具有重大影响力的一代城市设计理论大家的地位。

20 世纪 70～80 年代，城市设计在欧美各国进入了高峰期，西欧大量都市地区，美国波特兰、纽约等城市借此形成优良的指导性设计成果。米歇尔·特瑞普以其理论作为指导，与其导师安特罗·马克林教授共同完成了德国世界文化遗产城市吕贝克（Luebeck）的整体城市风貌保护规划

---

1 Antero Markelin/Michael Trieb, Stadtbild in Der Planungspraxis, Dva, Stuttgart 1976；Trieb, Grammel, Schmidt, Stadtgestaltungspolitik: Aufgaben, Instrumente, Strategien, Stuttgart 1979.

（Stadtbildplanung），此为德国首个为历史城市整体空间体系构建的全新的城市规划类型。之后，特瑞普教授于 1979 年创立了 ISA Stadtbauatelier（意厦，ISA）研究与规划设计机构，完成了 60 多个德国历史城市的城市风貌保护规划，包括德国的 3 座世界文化遗产名城：施特拉尔松德（Stralsund）、波茨坦（Potsdam）和马拉喀什（Marrakech）。ISA 以汉莎城市施特拉尔松德在德国首创了城市景观风貌规划（Stadtbildplanung），第一次将城市形态的分析图作为城市设计法规的法定文件内容，部分刊发。作为其重要实践作品，这些内容附在本书之后[1]。斯图加特大学城市规划学院评价，特瑞普教授高强度的研究与实践，为学院提升在建筑与城市规划领域的研究实力和良好声誉发挥了关键性作用[2]。

20 世纪 80 年代之后，国际城市设计研究纳入了城市社会问题。另一方面全球资本的力量又在虐待城市设计的实务，城市设计的品质被忽视[3]。欧洲城市设计研究学界在汲取经验教训后，努力尝试城市设计在城市管理工作中的应用路径与手段，研制城市设计导则，成立城市形态管理委员会等；此外还扩展深入城市各专项功能中，如从历史文化遗产区域到工业区、旧城区、快速道路周边等专项城市设计。

近半个世纪来，米歇尔·特瑞普教授致力于城市设计的本源理论、城市设计方法创新、城市设计类型创新，并努力以城市设计成果的法规化来提升城市的品质。或许这并不受建筑师与开发商欢迎，被指责约束了创造力发挥和投资回报。而特瑞普教授推动了人类及人类文化遗产的形成、培养和发展，以历史文化激活现代美丽。

2016 年，我特别邀请了 ISA Stadtbauatelier，邀请其奠基者米歇

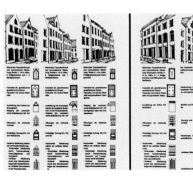

施特拉尔松德融入城市设计分析图的法定城市风貌条例和建筑设计导则

1 ISA Stadtbauatelier. Hansestadt Stralsund Stadtbildplanung, 1992.
2 Städtebau-Institut. Nachruf Prof. Dr. Michael Trieb (1936-2019), https://www.si.uni-stuttgart.de/.
3 Jon Lang. Urban Design, The American Experience. Wiley, 1994.

尔·特瑞普教授，一起参加北京副中心的城市设计。在北京工作期间，我们相聚甚欢，我们谈到了过去 30 年曾经在德国博登（Bodensee）湖边、杭州西湖边、斯图加特工业大学的办公室以及在我同济大学创作室的相见场景，一起研制北京副中心的历史风貌、生态环境、大运河两岸公共场所的感知强化，太多的共识以至于两人不需要每个观点和设计处理的表达，这就是城市设计师在团队里特别看重的设计默契。那次我俩领衔的同济规划院与 ISA Stadtbauatelier 获得了最高奖。

2019 年初，ISA Stadtbauatelier 突然传来消息，特瑞普教授在斯图加特的家中安静地离开了。据说离开之前几天，他还保持着清醒的思考和对城市设计工作的指导。对于我来说，特瑞普教授是我城市设计领域真正的良师益友，他对中国文化，对中国城市，对中国人都充满了敬意、尊重和热爱，我想这是我俩保持 30 年学术联系的重要原因。

我在写此序时，也在梳理特瑞普教授的城市设计学术思想。特瑞普教授终其一生，将城市设计作为一种世界观、人生价值观，把人作为其城市设计的主题中心，将"美"置于其价值观的重要位置，举起城市法律法规作为城市品质的保护武器。

特瑞普教授离开我们，是国际城市设计学界的一大损失。幸好他在中国留下了 ISA Stadtbauatelier 机构，在德国，在中国，在欧洲和亚洲，他的城市设计事业都在继续。如 ISA Stadtbauatelier 在明欣根（Münchingen）完成的德国小村镇的城市设计导则的研制，代表了欧洲城市设计的最新研究与实践：对于低敏感度地区，结合当代西欧人居的现实性要求的新型实践方向——如何核定符合个体特性的城市设计控制性要素与评价标准，如何以生动有趣的方式，构建公共参与的基础信息平台[1]。

在 21 世纪，我们不断探索城市设计和人工智能城市的今天，这本书在中国的出版恰逢其时。"以人为本"不再仅仅是一句响亮的口号，而是将人的多层次需求的理解和满足通过数据传感给人工智能城市大脑，将城市意象、动态城市设计通过数据化的表现和计算，落实到城市设计中。

我们处在未来变革的前沿，前人留下了那一缕智慧光芒。

吴志强

2020 年 5 月 于同济校园

---

1 ISA Stadtbauatelier：Designgui-delines for small village Münchi-ngen, Germany，2017

中文版序二

米歇尔·特瑞普的《城市设计理论与实践》(*Stadtgestaltung Theorie und Praxis*) 问世，重新开启了德国和奥地利撰写关于城市建设、城市规划和城市设计书籍的悠久传统。1890 年（130 年以前），出版了第一本德语版的城市设计书籍。在此期间，由于工业革命（原文为第四次工业革命——译者注），欧洲的城市经历了快速的城市化。奥地利建筑师、城市规划师、维也纳科技大学的城市设计教授卡米洛·西特（Camillo Sitte，1843–1903 年）出版了《城市建筑与发展》(*Der Städtebau nach seinen künstlerischen Grundssätzen*) 一书；科隆资深城市规划师约瑟夫·赫尔曼·斯图本（Josef Hermann Stübben，1845 ～ 1936 年）撰写了《城市建设》(*Der Städtebau*)。数十年来，这两本书对参与城市建设的建筑师和规划师产生了深远的影响。20 世纪末期，自功能主导的城市规划结束和时代精神运动（Zeitgeist movements）兴起以来，卡米洛·西特的书因提出了场所营造的概念而获得了巨大复兴，卡米洛·西特的书被翻译成英文，而在此之前没有一本关于城市设计的书籍被翻译成英文进入英语阅读世界。英美出版商和读者从未对德国城市设计和规划理论表现出太大兴趣，对于米歇尔·特瑞普关于城市设计理论的书亦是如此。本书的中文译本是他的书第一次翻译成另一种语言。

在国际范围内就城市设计和城市规划进行交流时，必须严谨地对待语言的问题。在德语语言环境中，城市建设（Städtebau）、城市规划（Stadtplanung）和城市设计（Stadtgestaltung）的释义是有差别的。城市建设（Städtebau）在德语中是指建筑师和规划师在面对城市居住区设计、城市区域规划、城市扩张或是城市新城设计时的流行话题，并聚焦于城市物理空间的发展。城市规划（Stadtplanung）是指更全面的综合自然、经济、社会和生态的城市发展。而城市设计（Stadtgestaltung）则仅涉及城市建设的美学层面，是为了努力保护、提升和维护城市建设环境之美，主要指城市的公共空间设计。

米歇尔·特瑞普在他的书中探索的领域是城市设计。对他而言，城市设计是一种建筑环境的规划艺术，以反映公民的愿望、期望和行为方式。米歇尔·特瑞普在该书第一版的序言中表示，这本书不应仅视为从业人员的手册，它还为建筑师和城市规划师提供了城市设计的方法。他的目的是启发城市设计师，并希望激发他们谨慎思考城市物理空间的发展。

该书分为两个主要部分，第一部分是论述城市设计理论，第二部分是将理论转化为实践。在本书的第一部分中，作者为"城市"做了定义并描述了"设计"，阐述了为什么城市设计只是城市规划的一部分，同时也是城市发展中的独立领域，以及解释了城市设计理论的意义。其次，详细描述了他的城市设计理论包含的所有基本要素。在第二部分中，作者告诉读者作为城市设计师在城市规划实践过程中会面临什么样的挑战。因此，米歇尔·特瑞普充分意识到城市设计的目标之崇高，理论之理想化与现实城市发展的残酷性之间的不匹配。基于他的实践经验，作者通过总结在规划实践中完成城市设计项目的方法，来为他在城市设计领域的知识之旅画上一个句点。

该书于1974年首次出版，当时作者在斯图加特工业大学任教。这本书将城市设计的理论与实践联系在一起。在将近五十年的时间里，作者向斯图加特工业大学的建筑系学生介绍了城市建筑、城市规划和城市设计的艺术。作者建议德国的城市通过设计规范来规范城市发展，当然这并不总是令建筑师和开发商高兴，因为他们不希望受到规范的制约——这将限制其创造力的发挥和寻求更大的投资回报。当他们必须遵守当地的设计法规时，常常会感到自己的建筑创造力和信仰受到限制。在当代，有活力的、美丽的城市会培育自己的建筑遗产。米歇尔·特瑞普一直是一个充满热情的城市设计师，他的目标是在理论与实践之间架起桥梁。为了将他对人本城市的理论和热情传递到每一个城市，也为了在大学传授城市设计实践中所汲取的经验，他创立了ISA Stadtbauatelier研究与规划设计机构，成功地为德国吕贝克（Lübeck）、波茨坦（Potsdam）、施特拉尔松德（Stralsund）、纽勃兰登堡（Neubrandenburg），以及中国和其他国家（地区）的许多城市做了大量的设计方案，为理论和实践之间架起了桥梁。

在这本书问世的半个多世纪前，即德国战乱后的城市重建20年后，城市设计质量成为德国最关心的问题：地方政府开始规范城市设计，从寻求利润的开发商项目中保护其内城和私人土地所有者，以确保功能复合的城市传统，并提高生活质量和城市景观的美感。最初城市从推行内城步行化开始，现在这些城市及其来自世界各地的游客都从这种城市设计规范中受益。

在 21 世纪，在新自由主义市场经济未受挑战，地方政府的政治利益相关者掌权的时期，房地产和房地产企业及其在地方政府中的合作伙伴几乎有无限的权利来决定城市建设的地点和方式。城市设计的问题并未得到关注。因此，开发商和地方政府之间的竞争，以及为双方提供建议的城市设计师之间的竞争，都变得越来越紧张。城市设计已经成为有远见的建筑师和务实的规划人员之间在法律上受到严格管制的城市发展环境中进行的意识形态上的战场。另外文化环境在城市设计实践中起至关重要的作用。如今，智能城市发展战略促使德国和中国的城市面临新的挑战，例如新型自动汽车、无人驾驶汽车和公共场所的数字监控。它们需要新的城市设计方法来适应各自的地域文化背景。

中国建筑师和规划师可以从这本书中学到什么？在未来几十年中，城市修复将是中国城市面临的最大挑战。特别是那些经历了快速增长的城市，将不得不探索如何进行修复。为此，这本基于德国城市设计经验的书将给予极大的启发。阅读本书时读者会了解到，"二战"期间遭受严重破坏的德国市中心已经重建起来，它并没有成为一个德国的迪士尼乐园，而是一个充满活力的、功能复合的、步行化的城市，可容纳住房、办公室、商店、小型企业、工艺品工作坊和休闲设施，其中公共场所起着重要作用，并且保留了当地特色。来自世界各地的游客喜欢在德国市中心漫步，而不仅仅是因为其大型超市和美食广场。这些城市中心在很大程度上反映了，在过去的几十年中，地方规划文化、设计法规和城市设计师以及设计控制和执行者在德国为维持人性化尺度的传统城镇景观所发挥的至关重要的作用。这种模式与美国的城市规划实践大不相同，后者是由资本和房地产文化主导的城市发展。英美城市设计文献反映了其不同的社会经济和政治环境背景。这种不同的观点使米歇尔·特瑞普的书对于从业者和学者来说是一本好的教科书，尤其是那些期望有资格参与城市修复挑战、寻回中国城市本土文化特点的中国建筑和规划专业学生。尽管这本书出版至今已有将近50 年，但欧洲所面临的城市设计挑战并没有改变。因此，这本书仍然是必不可少的作品，德国的城市设计师在设计新的城市住宅区时仍会阅读和使用。书中介绍的城市设计方法在很大程度上反映了德国的文化背景，因此在转换到另一种文化背景中使用其城市设计方法时都必须格外谨慎小心和保持敏感。我希望中国城市设计师能从这本书收获鼓舞和启发，并撰写出中国的城市设计理论。中国正迫切需要这样的书来指导中国未来的城市修复和发展。

克劳斯·昆兹曼教授
维也纳工业大学博士学位，纽卡斯尔荣誉博士学位
英国皇家城镇规划学会荣誉会员
多特蒙德技术大学荣誉教授
伦敦大学学院巴特利特规划学院名誉教授
南京东南大学客座教授

译校说明

　　本书的三位译者王骞、吾超、陈神周，两位校者：我与鲁西米均有中国与德国斯图加特大学双重教育与研究背景，并在城市规划领域从业多年，其间米歇尔·特瑞普教授（1936～2019年）曾是我们的博士导师、硕士导师，并在事务所长期共事。

　　2000年，我自清华大学本硕毕业后，前往斯图加特开始计划攻读博士学位。圣诞前夕，我拜访了米歇尔·特瑞普教授，第二年4月开始正式撰写博士论文。2012年，我以西欧与中国新城建设为主题的博士论文终于答辩完成。向他学习，与他共事的十数年，他在理论与实践两个层级上向我展示了城市设计的魅力及其高度的复杂性。

　　1974年，米歇尔·特瑞普出版了《城市设计：理论与实践》（*Stadtgestaltung. Theorie und Praxi*），为一个以人性为本源的城市与社区制定了完整的标准体系。他的目标是让本书成为建筑师、规划者、建设业主与政治家的工作手册。借鉴格式塔心理学（Gestaltung）和现代心理学、美学的系列理论体系，他对凯文·林奇的城市意象理论作出了欧洲学派的理解和深化。他更为深入和系统地研究了人的主观体验与城市的客观环境的动态交互作用全程，并着力将一个城市设计理论三级框架应用于规划实践中。

　　受到20世纪60～80年代心理学、美学领域的背景影响，也来源于上述学科在本研究中的重要意义，原著中大量应用了这一阶段横向其他人文学科的研究成果与专用名词。格式塔心理学与大量后现代主义时期的相关学科研究均源起于德国学术研究，此一背景让原著的德语专业词汇呈现出极高的复杂性，其中部分内容例如量化美学、价值美学、拓扑心理学等学科领域，读者或许可以查询基本概念；但该领域中细分的一些专业词汇，则构成了阅读的明显障碍。

　　希望读者在阅读本书的同时查阅其他领域的翻译著作以了解这些专业词汇，显然是不现实的。直至现在，各种语境殊异的特殊专业词汇，一则与德语原著之间的关系已然脱离——难以阐述其他相关著作该名词解释的详细语境，一则与现代中国城市的应用者、管理者——简而言之，青年一代的实际使用语境并不完全一致。因此，把这些词直接抛出，必然造成整体可读性的下降，理解结果恐怕也是不可控的。这是翻译的困境，40 年时间跨度的困境，也是特定时代环境心理学在今天重新挖掘、重新展示并与当代人居学科融合的困境。

对此，本书的处理方式是：

——心理学或其他学科方面已有中文常规标准表述的，循例使用。如 Vorstellung 译为"表象"，Image 译为"意象"，Bedeutung 译为"意义"等词汇。

——其他专业词汇，融合中文语境翻译，并尽量附上德语原文，以期读者理解其含义及衍生结构，感受相应的微妙区别。

——一些规划程序专用词汇，原则上按照中国城市规划的相应名词表述，以构成合理的阅读语境。

——与原文直译有明显差异的中文表述，在注释中做详细说明。

1985 年，特瑞普教授与芭芭拉·格伦瓦尔德（Barbara Grunwald）共同完成了另一本以实践为导向的德国城市建设指南，主题为"遵循城市风貌的保护和规划：地方风貌的保护、规划和法规"，1989 年正式出版命名为《城市形态与城市设计》（Stadtgestalt und Stadtgestaltung）。在这部书中，他绘制了一幅更为清晰的三级模型金字塔图，描绘了城市意象、动态城市设计、静态城市设计三个针对城市

设计实践的工作层级及三个体验层级的具体工作内容。其中静态城市设计层级进一步清晰转化为三个板块："城市功能体系、城市建筑体系与自然环境体系"——共同构成城市可见与不可见的现实条件，同时也是规划师的工作要素。

本书中城市设计理论模型中的三级层面，结合上述背景，以及与特瑞普教授多年共同研究、共同工作的经验，将其意译为城市意象（Stadtbild）层面、动态城市设计（Stadterscheinung）层面、静态城市设计层面（Stadtgestalt）。

这也是特瑞普教授平时描述这个理解历程时常用的表述方式，希望读者能够理解这项工作的初衷——让更多的人来理解和享受城市设计研究与实践的趣味，而不是望而却步。

在今天，重新去看待米歇尔·特瑞普这部完成于 1974 年的著作，不禁感慨，城市设计的理论体系始终是一个重大的难题，如何为城市形态与景观体系的塑造提供更具系统性、更具科学性的支持体系，并在实践中得到应用，是城市设计研究学者的重大挑战。对此，期待米歇尔·特瑞普这一著作为我们提供了一个深具历史观的视野与仍具现实意义的思路。

张亚津

德国注册规划师与建筑师

清华大学本科与硕士

斯图加特大学规划学院 博士

北京交通大学 兼职教授

ISA Stadtbauatelier 董事 中国地区合伙人

德文版原序

还记得大约十年前，受到凯文·林奇（Kevin Lynch）在《城市意象》中独具创见的解读方式的鼓舞，我们在柏林工业大学的一个研习班中开始效仿这种解读方式，对柏林威丁区（Wedding）的一个地段进行了研究。从那时起，德国广泛开展关于城市形态对该地区居民生活影响的研究，并探讨规划手段能在多大程度上干预这种影响。与此相关的著作不断涌现，而这一研究领域也渐渐作为独立的工作范畴，在规划实践中普遍推广。

因此，本书的出版可谓恰逢其时。在本书中，作者不仅尝试着汇集各个国家的相关研究，也**致力于用几条心理学法则和若干基本概念，将不同著作中的理念归纳入一个系统之中。更为重要的是，作者还对这些认知理论在规划实践中的运用提出了建议。**

要想研读这本书并不容易，有些概念也许只有在进一步阐释与澄清之后，才能更加便捷地为读者所理解。在此，我想力所能及地在本书的主张之外，对眼下城市形态的境况和当今城市发展的处境附上一己之见，好为读者理解本书打下基础。为此，我将尽可能简明地对城市设计（Stadtgestaltung）的社会背景和它可能的前景加以描绘。正是这些社会背景，将城市设计的学科塑成今天的样子，也只有遵循着某种前景，我们才能在城市设计中更进一步。

如今，作为欧洲"传统"工业国家，我们正步入一个全新的城市发展阶段：人口增长渐行渐缓、城市扩张止步不前，是这一阶段的典型特征。在当今的城市规划中，**我们所面临的最为关键的使命，是利用经济和社会结构转型的契机，让现存的城市结构"重归于秩序之中"。**这也就意味着，我们所面临的是持续不断的城市改造和城市更新。对于那些不尽如人意的城市而言，这无疑是个大好时机。我们能以长远的目光规整它们的形态（Gestalt），重建它们的秩序，让它们变得更加富于人性，为居民提供更为生动的城市体验。但至今为止，要想把握这个时机，我们手头不仅没有法规依据、经济支持和组织手段，也从根本上缺乏一种城市设计的基础理论；倘若没有一种基础理论作为依据，即便有再完善的法规和再丰厚的经济支持，恐怕也无济于事。

在"二战"之后的城市建设中，我们经历了史无前例的城市形态的破坏。原有的空间形态遗失殆尽，城市扩张中的空间特性也乏善可陈。即便偶有出色的单体建筑，也只是杯水车薪。城市核心区的更新，同样鲜有令人满意的实例。

面对历史城市，我们不能按样照搬，而只能以变通的形式加以借鉴。我们一方面面对着形形色色的历史遗产，它们亟待在风貌保护中重新焕发光彩；另一方面，我们却又必须基于当下的社会境况，建造和改建出属于我们时代的建筑，以使城市的形态和空间在持续的发展变化过程中永葆生机与活力。

如今，无论是城市形态的设计，还是人从城市形态中得到的体验和感受，它们的社会背景都与当时不可同日而语。对于一个不断生长着的城市，我们惟有乘上飞机，才能在万里云间一览其城市形态的究竟；而其他时候，我们只能通过在道路上行进，在片段或断面中窥见它的某个局部。这些纵横交错的道路、简单分割形成的地块、粗略划定的土地功能，连同投资公司和公共机构对重要项目的开发，是构成今日城市形态的决定因素。

城市形态在这些因素的共同作用下，难免差强人意。城市不仅在大的尺度上四分五裂，原有的形态细节也逐渐遗失——起伏的地貌，渐渐湮没在纯技术性的交通设施中，无论其形态还是空间，都和毗邻的建筑群关系甚微，只是依循工程技术的要求各自为政。建筑从此彼此隔绝，光凭建筑学的手段，已经无力彰显单个建筑在城市中的意义，更不用说整座城市本身的意义了。

随着时间的推移，我们正重新发现城市形态的重要意义。如今，人们的种种需求在数量上已经得到满足，我们衣食无忧，也不愁住所与工作。此时，基础城市功能的特性和日常生活空间的意义，便显得愈发重要了。我们不再将它们视作物质生活的工具，而是将它们视作生活质量的一部分。它们之间的关系和特性在日常空间环境中得到体验和感知，而城市形态正是其载体。环境的特性和意义，已与其功能特性同等重要了。

感性经验是通过感知获得的。个体对于所居住城市的责任感，只会随着他对城市的认同——或者说是对城市的爱——而增长。而爱，便是"感性"的一种。

如今，一座城市的整体特征，只能由对不同城区的片段以及将之联系在一起的交通网络拼凑而成。我们也因此陷入了一个困境——眼下，城市中的个体元素虽然前所未有地彼此依赖，倘若没有"基础设施"，我们的城市不出一天就会陷入瘫痪。城市作为一个整体，不是地块简单相加获得的总和，而是一个关联密切的复合生产体系。然而，如今我们却无力直观地感受到城市的整体性和内在关联。

抛开"纪念性建筑"不论，作为个体的建筑鲜有独立的意义——至少理应如此。一座建筑惟有置身于城市整体之中，才能发挥它的作用，进而获得它的意义。建筑一心想要表达自身，而这个愿望却如此可望而不可及——建筑师想要建造独一无二的建筑，却因为任务书中平平无奇的功能和建造方式而难偿其愿。面对大型集合住宅的窗洞和办公楼的规整立面，建筑师能做的调整何其有限！建筑学的表达手段已经渐渐被各式各样的霓虹灯、标牌和图标所取代。

在这种情形之下，"室外空间"无疑获得了无可替代的意义。即便是再平常不过的地形特征——几株树木、一座土坡或是一道水流，都使一个场景变得独一无二。而由各种道路构筑起来的崭新人工地貌，也成了城市设计中的重要问题之一。惟有通过地形地貌和道路环境构成的城市空间网络，才能为建筑及其室外空间提供框架，使之纳入一个整体的秩序中，从而使城市的整体性得以被感知。对于城市形态而言，至关重要的不再是单体建筑本身的质量，而是城市空间的秩序。**惟有在城市空间的内在秩序中，建筑物才能找到各自的归属、因地制宜地彰显出它们各自的建筑特性。因此，在公共的城市空间中塑造一系列彼此关联的空间体验，是城市设计最重要的任务。**

确定各个城市空间与场地之间的关系是城市规划的任务之一，而城市空间与场地的设计则是广义城市设计（即包括景观设计在内的城市设计）的任务。如果用足球术语打比方，城市规划与城市设计就好比送出了"助攻"，好让建筑师和业主在单体建筑的建造中"得分"[1]。因此，城市规划师、城市设计师和建筑师必须重新齐心协力、紧密合作。

城市形态如今陷入如此差强人意的境地，和公共机构、业主及建筑师之间关系的破裂也不无关系。如果我们想要一步步化解城市功能与城市形态之间的矛盾，那么我们就必须先好好研究许多建筑同行的"生产

---

1 在德语原文中，"liefern die Vorlagen"与"verwandelt"皆是一语双关。"Liefern die Vorlagen"在足球术语中意为"送出助攻"，而也可以作"备下基础"解。"Verwandeln"在足球术语中意为"临门一脚""射中得分"，而也有将基础"转化"为建筑的意思。——译注

条件"。

　　早在 19 世纪时，建筑师作为一种"自由职业"，其所受到的培训意在为市民业主提供咨询。就建筑师如今所从事的职业和他对自身职业的理解而言，我们依旧可以将建筑师视作 19 世纪市民社会的产物。1930 年，汉斯·波埃尔齐格（Hans Poelzig）在德国建筑师协会的著名演讲中说道：建筑师与业主之间的私交，是完成出色建筑的重要前提之一。而如今，只消看一眼建筑工地前竖着的公告信息牌，便不难看出建筑师与业主之间的关系早已今非昔比：过去自行承担责任的私人业主，如今在对公众至关重要的公共建筑中被所谓的"责任人"所取代。所谓的"责任人"，既可以是一个公司、一家基金会，也可以是一所公共机构或是一个管理组织，它们在建筑项目中扮演着"法人"的角色。责任人具有从属、受命行事、可更换的特征。在规模庞大、组织复杂的建筑项目中，甚至不再有对整个项目负责的总责任人，而只有对项目的特定部分负责的分项责任人。这并非主观成见，而是客观事实。

　　这种转变不仅发生在业主一边，就建筑师本身而言，情况也同样如此。真正从整体概念性方案到细部节点都由建筑师亲自敲定的建筑已不多见，在公共项目中更是少之又少。在当今严苛的项目时间限制下，对设计的责任也在分工中分崩离析。更有甚者，设计者几乎完全匿名。而这种匿名设计的结果，便是时下建筑设计中典型的"中庸"——既算不得漂亮，也谈不上难看，图个平平庸庸，好歹了无风险。倘若没有创造力，也就无从谈论设计的质量，这是亘古不变的道理。而创造力，恰恰是由一滴滴"心血"汇聚而成的——这其中包括了个人的责任心、韧性和勇气，也少不了人与人之间的对话（而不是法人与法人之间的坐谈）。说到这里，我们兴许已经触到了城市设计的核心问题。身为业主的王侯爵贵与"建筑大师"的关系，早已一去不复返；相反，建筑项目的分工还将日益细化，参与项目的人数也还将节节攀升。在这样的生产条件下，我们又从何要求创造力的产生？我们又怎样将创造力付诸实现？

　　在不同类型团体中的相互协作的工作经验，既复杂多样又矛盾重重。倘若一个团体是一个综合性事务所、行政机关或是经营公司，那么它就有责任保证团队工作的延续性和良好的工作氛围，这种氛围决定了创造性工作能否生根发芽，进而付诸实现。倘若没有这种延续性和工作氛围的保障，再丰富的创造力都难逃枯竭的命运；另一方面，倘若一个团队中没有几个一丝不苟、独具创见而又不墨守成规的人，那么它至多也只能作出一些无关痛痒的设计。这就构成了案前的"绘图师"、工地的"建设者"和掌顾大局的"决策者"之间的张力。很多时候，这种张力非但不能解决问题、结出硕果，反而会引向徒劳无功的官僚主义管制。在当今社会的高度分工之下，我们还远远没有认清创造性工作的社会前提。

如何更富有创造性地设计公共空间，这个问题在现在市民意见日益增多的时代，将变得更加尖锐。在这些市民意见之中，有相当一部分代表了特定团体的利益与兴趣，他们借此要求参与城市设计之中，甚或自行进行城市设计。时下的规划过程如此繁杂，使得规划流于官僚主义的程式化。惟有彻底考量不同规划层级的内容和范畴，我们才能避免这种程式化。所谓彻底的考量，包括明确不同规划层级的适用范围，并留有单体建筑或下一层级规划自由发挥的余地。这也就意味着，我们应当对不同的规划层级的范畴加以划分和限制，以使它们刚好能为下一层级规划步骤建立必要的共同框架，如主干路网、人行路网和公共设施等，并明确定义其对下一层级设计的统筹意义。在这样一个具有统摄全局的形态框架之下，单体建筑或小尺度的城市设计便可以遵循整体框架中已经订立的"游戏规则"，提出它们各自的形态理念，并对其加以发挥。

在城市规划的体制中，我们必须对整体架构与个体表达、规划内容与自由空间之间的互补作用加以反映；我们要在两者之间找到新的平衡，以使整体性与多样性能够安然并存。为此，我们必须找到新的、直观的、有助于理解的展示手段，在不同层级规划的互动中，将各类形态方案以直观的方式呈现出来，以便对它们加以讨论。

在分工日趋细化的体制之下，公共机构、业主和建筑师的职业定位和自身认识需要继续转变。我们将从"功能主义的建造"转向"语境式的建造"，[1] 转向重视城市更新中的空间连续性，转向强调空间功能和形式之间的默契。我们通常所说的狭义建筑特性（也即建筑形体塑造的特性）并不会因此丧失它的重要性，它将被纳入一个更为完整的城市理念之中，从而使得城市更加生机勃勃。**肩负着公共使命，城**

---

1 语境式的建造（konditionierenden Bauen），指的是重视基地周边语境的建造方式。在这种理念下，整体的组织架构为单体建筑的表达提供了条件和参考的框架。——译注

市设计的任务在于塑造城市空间，并为"充满"城市空间的行为个体，无论个人还是团体，使用者还是投资者，居民还是游客，订立一种游戏规则。无论"充满"这个集体框架的个体是恪守成约还是富于实验精神，都需要与城市形态具有密不可分的关联。只有这样，城市的社会特征才能得以重现。

因此，我们理应将关乎城市景观的城市设计策略视作城市文化策略中至关重要的部分。**只有在统一的城市设计策略的确立和保障之下，城市才能够成为和谐的文化景观 [1]，并成为顺畅交流沟通的文化工具。**

读者手中的这本书，恰恰为实现这种城市设计策略的构想奠定了理论基础，并给出了具体操作的意见。我谨预祝这种努力可以结出累累硕果。

托马斯·西韦特 (Thomas Sieverts)

1974 年 4 月

---

1 文化景观（Kulturlandschaft），与自然景观（Naturlandschaft）相对应，用来指称人类基于自身的基本需求，对自然景观开展的富于地域特征的改造。——译注

前言

　　城市设计（Stadtgestaltung）是对城市心理品质特性的探究。作为城市规划的一部分，它曾长期受到冷落。在对城市环境与日俱增的批判中，人们方才重新认识到了它的重要性。如今，在公众日益强烈的环境意识驱使下，城市设计终于进入公共政策范畴。然而要完成它作为公共政策的使命，城市设计必须先具备一套完整的目标、措施和方法，从而为一切关乎城市品质的决策奠定可行的基础。读者眼前的这本书，便是基于这样一个信念——**城市环境的品质绝不是偶然的产物，而是一系列目标明确的政策的结果**；我们在城市设计中面临的具体问题，理应在理论知识中获得相应的指导。然而面对城市设计所涉及的庞杂知识与研究范畴，我在本书中能做的，也不过是为了将各个层面整合为一体而出谋献策。

　　在我同城市设计打交道的这么多年里，我想要感谢参与我在斯图加特大学开设的城市设计研讨班的学生。他们充满热情而又不失批判的参与，给了我很大的动力。此外，我想对马克斯·本茨（Max Bense）博士致以感谢。他从科学哲学和信息美学的角度，满腔热情地将本书中涉及的不同学科分支的知识同他所从事的领域联系起来，而又不求在研究成果中占有一席之地。倘若没有约阿希姆·弗兰克（Joachim Frankes）教授对本书基本理念不厌其烦的批评和指点，本书在跨学科领域中的研究一定会有所欠缺；如果没有他从社会心理学的角度对本书的支持，书中的许多理论想法也许至今还停留在空想之中。

　　在此，我还想感谢 Maria Elaine Kohlsdorf 女士、Jurek Katz 先生和 Wittig Belser 先生。他们为本书中方方面面的配图可谓尽心尽力。在本书的实际出版过程中，Ruth Schaufler 女士功不可没；她对本书的贡献，远不止对诸多文献的技术性整理，我谨在此深表感谢。我之所以能对城市设计领域加以研究，还得归功于建筑师、城市规划师安特罗·马克林（Antero Markelin）博士的支持和不厌其烦的帮助；在我着手的整个领域还迷雾重重时，是他对我雏形初具的观点加以支持；这么多年间，他见证了本书成型的每个过程；每每在关键时刻，他都能提出新的建设性意见。因此，我想将这本书献给他，谨表我对他的感谢。

米歇尔·特瑞普

于斯图加特

1974 年 6 月

目录

中德专用概念索引

——**基本相关词汇**

Abbilden 成像、描画

Aktivität 活动

Alternative 对比方案

Bild 意象

Bedeutung 意义

Beobachter 观察者

Bewertung 评估

Charakter 特性

Eingenschaft 属性

Erkenntnis 认知、认识

Erscheinung 动态体验

Feld, Milieu 场所

Gegebene 既定的

Gestalt 静态形态

Handlungsfeld 操作领域

Image 意象、映像

intellektuell 理性

Interaktion 交互

metrisch 度量型的

Nutzung 功能

Objekt 客体、对象、物体

Programm 工作纲要

Prognose 预测

Psychisch 精神的

Psychologisch 心理的

Qualität 品质

Realwelt 现实世界

Schönheit 美学

Sequenz 序列

Situation 情境、场境

topologisch 拓扑型的

Umwelt 环境、世界

Urphänomen 现象原型

Verhaltensweise 行为方式

Vorhandene 实际存在的，物质的

Vorstellung 表象

Wahrnehmung 感知

Wertvorstellung 价值观

——**城市设计学科领域系列词汇**

Stadtgestaltung 城市设计

Stadtbild 城市意象

Stadtimage 城市意象

Weg 路径

Brennpunkt 节点

Grenze 边界

Bereich 区域

Merkzeichnen 地标

Nutzung 功能

Erscheinung 动态体验

Gestalt 静态形态

Vorstellungsbild 表象图像

Stadterscheinung 动态城市设计

Stadtgestalt 静态城市设计

Stadtbildelemente 城市景观元素

·城市意象品质要素

Ablesbarkeit 可读性

Abwechslung 富于变化性

Anregung 兴奋感

Anreize 新鲜感

Attraktivität 环境吸引力

稳定性 Beständigkeit

Bildhaftigkeit 生动性

Bildprägekraft 成像性

Dominanz 支配性

Einmaligkeit 独特性

Einprägsamkeit 可记忆性

Einzelnartigkeit 独特性

Identität 识别性

Identifikation 识别性

Individualität 个性

Intensität 强度

Klarheit 明晰性

Komplexität 复杂性

Kontinuität 连续性

Kontrast 对比性

Orientierung 引导、导向性

Repräsentativität 展示性

Richtungsqualität 方向性

Sachlichkeit 客观性

Sinn der Heimat 家园感

Stadtbezogenheit 城市的关联度

Unregelmäßigkeit 无规律性

Verknüpfbarkeit 关联性

Vieldeutigkeit 多义性

Vielfältigkeit 多样性

Wandlungsfähigkeit 灵活性

・动态城市设计要素

Anmutungsqualität 观感品质

Beziehungsqualität 关联品质

Erscheinungsqualität 体验品质

Gestaltungqualiital 形态品质

Sequenzqualität 序列品质

Umweltqualität 环境品质

Vorstellungsqualität 表象品质

Wahrnehmungsqualität 感知品质

Wirkungsqualität 效用品质

Wiederholungselement 重复元素

Überraschungselement 跳跃性元素

・静态城市设计要素

Umweltbildung 环境构成

Umweltbedeutung 环境意义

Umwelterscheinung 环境的动态体验

Umweltgestalt 环境的静态形态

Umweltkonfiguration 环境实体

Umweltnutzung 环境功能

Umweltqualität 环境品质

Umweltrepertoire 环境要素目录

Umweltvorstellung 环境表象

Umweltwirkung 环境效用

Wahrnehmungsbedingungen 感知条件

effektive Umwelt 有效环境

effektiven wirksame Umwelt 有效感知环境

erlebte Umwelt 体验环境

potentiellen wirksame Umwelt 潜在感知环境

Umweltbeobachter 环境观察者

Umweltplaner 环境规划设计者

vorhandene Umwelt 物理客观环境

wirksame Umwelt 感知环境

Sinneswahrnehmung 感官感知

Wahrnehmungsbedingung 感知条件

Wahrnehmungsbereitschaft 感知意愿

Wahrnehmungskapazität 感知能力

Wahrnehmungskontinuität 感知联系

Wahrnehmungsqualität 感受品质

· 其他相关学科

Anthropologie 人类学

Erkenntnistheorie 认知理论

Gestaltpsychologie 格式塔心理学

Informationstheorie 信息理论

Polaritätsprofil 极性侧写

semantische Differential 语义差异量法

semantic Differential Scale 语义差异量表

Semiotik 符号学

Maß-und Wertästhetik 量化美学和价值美学

Sozialpsychologie 社会心理学

Stadtsoziologie 城市社会学

Stadtgeographie 城市地理学

topologische Psychologie 拓扑心理学

Wahrnehmungspsychologie 感知心理学

· 其他名词

Psycho-Milieu 心理场所

Operationale Milieu 操作场所

wirksam Milieu 感知场所

Wirkungsfaktor 生效因素

Funktionsfaktor 功能性因素

Gefallensfaktor 触发性因素

Ausgleichs-Identifikationsfaktor 平衡 - 认知因素

Erfahurngsdimension 经验维度

gestimmter Leib 心境主体

Haupt- und Unterabschnitte: 主要段落和局部枝节

Negativraumstruktur 负相空间结构

Notierungssymbol 谱记符号

Notierungsverfahren 谱记法

Nutzungskontinuität 功能联系

Psychische Eigenarten 心理特质

Aktionsraum 行动空间

Anschaungsraum 直观空间

Bewegungsraum 移动空间

Erlebnisraum 体验空间（2.4 中使用了 Erlebter Raum）

Erlebter Raum 体验空间

Gelebter Raum 生活空间

Gestimmter Raum 氛围空间

Handlungsraum 行为空间

Kommunikationsraum 互动空间

psychologische Lebensraum 心理生活空间

Raumabschnitt 空间片断

Raumcharakter 空间特征

Raumfolge 空间系统

Raumsequenz 空间序列

Reaktionsraum 反应空间

Sinnsraume 感官空间

Wahrnehnmungsraum 感知空间

Verhaltensweise 行为方式

Verhaltensergebnis 行为结果

——城市规划实践领域词汇

Zielvorstellung 目标预设

Bestandsaufnahme 现状调查

Wertende Entscheidung 评估决策

Werthaltung 价值取向

Wechselprozess 交互过程

Stadentwicklungsplan 城市发展规划

Flächennutzungsplan 土地使用规划

Rahmenplan 城市分区控制性规划

Strukturplan 城区结构规划

Bebauungsplan 详细修建规划

Gestaltungssatzung 地方风貌保护条例

Gestaltungsrichitlinie 设计导则

Planungsentwurf 规划初步方案

Stadentwicklungsprogramm

城市发展规划工作纲要

Stadtgestaltersch Programm 城市设计工作纲要

Stadterweiterung 城市扩张

Stadterneuerung 城市更新

Stadtsteuerung 城市管理

Prozessplanung 战略情境规划研究

Systemplanung 系统 - 专项规划

Bereichtplanung 片区规划

Projectplanung 项目规划

Sanierung 改建与重新开发

Stadtbildpflege 城市景观的维护工作

Stadtbildkonzept 城市意象规划

Höhen-und Baumassenkonzept

城市建筑高度和体量的控制规划

Aktivitätenplanung 活动规划

Sequenzplanung 序列规划

Sichtflächenanalyse 视域分析

Abwicklung 立面序列

Dachform-und Dachneig ungen

屋顶形式和屋顶坡度

Fassadenbreite 立面宽度

Fassadefolgen 立面序列

Fassadegliederung 立面分区

Gebäudefluchten 建筑线条透视灭线

Räumliche Geliederung 空间划分

Traufhöhe 檐口高度

Stadtteil 城市分区

Stadtteilbeauftragter 城区规划组织人

译者说明

- 本译著中，Stadtbild 与 Stadtimage 两词均译为"城市意象"，这与凯文林奇原著德语译名匹配，但 Stadtbildplanung 作为德国城市规划界 20 世纪 80 年代之后针对整体城区（常常是历史文化片区），围绕城市风貌塑造的一种特殊规划类型，译为城市景观规划。

- 原著中 Systemplanung 一词隐含"各种专项规划的总和"这一含义，为便利中国阅读者计，这里译为系统 / 专项规划。

- 德语中 Konzept 有较为复合的概念。就城市规划专业而言，专有名词 +Konzept 带有专项规划图纸的含义，例如 Vekehrskonzept，是指交通规划理念，属于总体规划中的相关内容的图纸。但 Vekehrsplanung 则代表独立专项交通规划的整体工作与全部内容。Sequenzplanung 与 Sequenzkonzept 的差异与其相似，前者指这一规划工作，后者指整体城市设计工作成果中，序列规划的成果图纸。

- 意义（Bedeutung）：德语直译应为含义体系，借鉴心理学对 Meaning 的常规翻译方式，在此翻译成为意义，但这一意义内容，涵盖了个人 / 社会群体赋予的多元化的含义体系。为了区别（中文中，意义本身有"重要性"的涵义），这里部分情况下被翻译为"意义体系"。

绪论

Einleitung

城市美化、利益驱使还是政治问题?
Dekoration, Renditefaktor oder Politikum?

市民精神的维护者
Advokat der Bürgerseele

日常环境
Die tägliche Umgebung

对根本生活需求的漠视
Vernachlässigung elementaver Labensbedürfnisse

佚失的现实
Die verlorene Realität

单方面决策的后果
Folgen einseitiger Entscheidungen

城市设计——自觉性行为
Stadtgestaltung als Bewuβtseinsakt

理论：实践的准绳
Theorie: roter Faden der Praxis

如今，单论城市规划的智力层级，已经难同国际象棋世界锦标赛上的一局棋相提并论。试问其中原因，我们又何曾从各个角度、对每一个城市设计的决策可能造成的影响要素一一加以考虑？倘若我们比较一局好棋和一个城市设计决策过程，那么后者恐怕肯定不会那么积极有效。这个事实叫人痛惜，因为**城市规划中的一个错误决定，和象棋盘上走错一步棋带来的后果相比，要沉重太多了——它将影响到许多人甚至世世代代城市居民的日常生活。**那些城市规划的决策者，是否往往对于他们做了什么根本一无所知？似乎确实如此。而更糟的是，他们通常意识不到这个问题！湮没在纷繁混乱都市交通之中、在车水马龙间艰难穿行的行人，便是城市决策的牺牲品。当初之所以作出铺设路网的决策，本意是想解决交通问题，但人们却低估了它的副作用，或者明明知道却闭口不谈。已步入人生暮年、退休在家的老人，被迫迁离他深谙的居住环境，搬到功能齐全却又索然寡味的新住宅区中；他们被剥夺的与过往生活环境间的情感联系，却揭示了本意在于解决住房紧张的规划决策所带来的不良后果。今日城市规划的决策过程遇到的困难，同我们在生活中其他方面遇到的困难如出一辙——但凡一项决策想要解决社会中的某个问题，它便不再顾及其他种种因素，将短期的副作用和长期的消极后果通通抛诸脑后。这种决策所导致的后果是：旧的问题倒是解决了，新的问题却又接踵而至。工业产能提高了，却导致了环境污染；农业产量增加了，却引发了食物中毒；想以城市规划的手段解决交通问题，却往往使城市变得不再宜人。究其原因，并非仅仅是决策者的目光短浅、粗心大意或者心怀不轨。在许多情形下，作出城市规划决策的决策者，和决策将要影响到的普通人一样，对它将要产生的影响并不了解。

城市美化、利益驱使还是政治问题？
Dekoration, Renditefaktor oder Politikum?

长久以来——包括在城市规划领域——一直有观点认为，建成环境给城市居民带来的心理影响被忽视了。如今，它一手造成的后果将人们逼上街头、举旗抗议，而这往往与城市设计问题直接相关！[1]

然而我们不禁要问：所谓城市设计，又究竟是什么呢？从汉堡到斯图加特，商业购物街变得愈发千篇一律；从波罗的海到黑海，度假中心也已大同小异、难分彼此；从弗伦斯堡（Flensburg）到帕绍（Passau）[2]，城市早已

---

1 20世纪60～70年代，德国大量城市历史中心区被整体拆毁，居民大规模外迁，各个城市不断发生市民层级的广泛抗议示威。1971年，系列德国城市在慕尼黑德国城市联盟会议上提出了质疑：拯救我们的城市，现在！（RETTET UNSERE STÄDTE JETZT！）——译注
2 两座城市分属德国国土最北侧与最南侧，分别与丹麦与奥地利接壤。——译注

没有个性可言。而城市设计，就好比宣扬人性的布道者一样，苦苦宣讲着城市的个性。城市不断地膨胀着，法国巴黎拉德芳斯地区（La Défense）初具雏形，为巴黎日新月异的天际线添上了新的一笔。我们究竟应该维护香榭丽舍大街上凯旋门的标志性地位，还是甘愿让它沉入背后汹涌变幻的天际线之中？倘若法国总统必须直面这个问题，那么城市设计就成了一个政治问题。就好比当前对伦敦皮卡迪利圆环广场（Piccadilly Circus）的改造方案，引起伦敦民众涌上街头。以圆环广场对英国举足轻重的意义而言，一面小小的广告牌都会引得万众瞩目，一个微不足道的装饰都会成为日常生活的一部分，城市设计也因此牵动了整座大都会的目光。然而对那些同巴黎与伦敦有着相同命运的、面容日益模糊的城市而言，在努力美化它们在市民与访客心中的意象（Image）——声誉和魅力时，城市设计往往不过是一棵摇钱树。城市竞相寻找、树立起它们的特色意象——汉诺威找到了"街头艺术"[1]，慕尼黑找到了"欢快的赛事"[2]，斯图加特找到了"世界之友"，如此种种，都和现实的经济利益有着千丝万缕的联系。倘若博登湖边的各个乡镇争先恐后地瓜分大众旅游业这块大蛋糕，博登湖沿岸就会竖起一片特征全无的水泥森林。因此，巴登符腾堡州的州内政部出于对城市形态的考虑，对高楼进行了立法限制，以避免这种危险的图景成为现实。在这种情况下，城市设计也关乎政府立法。

市民精神的维护者
Advokat der Bürgerseele

　　城市设计既是公共政策，也受利益驱使；它既关乎政府立法，也注重市民诉求；同时还要充当维护城市人性化的旗手。毫无疑问，这些都是今日城市设计的不同方面。作为城市规划中饱受冷落的分支学科，我们在这里所说的城市设计，正面对着比这还要多的种种问题。对城市设计而言，它往往既没有可以参考的范围，也没有可直接适用于我们时代的标准，更不具备可以简单代表我们当前社会的价值和价值取向的能力。城市设计的真正使命是从对社会政治的争论中，提炼出可以为城市规划所用的价值，并将它们纳入城市规划的考量体系之中。如此看来，城市设计不是单纯的城市舞台艺术，或是对建筑的修饰，或是对环境的美化。对城市设计而言，情感与理性一样重要。因此在对经济和交通的考量之外，我们应将情感因素一起纳入城市规划的考

---

1 汉诺威市议会在 1970 年颁布了支持在公共空间中进行实验艺术的法令。在之后的几年间，汉诺威街头产生了数量可观的公共艺术品。——译注
2 "欢快的赛事"（Heitere Spiele），是慕尼黑 1972 年举办夏季奥运会时的目标与口号。其本意是同 1936 年于柏林举办的、深受纳粹主义影响的夏季奥运会划清界限，向世界展示一个全新的、从纳粹主义的阴影中走出来的德国。——译注

图1 单调乏味的城市规划对体验的影响
图片来源：Wortmann/Klappert 摄，柏林

量之中，来回应人们的心理需求。在这种意义上，城市设计将公共空间——街道、广场和其他城市开放空间——视作体验发生的场所。它们不仅要满足人们物质上的需要，也应当回应人们心理上的需求。因此，**城市设计的工作范畴不只包括了外在形态（但凡说到城市设计这一概念，人们脑中首先浮现的往往是外在形态），它还包括了人们对日常环境的使用和人们赋予日常环境的意义。** 归根结底，城市所展示的，也就是城市居民在上班的路上、在散步的途中和在购物时所感觉到的、所体验到的一切。而这种体验的决定性因素，包括建筑物的功能、外观，乃至它们承载的意义——例如，某个城区的住宅，它的立面风格，以至它流传的名声，都影响着人们对它的体验。

日常环境
Die tägliche Umgebung

　　所谓城市环境，无非是每个城市居民触手可及的日常环境。 在每次步行和车行的途中，每个城市居民都在有意无意间体验着日常环境。作为公共空间的城市环境，是所有城市居民共有的日常世界。在评价城市环境时，城市居民往往可以十分精确地描绘出他们的心理需求。而城市环境作为被体验的空间，不仅应当满足人们物质上的需要，也应对人们的心理需求加以回应。如今人们的居住日渐舒适，生活质量日益提高，随着基本需求渐渐得到满足，城市环境在城市居民心中的地位变得愈发重要。因此，在过去十年间，各种公共媒体日趋关注城市形态对人们的影响并非偶然，它反映了人们对如今城市审美日渐贫瘠的普遍不满，而究其根源，是因为我们的城市环境无论在心理还是文化艺术层面上，都存在着根本的缺陷。

图2 有意塑就的多样性还是环境装饰？
图片来源：Merian a/xxv.

对根本生活需求的漠视
Vernachlässigung elementaver Lebensbedürfnisse

这指的是什么呢？是指对环境心理需求的漠视——如今的城市环境，往往不能令人心情愉悦。我们对环境的心理感知，是影响我们行为和心理的重要因素。因此，对心理需求的忽视所造成的影响，远比我们想当然的决定来得要大。对当前城市规划的种种不满，也日益明确地指向了人们与生俱来的、却无法在当今规划中得到满足的诉求。它包括个体同城市情感联系的缺失以及个体难以和一座城市建立起认同感，也包括千篇一律的规划对心理体验的消极影响、新城区中导引系统的不尽如人意，以及当代城市空间中随处可见的荒凉感[1]。城市规划的种种问题，向我们点明了规划中一项未尽的使命——**城市规划的社会政治意义并没有被充分意识到。**因此，人们在城市规划的实践之中，或是因为缺乏基本知识，或是因为没有一以贯之的政治执行力，以至最终见证了错误的一再铸成，甚至自己都成了共犯。

佚失的现实
Die verlorene Realität

如今，在城市规划决策的博弈中，来自经济、法律、技术和交通方面的影响可谓十分强大，社会因素也可勉强归入其列。而作为社会层面的美学分支，心理因素对城市规划政策的影响却屈居其末，甚至不能判断它对今日的城市规划是否还能有所影响。除此以外，当今城市规划任务的复杂性也在于，我们以一纸抽象的符号对城区或者整个城市进行规划，并通过城市战略规划、城市用地规划、详细修建规划加以落实。然而，我们实在太容易忘记这些标志符号背后的现实意义了[2]。**比起规划图纸，现实要复杂太多**——城市规划图上一个小小的十字标符，在现实中却可能意味着一个街角坐落着四层建筑的十字路口、一座有轨电车站、一根广告柱、一间书报亭、三棵树和一条躺卧在几个行人之间的、悠悠然晒着太阳的狗。彼时彼刻，一个年轻女孩正满怀憧憬，一个人在交通事故中死于非命，老妇人正瑟瑟发抖，医生正给病人注射，有人刚做了一笔好生意，也有一个新生命刚刚来到世间，学生正对着作业冥思苦想，金丝雀正叽叽喳喳地歌唱。这一幕幕行为，在同一时间、同一地点（或者规划图纸上的同一点上）交织成五花八门的表象（Vorstellung），各式各样的需求和期望、各不相同的体验，引发各不相同、因人而异的回忆。而城市规划意味着，它必须面对所有这一切可能决定个体命运的瞬间——城市规划为这一切的发生创造了条件。而这些前提条件中，也包括了城市空间的特性。城市为人类活动的发生提供了框架，也是人类活动的写照——我们作为个体、群体以至人类的整体在城市中出生，在城市中居住、工作；在城市中安眠、做梦；在城市中满怀憧憬，也在城市中心灰意冷；在城市中相爱，也在城市中安息。对于人类的这些行为而言，城市中的街道与广场，是个体生活空间的延续——它是个体和同一条街巷上、同一个住区里以及同一个市

---

1 正如维克托·雨果的那一声"我控诉！"一般，Alexander Mitscherlich 和他的学生 Heide Berndt、Alfred Lorenzer 和 Klaus Horn 使我们认识到了人们对当今城市设计的不满，并在公众中激起了极大的共鸣。（A.Mitscherlich, Die Unwirtlichkeit unserer Stätdte, Frankfurt a.M. 1965; H.Berndt, A.Lorenzer, K.Horn, Architektur als Ideologie, Frankfurt a.M. 1968）
2 T Sieverts. Stadtgestalt, Wissenschaft und Politik. Mitteilungen der Deutschen Akademie für Städtebau und Landesplanung, 1972 (12).

区中的居民所共享的起居空间。对公共空间的新建和改造（即城市规划的措施）将影响到每一个人——他们不是无名无姓的城市居民，而是一个个活生生的、有着彼此各异的生理、心理和智力特征的人 [1]。在过去几十年的城市规划中，我们忽视了这个事实中的两点：**其一，城市规划的决策所面对的，不是一个冷冰冰的居民总数，而是一个个由活生生的个体组成的群体；其二，人们不只有生理的一面，也有心理的一面，而城市规划的措施往往会给他们的心理带来不可估量的影响。**正因为缺乏这两种意识，能以清醒的头脑和充足的论据塑造城市环境品质的城市规划师，现在已经寥寥无几。一家小饭馆的空间布置对不同的客户群有多少吸引力，每个店主对此都心知肚明；为每个雇员营造一个看似（或者着实）舒适的生活环境，也是整个工业产业赖以生存的基础；而唯独在城市规划和公众意识中，城市公共空间的品质却常年被忽视了。几乎每一个新的住宅区里，那些不胜枚举、布置得惬意怡人的起居室，与它们紧邻街道之间的强烈对比，都是公共空间的品质被遗忘的铁证。

单方面决策的后果
Folgen einseitiger Entscheidungen

绝大多数城市规划的竞标，都是在鸟瞰的视角下决出胜负——我想对此，但凡见证过不少住宅区规划诞生过程的人，一定都不会感到惊讶。是否我们所缺乏的，不仅是对未来居民日常行动"路线"的预判，我们甚至也缺乏对这种"路线"作出预判的意愿 [2]？最为严重的是，公众往往对城市环境的心理意义毫不知情。这一点，在巴黎和其他大都会中拔地而起的高楼对城市景观的肆意涂改中，或是在任何一个雄心勃勃、跃跃欲试的德国小城里都可见一斑。城市图景的变更，不能单方面听任私利的摆布——而能够坚守这种原则的城市实在太少了 [3]。又有哪个地方政府 [4] 会真正评测高楼对城市景观造

---

1 Antero Marklin 曾在斯图加特大学的一场讲座中明确地提到："城市的实质，无非是人类行为的集合；城市的公共空间，便是个体寓所的延续。我们的规划措施所影响的个体，不是无名无姓的、在统计数据中的居民总体，而是活生生的人。"（Was ist Städtebau? Stuttgart 1971）

2 而后果便是："在绘图板上或模型中看上去合情合理的方案，在一比一的真实尺度下却沦为笑柄，又或者根本不近人情。"（W.Pehnt, Zwischen Babylon und Gralsburg, U.Schultz, Umwelt aus Beton oder unsere unmenschlichen Städte, Hamburg, 1971）

3 "高楼将对城市景观产生经久的影响。对所有市民和访客而言，它们都具有着象征意义；因此，它们的位置和形态切不可单方面听任私利的摆布。对城市形态的确定，切不可诉诸偶然——它是我们在地方行政中面临的任务。"以上这段，取自汉诺威市制定的纲领。能固守这种原则的城市越少，这样的纲领对我们城市的未来的意义就更加不容小视。（Stadtplanungsamt Hannover, Zur Diskussion: Innenstadt, Hannover 1970, 9）

4 地方政府 (Gemeinde) 是德国行政结构中的单位，和高级别的联邦政府以及州政府和区政府相区分。德国地方政府拥有较高的自治权，比如财政自治权以及规划自治权等。这里为宽泛的统称，大体可以对应中国行政单位中的乡镇以及县、市。——译注

图3　芝加哥？伦敦？法兰克福？巴黎！
图片来源：La Region Parisienne Nr. 1

成的影响，抑或考量错综复杂的高架路带来的视觉后果？作为一项地方政策，城市设计在哪里能享有和经济发展、交通规划平起平坐的地位？即便如今呈现出人们意识日益加强的迹象，也往往不过是因为城市间的竞争日益激烈，人们看到了对一座城市的吸引力而言，城市形态所带来的心理影响是何其重要。换言之，倘若城市形态同经济利益并无关联，那如今的趋势恐怕又是另一番模样了。我们也可以由此发现，**在如今城市设计的决策中，人们往往重视特定因素和直接利益，而对决策造成的整体性后果视而不见。**作为城市发展目标的参与制订者，城市规划者影响着一座城市的命运；在划定城市用地和拟定交通系统时，他已经为城市居民将要置身的物理环境和心理环境[1]埋下了种子；规划师对各类功能及其开发强度、位置和空间形式的规定，也框定了日后建筑师的工作。这种建成环境对人们心理的影响，同它对生理的影响一样，不容小视。因此，对不同规划层级而言，城市规划决策不仅将带来物质上的影响，也将带来无形的精神后果。但对这种无形后果的意识，在公众中早已匿迹多时，在城市规划的研究和实践中也久被忽视和低估；更有甚者，索性以"中性的设计"作为托词[2]。然而无论从前、如今还是未来，无论是新区建设还是旧区改造，城市规划的决策一旦作出，就会使得城市的面貌发生改变。即便是所谓的中性设计，也同样会造就新的城市环境，只不过是未经深思熟虑罢了。

---

1 对于交通系统对人们心理产生的影响，我们可以试举一例："大路、街巷和人行过道不仅规定了人群的流动方向和流动方式，同时也决定了何种关系能够在这片'通路系统'中脱颖而出……因此，城市规划既可以促就某种关系，也可以将某种关系拒之门外。"（J.Franke, J.Bortz, Der Städtebau als psychologisches Problem, Zeitschrift für experimentelle und angewandte Psychologie, 1(XIX), 1972）
2 要是这么说，他们便忽视了一点——城市设计中并没有中性的形态可言："一条排布着无休无止、一成不变的房屋的街道，绝不是一条中性的街道。这种沉闷困顿的单调，对我们的体验有着显著的影响。在我们的体验中，它冰冷无名、不近人情；它的'无地域性'而让人困惑不已，因此也终将为人们所拒斥。"（A.Lorenzer，同书，第70页）

城市设计——自觉性行为
Stadtgestaltung als Bewuβtseinsakt

　　因此在设计城市景观时，我们不能放任偶然的发生。我们不仅应该遵循既有的设计原则，对它们加以合理运用，更应当以技术、经济和社会为指标，制定一套评价城市环境的标准。我们也由此引出了本书的核心观点：一个好的城市环境，是满足城市居民心理需求的基础；**在城市规划的领域中，对城市环境品质的考量，应当和对经济、法规方面的考量同样重要。这种环境品质的形成过程并非偶然，而是我们建设或改造环境的方式方法所造成的必然结果** [1]。因此，在事关城市心理特性的日常决策中，城市规划者需要一套既基于实践经验，也具有理论依据的知识和准则，才能设计出自觉的、论据充分的城市形态。而惟有考查城市居民对城市的感知，进而建立有助于衡量城市设计决策好坏的标准，才能对解决这个问题有所助益 [2]。

图4　司空见惯的环境——这是我们想要的吗？
图片来源：R.Keller, Bauen als Umweltzerstörung, 苏黎世，1973

---

1 对此，凯文·林奇很明确地指出："一个环境最为直接的感官品质——我们所见到的、闻到的、听到的、感到的，取决于这种环境的构成方式，也取决于谁、以怎样的方式感知到它。"（K.Lynch, City Design and City Appearance, Principles and Practice of Urban Planning, Washington 1968, 250）

2 至今为止，对这个问题的研究主要停留在心理学的领域之中。"相应地，心理学也致力于寻找一种手段，以把握城市居民对人造环境的体验和反响，并将它转化到一个可以理性控制的思维体系之中。"（J.Franke, J.Bortz, 2）

不同环境对人们的体验与举止有着各不相同的影响，惟有具备了判断这些影响孰好孰坏的可靠方法，才能帮助我们早在规划的阶段，就公共空间中的空间序列对人们的影响加以预测，进而在城市设计的决策过程中有意识地对环境品质加以控制。

人们对这些问题答案的追寻，并非始于今日。在直至 20 世纪初的城市规划著作中，有很多能够满足当下学科标准的经验和知识，等待我们去发掘；也不乏新近的著作，对这个问题有所论及 [1]。为了解决上述问题和相关疑问，各类尝试数不胜数。在这些试图对这类问题加以回答的研究与著述中，只有一小部分源自城市规划领域本身，更多的论著则来自行为研究、感知心理学、社会心理学以及其他学科领域。但说到梳理不同研究之间的关系，并将这些研究纳入一个可以实践、应用的体系之中，至今仍然缺少尝试。惟有这样一种体系，才能为日常的城市规划工作提供一种有应用价值的综合视角，并帮助城市设计的规划决策作出理性的论证。本书的目的，正是试着提供这样一种综合视角；对于城市设计中其他具体的方方面面，本书就不另作特别深入的探讨了。

理论：实践的准绳
Theorie: roter Faden der Praxis

这里关键的问题是，我们究竟能不能用一个复杂的认知领域——除城市规划之外，也包含社会心理学、人类学、格式塔心理学、符号学、信息理论和城市社会学等不同学科——对城市设计的具体问题加以系统的归纳？

更进一步地说，我们可以提问：凯文·林奇的城市意象要素和查尔斯·皮尔斯（Charles Peirce）的符号学分类法（Klassifikationsmethode der Semiotik）之间，究竟存在什么联系？奥斯古德（Osgoods）[2] 的语义分化法（Semantische Differential）之类的态度测量方法，如何同菲利浦·蒂尔（Philipp Thie）的城市设计谱记法（Notierungsverfahren）相整合？约阿希姆·弗兰克（Joachim Franke）笔下的观感品质（Anmutungsqualität），与戈登·卡伦（Gordon Cullen）所说的形态品质（Gestaltungqualiital）有

---

1 我只在这里列出两部著作：卡米洛·西特《依循艺术原则的城市设计》，以及戈登·卡伦的《城镇景观》；在这两本书的引领之下，后继出现的著作可谓数不胜数。（C.Sitte, Der Städtebau nach seinen künstlerischen Grundsätzen, 6 版，Wien 1965; G.Cullen, Townscape, London 1961）

2 查尔斯·埃杰顿·奥斯古德（Charles Egerton Osgoods，1916～1991 年），美国心理学家，致力于学习理论及其实验研究，提出了具有重要影响的学习迁移模型；曾提出语义分化法（semantische Differential），用来研究不同主体对同一对象在语义理解上的态度差异。——译注

图5　日常生活中的现实
图片来源：Wortmann/Klappert 摄

何种关联？马克斯·本茨（Max Bense）的科学哲学研究，与卡米洛·西特（Camillo Sitte）的城市设计的艺术法则 (Künstlerische Regeln) 之间有何联系？[1]

　　本书中所讨论的，正是不同学科相关研究间的相互关系，以及对城市规划带来的指引。**我试着在本书中建立一种结构性的概念体系，以将城市环境中度量性的、拓扑型的维度，同它对人们的心智和行为的影响整合到一起——这个体系进而可以作为城市规划决策的依据，帮助我们自觉地塑造城市环境的特性。**我希望可以通过本书，为城市设计打下理论基础，并借此考察它对于规划实践的作用。换言之，本书的目标是：以经验事实为基础、以理性论证为依据，来促进城市设计决策过程的进步和发展[2]。这也就意味着，本书将试着在城市设计这一复杂的、跨学科的工作领域中开辟出一条小径；至于这条小径能否在日后城市设计的研究中成为康庄大道，我们倒并不急于在这里妄下定论。因此，本书并没有发展为一部城市设计的教科书，而只是从城市设计的角度，开辟一条路径，对城市规划加以阐释和理解。有一点毋庸置疑，我们必须谨记，在所有与城市设计相关的努力中，真正关键的还是城市设计的结果——树丛下的树荫、人行道铺地的肌理、立面的划分与颜色、街道空间的比例等。换言之，怎样为人们建立舒适惬意、趣味丛生、怡人而又不至于让人迷失方向的城市环境。

1　卡米洛·西特 (Camillo Sitte，1843～1903年)，奥地利建筑师、城市规划师，1904年主编创办《城市设计》(Städtebau) 杂志，著有《遵循艺术原则的城市设计》，被公认为现代城市规划与城市设计理论的奠基人。戈登·卡伦 (Gordon Cullen，1914～1994年)，英国建筑师，规划研究者，著有《城镇景观》(Townscape) 等重要著作。马克斯·本茨 (Max Bense，1910～1990年)，德国哲学家，作家，以其科学、哲学、美学、符号学方面的研究著称，斯图加特学派重要学者。
2　在至今并不多见的、对城市设计理论的著述中，一部主要的著作是：M.Schneider, T.Sieverts. *Zur Theorie der Stadtgestalt - Versuch einer Übersicht.* Stadtbauwelt, 1970(26).

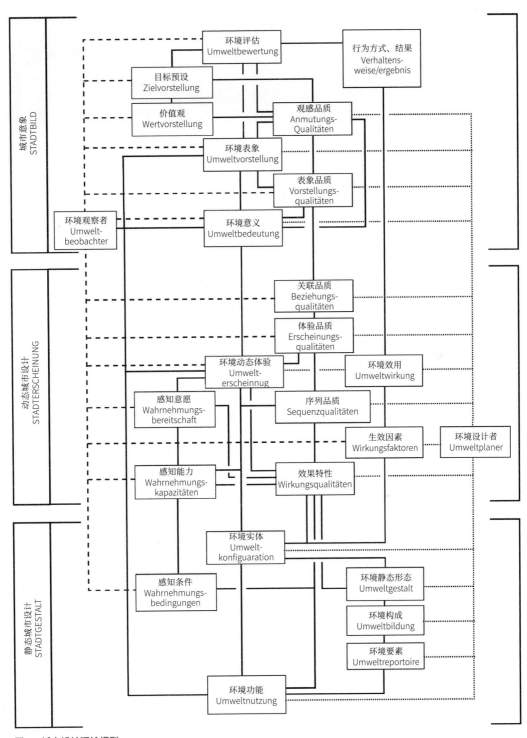

图 6　城市设计理论模型
Theorie der Stadtgestaltung

参考文献

Bacon, E. D.: Stadtplanung – von Athen bis Brasilia, Zürich 1967
Berndt, H.; Lorenzer, A.; Horn, K.: Architektur als Ideologie, Frankfurt a. M. 1968
Conrads, U.: Architektur – Spielraum für Leben, Gütersloh 1972
Cullen, G.: Townscape, London 1961
Franke, J.: Zum Erleben der Wohnumgebung, in: Stadtbauwelt, H. 24, 1969
Franke, J.; Bortz, J.: Der Städtebau als psychologisches Problem, in: Zeitschrift für experimentelle und angewandte Psychologie, Band XIX, H. 1, 1972
Hillebrecht, R.: Von Ebenezer Howard zu Jane Jacobs – oder: War alles falsch? in: Mitteilungen der List-Gesellschaft, Fasc. 5, Nr. 9, Basel 1966

会议记录

Probleme der Stadtgestaltung, Stuttgart 1972 (Städtebauliches Institut der Universität Stuttgart)
Lynch, K.: City Design and City Appearance, in: Principles and Practice of Urban Planning, Washington 1968
Lynch, K.: Das Bild der Stadt, Berlin 1965
Markelin, A., Trieb, M., (Hrsg.): Mensch und Stadtgestalt, Stuttgart 1974
Mitscherlich, A.: Die Unwirtlichkeit unserer Städte, Frankfurt a. M. 1965
Peters, P.: Stadt für Menschen, München 1973
Keller, R.: Bauen als Umweltzerstörung, Zürich 1974
Schneider, M.; Sieverts, T.: Zur Theorie der Stadtgestalt – Versuch einer Übersicht, in: Stadtbauwelt, H. 26, 1970
Schultz, U. (Hrsg.): Umwelt aus Beton oder unsere unmenschlichen Städte, Hamburg 1971
Sieverts, T.: Stadtgestalt, Wissenschaft und Politik, in: Mitteilungen der Deutschen Akademie für Städtebau und Landesplanung, H. 12, 1972
Sitte, C.: Der Städtebau nach seinen künstlerischen Grundsätzen, 6. Aufl., Wien 1965
Spreiregen, E. D.: Urban Design: The Architecture of Towns and Cities, New York 1965
Stadtplanungsamt Hannover: Zur Diskussion: Innenstadt, Hannover 1970

第一部分 城市设计理论
Erster Teil
Theorie der Stadtgestaltung

1. 城市设计作为一个学科范畴 [1]
Stadtgestaltung als Arbeitsfeld

1.1 城市设计的历史
Geschichtliche Aspete

　　时至今日，人们仍常常为城市中的混乱图景和我们那丑陋的日常环境开脱：不论中世纪的古城还是今日的繁华都城，这些让人置身其中顿觉安逸的城市，都是在时间长河中缓慢孕生。而如今，城市的一切都源于一纸规划。然而，如果单就城市形态而言，这一认识却和事实几乎截然相反。从中世纪至 20 世纪初，恰恰是通过刻意的规划控制，才使得这些城市在今天的我们看来，反倒显示出了毫不刻意的美感。**如今我们眼中性格鲜明、各具特征的城市，如罗马、圣彼得堡、华盛顿等，无不是起源于明确的设计意志**——不论设计者是沙皇、教皇，还是民主国家的总统。同样，像吕贝克、佛罗伦萨或是博洛尼亚这些城市，也承载着由市民代表塑就的自主市民社会的集体意志。因此，以"有意识的城市形态是特定社会结构和统治模式下的产物"为当今城市规划开脱，根本毫无道理。

"生长型城市"的童话
Das Märchen von der gewachsen Stadt

　　直到今天人们才慢慢发现，意大利城邦之所以呈现出如今的模样，其实是人为有意识的规划产物。这种规划的过程，常常伴随着冗长的决议程序。尽管中世纪的城市形态以服从象征性法则为首要原则，审美观念位列其次，但其成型与演变是设计参与者明确控制的结果，这一点毋庸置疑 [2]。这种有意识的城市设计，早在 12 世纪初由市民阶级统治的意大利城邦中就已经出现了。围绕锡耶纳中心广场的房屋因循形式统一法令而建，而佛罗伦萨的房屋立面细到物料选择都有相应的规范，如此种种，皆为例证。而更让人意外

---

1 本书中城市设计德语原文为 Stadtgestaltung，指的是狭义上的城市设计，它主要关注的是城市景观和对城市环境的塑造以及它对人们在心理层面上的影响。在德国，所谓的城市设计 (Stadt-gestaltung) 是广义城市设计 (Städtebau) 或者城市规划 (Stadtplanung) 的一个分支。广义和狭义城市设计的共同点是它们都会涉及三维物理空间。不同的是，广义的城市设计还涵盖了交通措施、用地规划等其他内容。凯文·林奇在德国斯图加特与本书作者会谈时曾提到，本书中的 Stadtgestaltung 可以与英文中的 Urban Design 相对应，然而基于城市设计（Urban Design）这个概念的多义性，凯文·林奇更倾向于将它称作 City Design。——译注

2 J Pahl. Die Stadt im Aufbruch der perspektivischen Welt. Berlin, 1963: 48.

图 7 佛罗伦萨——径自生长的城市?
图片来源:E D Bacon. Stadtplanung von Athen bis Brasilia.

的是,这些法令的实施由特定的 "城市设计管理部门" 监督,他们明确要求建筑师遵循极为琐碎的建筑法规 [1]。

同样,吕贝克和班贝格(Bamberg)[2] 城市的建立与发展,也都以有意识引导的城市设计理念为基础。在这两座城市的布局之中,人们有意识地考量了建筑对城市天际线图景的影响;为了城市能呈现出壮丽的图景,像教堂这样的重要建筑,令人叹服地被精心布置于各个重要节点 [3]。由此可见,德国中世纪城市的诞生,并不是纪念性建筑群不顾彼此的无计划兴建,而是有意识塑造精神和艺术理念的精心图景 [4]。这种中世纪对城市景观的有意识规划也在文艺复兴和巴洛克时期得以传承。早在 1485 年时,阿尔伯蒂(Alberti)就已经指出:曲折的街道时而阻断我们的视线,城市

---

1 W Braunsfeld. Mittelalterliche Stadtbaukunst in der Toskana. Berlin, 1953.
2 德国两个列入世界文化遗产名单的城市,建筑风格受到中世纪时期的强烈影响。——译注
3 H Pieper. Lübeck: Städtebauliche Studien zum Wiederaufbau einer historischen deutschen Stadt, Hamburg, 1946: 20.
4 U Pashke. Die Idee des Stadtdenkmals. Nürnberg, 1972: 81.

也因此显得更宏大，更富于变化[1]。巴洛克时期，人们开始有意识地向着艺术化的"整体设计"进发——城市的平面与立面、建筑的内部与外立面，在这种整体设计中合而为一。举例来说，教皇西斯笃五世（Sixtus V）有意识地希望联结教会世界和世俗世界，最终成功地赋予罗马一个崭新的城市结构。即便在他本人过世之后，这种城市结构仍然保持着生命力，时至如今依然清晰可见[2]。晚些时候，出于军事战略上的考虑，巴黎的城市结构也在奥斯曼手下焕然一新。卡尔斯鲁厄（Karlsruhe）、圣彼得堡、华盛顿更是自一开始便是有意识的规划意志的产物。从英国巴斯（Bath），到受到雷蒙德·昂温（Raymond Unwin）影响的一系列英国田园城市，有意识地构想、塑造城市形态的传统沿承至今[3]。而在埃德蒙·培根 19 世纪60 年代的费城城市规划构想中，我们也能看到许多在历史中已实现的城市设计理念的影子。

今日城市设计的精神之父
Geistige Väter der Stadtgestaltung heute

19 世纪末以来，在城市规划者前赴后继的努力下，早期城市设计实践的内容得以确定和拓展，并在其他知识领域的推动下取得了长足的进步[4]。凭借着对城市建设艺术原则的理论分析，卡米洛·西特成了一代青年城市规划者的精神之父[5]；雷蒙德·昂温试着将西特的城市形态规划原则运用到他设计的住区中，从而深远地影响了英国田园城市运动的进程[6]。至于 20 世纪中叶，又有两个不同的研究方向给城市设计理念注入了举足轻重的新养料：戈登·卡伦在英国发表了《城镇景观》，推动了此后城市设计在英语地区实用主义分支的发展[7]；几乎与此同时，凯文·林奇在美国以他对城市意象的研究，从心理学、社会学和人类学的角度对城市设计的基本概念进行了重要的衍伸和深化[8]。这部著作让人们能够理解，对城市环境有意识的构建和设计的必要性和意义。因此，正是凯文·林奇的非凡贡献，使得城市设计能以一种相较以往大大拓展了的形式，承载着参与者的意志，成为当代社会的任务之一。

---

1 L D Alberti. Zehn Bücher über die Baukunst. Leipzig, 1912 (Florenz, 1485).
2 E Bacon. Stadtplanung von Athen bis Brasilia. Zürich. 1968.
3 W Kieß. Geschichtliche Aspekte der Stadtgestaltung. unveröffentlichtes Typoskript, Stuttgart, 1973.
4 T.Sieverts 对城市设计从近代到 1965 年的发展进行了直观的概述 [Beiträge zur Stadtgestaltung, Stadtbauwelt, 1965(6)].
5 C.Sitte, 同书。
6 R Unwin. Grundlagen des Städtebaues. Berlin. 1910.
7 G.Cullen, 同书。
8 K Lynch. Das Bild der Stadt. Berlin, 1965.

城市设计的今日和往昔
Stadtgestaltung in Geschichte und Gegenwart

因此，城市设计并不是城市规划领域中的一片处女地。直到百年以前，它仍在城市规划中占有举足轻重的地位。它在城市建设中屡受忽视，其实只是新近的状况。 当然，与今天所呈现出的意义和可能性相比，人们先前对城市形态的理解和实践不尽相同；尤其是从前的城市设计仅仅停留于艺术层面，是以对城市视觉形象的设计为基础。如今，城市设计的概念大大衍生，因为它不仅要包括对可见之物的设计，同时也应当涵盖能影响人们精神状态的不可见环境的设计。尽管旧日的城市设计知识和经验体系日趋动摇、对佚失知识的重新认识也举步维艰，但在历经数百年的演进之后，城市设计仍是今天的城市规划中不可或缺的一部分。就像尘封在过去中的宝藏一般，这些城市设计的经验不仅在艺术层面，也在科学层面对当代城市至关重要。我们不必对过去数百年间的规划进行深入研究，便可发现规划理念是与科学研究成果同步发展的，文艺复兴时期便是如此。同时，这也印证了城市规划对城市居民的影响，在历史传承中，一直是规划师考虑的重要方面，无论是依循视觉法则设计的街道空间，还是精心把控的广场尺度，都是这些历史城市呈现给我们的绝佳例证。而反观今日，这些知识在当今的规划者之间已经无人知晓，更不用说付诸实践了。在这本书里，我不会过多纠缠城市设计的历史，但从许多角度而言，历史上的城市设计都已经为本书中城市设计的学科范畴奠定了基本框架。只有将城市设计的意义和必要性重新锚固到当代城市规划者的意识之中，才能使在过去数百年间对城市环境的规划和改造中积累的经验在今天重新结出硕果。

1.2 认知与实践的范畴
Erkenntnis-und Handlungsfeld

生活在城市中的人们往往较多依赖于能以感官认知的环境特征，譬如环境中的视觉特性。尽管这些特征很少主动地出现在人们的感知中，但一旦它们出现秩序欠妥，就很容易被人们察觉[1]。如今社会的物质渐趋丰足，精神追求便愈加重要。**一旦在数量上已经得到满足，品质就会显得更加重要。** 正是因此，城市设计才开始在基本物质需要已经得到满足的工业化国家中重新占有了一席之地。

---

1 通常来说，只有当喷泉塑像、立面或者街道轮廓发生了变化，行人方能意识到它们（的存在）：（以下原文为法文）"惟有当她忽然改头换面，人们才好奇地追问它的魅力和兴味之所在"。[J.Michel, La rue et ses signes nouveaux, Le Monde, 1971(4)]

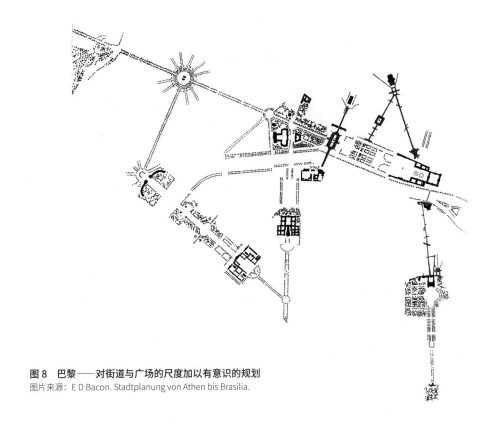

图8 巴黎——对街道与广场的尺度加以有意识的规划
图片来源：E D Bacon. Stadtplanung von Athen bis Brasilia.

城市设计的认知与操作的范畴
Erkenntnis-und Handlungsfeld der Stadtgestaltung

　　主妇出门购物，她的丈夫正驱车上班，她的儿子正赶向学校，她的女儿正在赶赴初次约会的途中——在这些纷繁日常中，究竟是什么影响着生活在城市中的人们？交通噪声、灰冷的立面，引人驻足或者味同嚼蜡的橱窗，路标、广告牌、气味，树木、汽车、行人、展柜，或窄或宽、或短或长的街道，风格各异的人行道铺地，如是种种，不胜枚举。这些感知强度各不相同的事物，作为一个整体影响着我们[1]。这种影响绝不是一次性的，而是经久持续的；它们不是转瞬即逝的、人们迈开几步便可以抛诸脑后的场景，而是作用于我们感官之上的、永不停息的印象之流[2]。人们在城市规划中已经尝

1　可与 T.Sieverts 在 *Stadtbauwelt* 1966 年第 9 期发表的 "Stadt-Vorstellungen" 一文中对于 "经验轮廓"（Erlebnisprofilen）的研究对照。

2　因为在现实中，单帧的感知（以视觉为例）并无意义，有意义的是这些单帧所组成的序列（Sequenz），以及它给行人留下的整体印象。（以下原文为英文）"一片场域的视觉特征不只在单体建筑和孤立的空间中，更在人们对一个连续空间序列的体验之中。"（Covent Garden Planning Team, Covent Garden Moving, London, 1969）

试过的，至多不过是在这串印象序列中，对部分场景片断加以设计。然而我们真正该做的，是将各种可能发生的瞬间场景归并到一个序列中，以预测它们可能带来的影响。城市规划不能再停留于眼高手低的空洞词语。环境对人们产生着影响，它既能便利人们的生活，也能给人们的生活增添烦扰，而城市设计应是研究环境对人们影响的学科。这种影响直接由环境作用于人的心理层面。但凡涉足公共空间之中，便无人能置身其外，因此它也显得尤为重要 [1]——我们可以将这视作一个已经获证的命题，在本书中，我也就不再对此多加论述了。城市规划所面临的问题，不是环境对于精神的基本运作（譬如情绪）有无影响 [2]，也不在于环境对人们的心理影响是否可证 [3]，而在于城市规划如何才能更加符合人们的意愿 [4]。惟有把宜人的城市环境视作合乎情理的需求时，它才能找到相应的使命。人们之所以感到惬意，不单取决于个体的心理状态，也同他所处的环境息息相关。由此可见，除了经济、技术、律法和社会层面的种种因素之外，我们在城市规划中也应当对涉及感知的心理因素加以考虑 [5]。城市规划在解决功能性的需求之余，也应当满足人们的心理需求。对于这种心理需求的重要性，包豪斯运动的先驱们并无异议，反倒是包豪斯运动的追随者们对此有所排斥 [6]。**如今我们奉行的准则，已经不再是要求人们主动适应环境，而是想办法让环境适应于人。人对环境提出的要求是理性的——狭义而言，它是功能性的；广义而言，它却也是感性和智性的。**在城市规划中，以环境（城市中包围着人们的空间）适应于人，意味着在制定相应的规划措施时，需要以让人们感到惬意为前提。城市规划向来既同生活中的生理需求相关，也同生活中的心理需求相关。如果我们以这个论题为鉴，城市设计在理论与操作中的范畴也就大致明确了：**城市规划决定了城市环境的形态（Gestalt der urbane Umwelt），而城市设计的使命，便是关注这种形态对人们心理及智慧的影响 [7]。**

---

1 "环境经验所涉及的对象，是无人能置身其外的环境印象。它们作为一条持续的印象之链，作用于我们的感官之上。对心理结构的构建来说，环境经验的重要性也因此一目了然。"（A.Lorenzer，同书，第70页）

2 参照：A Mitscherlich. Thesen zur Stadt der Zukunft. Frankfurt a.M., 1965: 122.

3 J Franke. Zum Erleben der Wohnumgebung. Stadtbauwelt, 1969(24).

4 对于一盏街灯，人们并不满足于它的照明功能，也期待着它满足我们精神上的需求。法文原文：
"...éclairer mais aussi répondre aux exigences de l´esprit"（J.Michelin，同书）。

5 "这里所涉及的，就不只是交易和交通之类的物质性功能，也包括视觉与符号价值等无形的功能。"[G Gebhardt. Wertvorstellungen als Elemente der Planung. Stadtbauwelt，1968(17)].

6 "我们并不能简单地把功能主义看作一种纯粹基于理性的建筑方式，反之，在功能主义中其实也涵盖了心理的问题。对情感的需求和对实用的需求同样迫切，这一点我们再清楚不过了……"[W. Gropius, Architektur, Frankfurt a.M. 1955(79)].

7 所以真正有意义的是，对环境设计带给城市居民的经验加以预测：（以下为原文中的法文引用）"……对这一环境中的某个局部带给部分或全体潜在当事人的经验加以预测。"[P.Thiel, La notation de l'espace, du mouvement et de l'orientation. Architecture d'Aujourd'hui, 1969(9)].

城市设计——作为艺术、科学与政治
Stadtgestaltung als Kunst, Wissenchaft und Politik

城市设计的这种使命带来了什么后果呢？通过城市用地规划与详细修建规划[1]，城市规划不单明确了地方政府辖区内不同的用地分类、位置和开发强度，也约束了它们可能的三维形态，进而确定了城市公共空间的基本特征，包括街道、广场在内的开放空间的空间形态。城市规划同单体建筑的建筑设计一道，塑造了公共空间的视觉形象[2]。因此，一个以满足人们在城市环境中的精神需求为根本使命的学科分支，在城市规划中不可或缺。正是这样一门学科，让城市规划者在塑造和改造环境时，得以关注它将给城市居民——无论行人、驱车出行者还是公共交通的乘客，无论孩童、青年、成人还是老者，无论身体健康的人还是病人，无论城市中的常住居民、访客还是观光客——所带来的环境体验。规划者面对着刚刚完成的卧城模型的赞叹将不再有意义[3]；取而代之，**未来居民们环境经验的总和，无论是在他们上班、购物的路上，还是在他们晚间散步的途中所体验到的环境感受，才应成为衡量城市规划好坏的标准之一**[4]。城市设计决策不再是仅仅基于效果图的观感来考量和确定，而更应取决于它对相关者的可能影响。简单的形态推敲只是城市设计的前提，而不是城市设计的最终目标。对居民未来可能的环境体验的模拟，才是城市设计决策的真正基础。[5]

作为艺术任务的城市设计
Stadtgestaltung als künstlerische Aufgabe

对于城市规划的这一领域，有许多不同的解释和定义。举例而言，戈

---

1 德国法定的城市规划由各个地方政府自行制定，分两步进行：前期规划被称为预备性建设引导规划 (vorbereitende Bauleitplanung) 也即城市用地规划 (Flächennutzungsplan)，后期规划被称为强制性建设引导规划 (verbindliche Bauleitplanung) 也即详细修建规划 (Bebauungsplan)，包含了中国的控制性详细规划和修建性详细规划两个阶段。城市用地规划将辖区内的用地分为若干区块，并明确各个区块对应的功能以及交通的走向和基础设施的结构。详细规划继而以城市用地规划为基础，在大的区块内细化各个小地块的功能、确定建筑的布局形式、划定地块的大致尺寸、规定建筑高度与容积率的上限，等等。——译注
2 视觉形象由城市规划者和建筑师共同树立：一个由规划者设计的高层体量对于城市居民的影响，可因实际建造方式的好坏而改善或恶化——我们可以设想一下，单是一座高层立面的结构、材料和色彩就扮演着何等重要的角色：每个建成建筑和它的毛坯之间的对比皆是明证。
3 卧城 (Trabantenstadt)，指大城市周边主要承担居住职能的城区。不同于卫星城，它们不具备独立的完善设施，对中心城区有较强的依赖性。——译注
4 （以下原文为法文）"在这宏大的整体之中，我已不见我曾启发了模型的微妙几何；怎样重新寻回我的住所、找到从一点到另一点的最佳途径，如此这般微不足道的小事构筑了我的认知。"（F. Choay, L'urbanisme, utopies et réalites. Paris 1965: 72）
5 "为什么不强制住区规划者和城市建造者，让他们以未来使用者的立场测试他们关于空间品质的模型？别只以敬爱的上帝的立场！"参照：H Afheldt. Städte im Wettbewerb. Stadtbauwelt, 1970(26).

登·卡伦主张将城市设计描述为一门"将构成城市环境的街道、建筑物和空间编织为一个有序的视觉整体，并建立各个城市元素之间的关联"的艺术[1]。在早年的几部著作中，凯文·林奇也作了类似的表述，他将"总平面图"定义为"将建筑物和其他结构布置在一片场地之上，以使它们和谐相向的艺术"[2]。这个定义和凯文·林奇的一种信念不无关系；他认为，人们感知中的环境，与满足交通和功能的环境同样重要[3]。面对所谓城市设计无非是资本主义社会中的折衷主义和唯美主义的质疑，只要借助凯文·林奇的这一定义就足以驳斥。无论在戈登·卡伦还是凯文·林奇那里，城市设计都和作为华美辅料和环境装饰的美化粉饰无关，而是指向一种对人的根本关怀。惟有当城市美学既丧失了同经济、技术、社会的关联，也没能满足人们的心理需求时，上面的质疑才能成立。普托[4]、前廊[5]、花枝招展的街灯、锻铁打造的公共厕所，这些物件本身都不是城市设计的对象（Objekt）；城市设计要考虑的不是"建筑艺术品"[6]，也不是独立于周边环境的单一的历史保护建筑，而是作为整体的城市形态对居民产生的影响。这种影响与城市中个体元素之间的关联方式息息相关。当一件艺术作品，能够构建一个城市环境并符合个体心理需求时，它才属于城市设计的范畴。在这种意义上，城市设计当然是艺术。

作为科学的城市设计
Stadtgestaltung als wissenschaftliches Arbeitsfeld

但我们在本书中讨论的城市设计，却还不只是一门艺术而已。弗朗索瓦·维吉尔（Francois Vigier）[7]试着用城市设计（Urban Design）的概念，

1 "城镇景观是一门艺术。它帮助人们理清建筑、街道和空间间的谜团，赋予它们视觉连续性和组织结构、并由此构成城市环境。"（G.Cullen, The concise Townscape, op. Cit. 202）
2 （英文原文）"Site Planning is the art of arranging buildings and other structures on the land in harmony with each other."（K.Lynch. Site Planning. Cambridge/Mass., 1962）摘自序言。
3 "环境可以清晰，也可以含混；它既能传达意义，也可能毫无意义；它可以让人觉得刺激，也能让人觉得单调；它既能让人感到愉悦，也能让人感到烦厌。对于一个环境而言，和交通和功能上的需求相比，人们感官的需求同样重要。"凯文·林奇，同书，第55页。
4 普托（Putto）源自拉丁语的Putus，意为男孩、孩童。普托在西方艺术中常以裸体、圆胖的小男孩的形象出现，并往往被视作爱神(Eros)的童年形象。它常常以装饰的形式出现在建筑（洛可可、风格主义尤甚）中。——译注
5 前廊（Risalite），也称avant-corps（源出法文，可直译为"前躯"），指在主体建筑体量之前的、纵贯整个建筑高度（以区别于凸窗）的前凸部分。它常在文艺复兴，尤其是巴洛克建筑的立面语汇中出现。——译注
6 建筑艺术品（Kunst am Bau），这里指的是一种法定的、添附于建筑中的艺术作品。一些国家有法律规定，业主（尤其是公共项目中的业主和作为业主的国有机构）有义务将公共建筑建造预算的一部分（通常在百分之一左右）用于建筑中艺术品的购置。——译注
7 弗朗索瓦·维吉尔于1992～1998年间任哈佛大学城市规划与设计系的系主任。——译注

将这个隶属于城市规划中的学科范畴定义为：对规划决策[1]进行自觉有意识的三维空间尺度上的译解。它的工作领域也因此涵盖了环境设计的方方面面：从城市中可能的"路径"[2]，至单体建筑的建筑特征；从对街道家具[3]的设计，至整座城市天际线的塑造[4]。对于城市设计无非是"城市装饰"的立场，维吉尔也不认同。在他的笔下，城市设计是规划过程中不可或缺的一部分。因为恰恰是城市设计，帮助观察者理解他与环境之间的关系，从而让他们的行动更有效率，让他们避免在环境中受挫，并对环境逐渐地适应直到满足[5]。**无论多么抽象的规划决策，终究都将被转化成客观世界的三维空间中某种具体的形态——形成这种三维空间成果，正是城市设计者的任务。**

作为社会政策的城市设计
Stadtgestaltung als sozialpolitisches Handeln

倘若我们以批判的眼光看待维吉尔对城市设计工作领域的定义——城市设计，不外乎是尽可能把已经拟定的规划决策转化到三维具象空间中[6]，会发现这种表述相对消极。从这个意义上来说，唐纳德·阿普尔亚德（Donald Appleyard）比维吉尔对城市设计的理解更加深刻。**他将城市设计定义为一系列环境价值的代表**——一个宜居宜业和充满爱的城市环境，它包括一个舒适安全、高效而可提供多种选择、具有象征意义并易于解读的场所，一个能够互相沟通情感的媒介，一个能帮助人们实现自我价值、自主学习并适应多种文化氛围的场所[7]。如果说对城市的分析和规划，涉及居民对城市的体验，

---

1 这里的"规划决策"（Planungsentscheidungen），指规划拟定的目标和政策。——译注
2 路径（Wege），指个体在城市的两点之间可能的行进路线，详见后文中提到的勒温心理学场论。——译注
3 原文可以直译为"街道家具"，指的是街灯、座椅之类的小型公共设施。
4 （为文中德语原文译的英文原文，德译与英文原文有出入，故附德文汉译与英语原文于下）"我把城市设计定义为对规划决策自觉的空间译解。它因此同环境塑造的方方面面都有关系——从车行与人行动线的建立，以至个体建筑特征的确立和对它们风格的把控、从街道家具到宏大场景的设计（都在城市设计的范畴之中）。"（I would define urban design as the willful, threedimensional interpretation of planning decisions. As such, it is concerned with every aspect of shaping the environment - from the establishment of vehicular and pedestrian movement to that of the architectural character of individual buildings and their stylistic control; from the design of street furniture to that of grandiose perspectives.）[F.C.Vigier, An experimental approach to urban design. Journal of the American Institute of Planners, 1965(31)]
5 F.C.Vigier，同书。
6 原文："城市规划—城市设计这一流程的最终产物，是一幅可以被直接认知的环境图像。这幅图像形象地阐明了环境的种种功能，并且往往悦人耳目。"F.C.Vigier，同上。
7 城市设计是（以下原文为英文）"环境价值的代表：一座由物质组成的城市是否宜居、又是否为居民所喜爱——一座城市可以是舒适、安全和高效的，也可以是选择多样、充满象征或是一目了然的；它可以作为人们沟通的媒介、人们自我实现的环境以及适应文化和学习的环境，也可以是人们自豪和欢愉的源泉。"（D.Appleyard, Notes on Urban Design and Physical Planning, Vervielfältigtes Typoskript, Berkeley, 1968）

那么我们就应当将这一点铭记于心——每个规划决策都会转化成具象的空间形式，并进而对城市居民产生心理层面的影响。因此，阿尔弗雷德·洛伦佐（Alfred Lorenzer）将城市设计看作在空间层面上对系列意义体系（Bedeutung）的转译[1]。当然，城市设计也是基于一系列人类的不同社会活动，满足居民的各式愿望为己任的设计。故而弗兰克·艾尔玛（Frank Elmar）和邓肯·萨瑟兰（Duncan Sutherland）认为：城市设计，不只是一门设计优美宜人的城市环境的艺术；好的城市设计应当提供一个基本的框架，其中能够让用户掌控他们各自的环境（Umweltmanipulation）[2]，从而实现各自的需求。

以上，我们看到了对城市设计学科范畴种种不同的理解：**从将城市元素和谐组织的城市建造艺术，规划决策的三维阐释，到将城市设计视作环境价值的保障，以及视作心理因素（比如场所意义）的承载，并因此要求它为每位城市居民下一步自发的设计和建设提供基本框架。**

科学、艺术与政治
Wissenschaft, Kunst und Politik

由此看来，**城市设计是一个涵括了科学知识、艺术经验和社会政治价值观在内的复杂领域。** 眼下在城市设计的学科领域中，研究理念和研究成果都已经不计其数；然而遗憾的是，它们要么和具体的城市建设问题沾不上边，要么不为城市规划者所知，要么彼此之间没有关联。在艺术领域中埋藏着经验与知识的丰厚财富，本来可以对于今天的设计有着很大的帮助，但这些宝贵的艺术经验很少有人去尝试证明了。在社会政治领域，公众对城市景观问题的意识骤然上升；然而在公众的意识中，还远远没有将城市设计和城市规划同等视之，也远远没能促使将对城市设计的考量纳入地方行政管理的日常决议过程之中。

面对这样的情境，我们该问的不是城市设计究竟是科学、艺术还是政治，而是这些领域将分别如何助力城市设计的使命。因此，城市设计不仅是城市规划中基础性的学科，也是城市规划的重要组成部分，一个能够结合科学、艺术与政治的手段进行研究的分支学科。因此，只要城市设计在解决城市设计问题时，将能够支配的科学知识调为己用，那么它便是科学；就城市设计

---

1 "同时，城市设计也总是不可避免地成为对意义（也即沟通规则）的操作。城市规划者的职责，便是意义之间的空间衔续。"A.Lorenzer, Die Problematik der Bedeutung des Urbanen Raumes, Vervielfältigtes Typoskript, Stuttgart, 1970。

2 （以下原文为英文）"城市设计不应该被仅仅看作一门提供'美学正确'和悦人耳目环境的艺术；它应为受众提供空间，让他们能在对环境的不断调控中完成自我表达。"[F.L.Elmar; D.B.Sutherland, Urban Design and Environmental Structures. Journal of the American Institute of Planners, 1971(1)]

图9 不要强迫人们主动适应环境，而要让环境适宜于人
图片来源：N. Daldrop 摄，斯图加特

能够支配的艺术财富与经验而言，它亦是艺术；而每当我们在城市设计中借用政治的手段达成目标，或是以城市设计为社会政策服务，它便也是政治。无论城市设计是科学、艺术还是政治，重要的是，背负着如此重大使命的城市设计，必须尽一切可用和有待研究的科学资料、一切可以获得的艺术经验和一切合适的政治手段为己用，以达成城市设计亘古不变的目标——帮助城市居民实现他们的愿景。**城市设计的根本目标，是研究尚处在规划阶段的城市环境对居民未来可能产生的影响，并因地制宜地对既存的城市环境加以改造。**

1.3 城市设计的定义
Definition der Stadtgestaltung

城市设计是隶属于城市规划的范畴。它以城市居民的愿景和他们对城市的体验感受为出发点，对城市的整体和细节加以设计。上述城市设计的方方面面，都可以用这一说法加以概括。换言之，城市设计是基于当下和未来城市居民的想法为出发点的环境规划。在城市设计中，我们不应强迫人们主动适应环境，而应当让环境适宜于人——城市设计正是改造具象环境，以使它适宜于人的过程！城市设计也承担着有意识引导城市空间的任务，带给人们某种既定的空间体验；这种空间体验或是以既有的空间体验为基准，或是通过改变以往体验来响应人们的需求。城市设计的目标是，在既定的空间片段中，对观察者能够接收到的环境信息（但凡它们能对人产生心理影响）的范围和种类加以规定和设计。

因此，我们可以这样定义城市设计：它是城市规划中致力于以人们的需求、期许和行为方式（Verhaltensweise）为设计考量出发点，对心理环境和城市形态加以研究、设计和控制的学科——城市设计是对人们在城市中无形需求的回应。至于人们能否为这些无形需求给出理性的解释，对城市设计而言倒并不重要。**城市设计的任务是，在城市规划的范畴内满足人们对城市环境的心理要求，并帮助这种心理要求获得和经济、法律、社会、交通技术乃至政治上的种种因素同等的发言权。**因此，城市设计关心的是城市居民对环境提出的、在功能层面之外的无形要求；它需要考察的是，城市规划能在多大程度上满足这些要求，进而相应地调整城市规划的进程。它是在城市规划之下，试图对人们在城市环境中的举止方式和期许加以回应的分支学科。但凡以城市规划的手段力所能及，它便尽可能地响应人们心理上的需求，也对人们的审美立场加以支持。

城市设计——跨学科的认识范畴
Stadtgestaltung als interdisziplinäres Erkenntnisfeld

因此，城市设计是一个复杂的范畴。它不仅包括城市规划本身，也涉及许多跨学科的问题与知识。为实现城市居民对城市环境的要求，规划师必须和对城市设计有着重要意义的相关学科的研究者[1]同心协力，制定城市规划的目标，并探讨将这种目标付诸实现的途径和手段。如果我们想在城市设计中，引入不同学科的知识，为城市环境设计所用[2]，就必须为公共空间设计中的跨学科协作制定一套科学的标准。而这也就意味着，城市设计不单涉及城市规划下的艺术和政治范畴，同时也是城市规划下的科学范畴之一（同属这种范畴的，还有交通规划、城市社会学等）。对于城市形态对观察者的体验与行为举止的影响，城市设计理应作出有科学依据的预测。我们已经意识到，城市设计中的研究和操作准则始终面临着僵化和教条主义的风险，以至有朝一日，它有可能助长浮夸的设计，或者不再能公平公正地判断城市环境品质。但即便这样，单从艺术的立场出发，对城市形态和它对人的影响加以研究，也是远远不够的；在这项研究中，科学的立场和理性的方式不可或缺。而对于这种在任何认知和实践领域中都无法规避的风险，我们只能别无选择地迎难而上。

城市设计的科学维度
Wissenchaftlicher Aspekt der Stadtgestaltung

作为一个科学范畴，城市设计对应的是一个不断发展着的知识体系。它的认识对象，是之前提到的城市设计学科范畴中的种种特性、关联和法则，以及人的心理结构与他所处环境的物质结构之间的关系。换言之，它是一个由概念、归类、定量分析、假设、法则和理论共同建立起来的知识体系。我们自然可以问：照我们之前对城市设计的认知与操作范畴的描述，它和生物物理学、信息心理学、物理化学之类的交叉学科和边界学科又有什么区别呢？倘若没有区别，我们把它称作城市心理学，难道不比称作城市设计来得更确切吗？实则不然。这里所说的城市设计，并不局限于心理学的认识范畴，而更要不断地将不同学科的研究成果付诸实现；因此将它定义成一门隶属于城市规划之下的学科，完全合情合理。城市设计的对象，是城市环境的质，而不是它的量。因此，在城市设计的论证之中，我们也应当以对"质"的论证

---

1 人类学、行为研究、社会心理学、信息理论、城市社会学和信息美学可以视作时下此类学科的代表。
2 "因此，我们对城市规划的要求，是运用一切科学的认知以设计我们的环境。"（A.Mitscherlich, Thesen zur Stadt der Zukunft, Frankfurt a.M., 1965: 7）

为主；当然，我们常常可以用"量"的证据对"质"的论证加以支撑。比方说，一条街道城市景观特性的衰落，在个体商铺日渐下滑的营业额中便可见一斑。此外，毋庸置疑的是，将城市设计视作一门科学，非但不会削弱艺术在城市规划进程中理应得到的地位，反而会凸显艺术的作用。当然，惟有在科学研究为艺术铺平道路的前提下，艺术才能彰显它的作用。时至今日，科学发展对于"直觉"的作用微不足道，也正因如此，我们更应当将科学知识带入对直觉的理解之中。关键在于，我们之所以将城市设计视作一门科学，为的是将一点谨记于心：**在我们进行城市环境的塑造时，应当将清醒的理性意识贯彻于城市设计的过程中。**

参考文献

城市设计的历史

Alberti, L. B.: Zehn Bücher über die Baukunst, Leipzig 1912 (Florenz 1485)
Bacon, E. D.: Stadtplanung von Athen bis Brasilia, Zürich 1968
Bernd, H.; Horn, A.; Lorenzer, A.: Architektur als Ideologie, Frankfurt 1968
Braunfeld, W.: Mittelalterliche Stadtbaukunst in der Toskana, Berlin 1953
Buls, C.: Ästhetik der Städte, Gießen 1898
Cullen, G.: Townscape, London 1961
Kieß, W.: Geschichtliche Aspekte der Stadtgestaltung, unveröffentlichtes Typoskript, Stuttgart 1973
Lynch, K.: Site Planning, Cambridge, Mass. 1962
Lynch, K.: Das Bild der Stadt, Berlin 1963
Pahl, J.: Die Stadt im Aufbruch der perspektivischen Welt, Berlin 1963
Paschke, U. K.: Die Idee des Stadtdenkmals, Nürnberg 1972
Pieper, H.: Lübeck: Städtebauliche Studien zum Wiederaufbau einer historischen deutschen Stadt, Hamburg 1946
Rauda, W.: Raumprobleme im europäischen Städtebau, München 1956
Sieverts, T.: Beiträge zur Stadtgestaltung, in: Stadtbauwelt, H. 6, 1965
Sitte, C.: Der Städtebau nach seinen künstlerischen Grundsätzen, 6. Aufl., Wien 1965
Stübben, J.: Der Städtebau, Darmstadt 1890
Unwin, R.: Grundlagen des Städtebaues, Berlin 1910

认知与操作的范畴

Afheldt, H.: Städte im Wettbewerb, in: Stadtbauwelt, H. 26, 1970
Choay, F.: L'urbanisme, Utopies et Realités, Paris 1965
Consortium of GLC, City of Westminster: Covent Garden's Moving, London 1969
Franke, J.: Zum Erleben der Wohnumgebung, in: Stadtbauwelt, H. 24, 1969
Gebhard, H.: Wertvorstellungen als Elemente der Planung, in: Stadtbauwelt, H. 17, 1968
Gropius, W.: Architektur, Frankfurt 1955
Michel, J.: La Rue et ses Signes Nouveaux, in: Le Monde Nr. 4, 1971
Mitscherlich, A.: Thesen zur Stadt der Zukunft, Frankfurt a. M. 1965
Sieverts, T.: Stadtvorstellungen, in: Stadtbauwelt, H. 9, 1966
Thiel, P.: La Notation de l'Espace, du Mouvement et de l'Orientation, in: Architecture d'Aujourd'hui, H. 9, 1969

城市设计的定义

Appleyard, D.: Notes on Urban Design and Physical Planning, vervielfältigtes Typoskript, Berkeley 1968
Cullen, G.: Townscape, London 1961
Elmar, F. L.; Sutherland, D. B.: Urban Design and Environmental Structures, in: Journal of the American Institute of Planners, H. 1, 1971
Lynch, K.: Site-Planning, Cambridge, Mass. 1962
Lorenzer, A.: Die Problematik der Bedeutung des urbanen Raumes, vervielfältigtes Typoskript, Stuttgart 1970
Papageorgiou, A.: Stadtgestaltung als neue Komponente der Planung, in: Stadtbauwelt, H. 11, 1970
Schneider, M.; Sieverts, T.: Zur Theorie der Stadtgestalt, in: Stadtbauwelt, H. 26, 1970

2. 认识论基础
Erkenntnistheoretische Grundlage

2.1 理论的必要性
Notwendigkeit einer Theorie

城市设计（Stadtgestaltung）不仅是关乎艺术与政治，也是一个跨学科的科学范畴。这个定义使得城市设计的涉及面，横跨了一整片复杂的认识领域。如果我们将科学认识视作人对自身、对所处的环境和对人与环境之间的关系一个持续的、自觉的分析过程，那么在这个认识过程中，我们最先着手的便是对现象的描述性分析；随之而来的，是对个别现象间彼此关联的理论阐释；这种理论阐释的结论，进而会重新接受经验的检验[1]。在城市设计的领域中，各具意义的研究早已不计其数，然而时至今日，仍没有人尝试过站在理论的高度把这些研究作为一个群体加以审视[2]，以解释个别研究结果之间的关联，从而重新认识这些研究之间的关系。

城市设计理论的定义
Definition der Theorie der Stadtgestltung

作为一个学科范畴，城市设计需要以有理有据的方式，决定能对观察者产生心理影响的形式特性。倘若城市设计要满足作为一门学科的标准，那么与之相应的理论便必不可少。因此就像其他学科一样，我们在此将城市设计的理论，归结为一系列经过系统组织的、对城市物理环境和人们心理意识之间的相互关系的判断。这些判断的目的，在于弄清不同现象各自对应的特征，以及不同现象之间的关系。所有在城市设计理论中出现的判断，都应当是客观的。因此，**城市设计理论所涉及的对象，是一个特定领域内的现象与知识，以及它们之间遵循了特定法则的关联。我们将它视作一个针对人与城市环境之间相互关系的判断和陈述体系**[3]。惟有如此，城市设计理论才能基于对它的基础、目标、方法和手段的明确划分，提出一种描述城市与人之间相互关系的模型，从而帮助我们作出符合相关学科标准的城市规划决策。如今，这样的理论还不见影踪；在城市设计的领域中，

---

1 W Leinfellner. Einführung in die Erkenntnis- und Wissenschaftstheorie. Mannheim, 1967: 16.

2 对城市设计的理论元素加以综述的初次尝试，可以参见：M Schneider, T.Sieverts. Zur Theorie der Stadtgestalt, 同前。

3 "……理论，在此被……理解为一个逻辑严密统一、在特定的场域中有效的句法系统（Satzsystem）。" 参见 W.Leinfellner, 同书。

以论据充分、可以验证的标准对研究加以约束的情形也并不多见。造成这种现象的原因，一方面是因为城市规划者往往缺乏相关的意识；另一方面，在对城市设计决策的论证中，经过理论论证和经验实证的设计原则的缺位，也常常是导致这一困境的罪魁祸首[1]。

实践——理论的试金石
Praxis als Prüfstein der Theorie

时下每种理论都兼有两种职能：解释与预测。也就是说，一种理论应当对它适用范围内的既有事态加以解释，并对新的、尚未可知的事态加以预测。举例而言，一列行道树究竟应当加以保留，还是应当出于日后交通负荷的考虑，给街道拓宽计划让位？在这里，对交通负荷简单的理性推演[2]和情绪化的绿色保护之间往往会势不两立，只有我们能够有理有据地规避这一对峙时，我们才能名正言顺地将其称作城市设计的"理论"。就行道树的例子来说，当我们能运用一种城市设计理论，对这一排行道树的生态学和心理学意义加以理论论证和经验实证时，城市设计理论才算完成了它的任务。因为对于城市设计理论而言，仅仅证明它相对性的，充满了矛盾的自由性还远远不够，我们也应当在经验和实践中对它加以确证[3]。

不同学科知识的联动应用
Verknüpfung interdisziplinärer Erkenntnisse

为了得到一个"经过设计的环境"，我们必须在设计城市时不遗余力地运用一切科学知识。为此，城市设计应该建立一种便于操作的、同实践紧密相连的理论，以作为自身的学科理论基础；它应当既以理论为基础，同时以实证过的指标作为理论的支撑。然而反观如今城市设计的现实，在城市设计理论中占有一席之地的理念和知识，真正源于城市规划领域本身的少之又少。心理学占据了城市设计认识领域的半壁江山——其中，社会心理学（Sozialpsychologie）、感知心理学（Wahrnehmungspsychologie）、格式塔心理学（Gestaltpsychologie）和信息理论（Informationstheorie）尤其重要；此外，城市社会学（Stadtsoziologie）、城市地理学（Stadtgeographie）、人类学（Anthropologie）的进入，借助信息理论、

---

1 这一点在对 20 世纪 60 年代城市设计目标的研究中一览无余，其所分析的设计原则中并无普适的原则可言。参见：P Breitling. Die Stadt - verbalisiert. Baumeister. 1970(7).
2 线性外推（lineare Hochrechnung），指按预估的、恒定的变化率推算、以预测未来结果的计算方式。同实际结果相比，可能会出现较大的误差。——译注
3 参见 W.Leifellner，同书。

医学、美学，尤其是量化美学和价值美学（Maß-und Wertästhetik），以及生物学和认知理论（Erkenntnistheorie）[1] 的研究也都为城市设计的知识添砖加瓦。由此勾勒出的城市设计认知领域的复杂性，使城市设计理论面临的挑战一目了然：**它必须在当下和日后的发展中，维持这一认知领域的清楚直观；它要呈现不同学科之间密不可分的关系，并为城市设计的实践提供理论依据。**我们应该对源自各个不同学科的知识严加评估，并站在城市设计的立场上将它们彼此联系，以使城市设计决策不单单停留在政治和艺术的层面之上，而也具备科学的理论依据——正是因为城市设计面临的艰巨的任务，科学的理论依据才更加不可或缺。

理论的相对性
Relativität jeder Theorie

此外应当注意的是：惟有我们在实验和实践的经验中，不断对城市设计理论加以修正，城市设计才能被纳入城市规划的科学范畴[2]。城市设计理论的目的是对现象加以澄清，并对普适的原则加以表述，它本质上是一种建立在经验[3]上的相对符合实际的理论方法。这种相对符合实际的认识，是我们在下面将要提到的理论基础得以成立的前提。因此，我们与其把城市设计的理论当作一个封闭的理论体系，不如把它看作一个开放的理论体系，以便在运用这种理论的同时，能不断地对它加以扩充。因此在本书中，我将城市设计理论看作一种帮助我们进行科学认识和科学操作的手段。借助这种手段，我们可以认识到不同事物间尚不为人知的关联。而这也意味着，**我们应当将城市设计理论的方方面面当作一个开放的认识范畴的组成部分。它们之间的关联，并不是一成不变的。我们必须不断地对这个开放的认识范畴加以补充，并在必要的情况下进行局部的修正。**如今，我们把科学理解成一个开放的、可以不断扩充的体系——它代表着一种知识，直到它被证伪！[4] 我们不仅可以用这一原则界定科学，也同样用它界定一门

---

1 对这一系列城市设计之"基础科学"的意义的表述，可参见 M.Schneider; T.Sieverts, Zur Theorie der Stadtgestalt, 同前。——原注
  关于这些基础科学与城市设计的具体关联，可参见本书 5.2 节。——译注
2 在马克斯·本茨的措辞中，信息理论的美学也以类似的方式以"科学美学"自居。（M.Bense, Einführung in die informationstheoretische Ästhetik, Hamburg 1969: 7）
3 "科学的历史告诚我们：一劳永逸、绝对正确的经验理论并不存在。任何一种经验理论都只是相对真理，它们迟早会为更高秩序的相对真理所取代。"（G.Klaus, M.Buhr, Philosophisches Wörterbuch, Leipzig 1969）
4 "泛泛而言，我们全部的理论知识（假说、假说体系和理论）都是一种假设。换言之，它们是等待着被证伪的知识。尽管它们自洽并很大程度上能为经验确证，但它们终究不是绝对、终极、无可替代的知识。"W.Leinfellner, 同书。

科学的理论。因此,对于下面城市设计的理论基础,我们大可不必要求它尽善尽美、一劳永逸。在这种城市设计理论中,我们既不能一个不漏地对所有要素加以描绘,也没法让所有这些要素间的相互关系都一览无余。毕竟,即便相关的研究已经历经多年,但有些要素在城市设计理论模型中的位置仍然有待斟酌。可见,没有任何城市设计的理论可以成为绝对真理而不朽。

2.2 环境经验的不同层面
Stufen der Umwelterfahrung

倘若我们将城市设计定义为城市规划之下,以满足人们在城市环境中的行为方式、需求和愿景为目标的学科;倘若我们鉴于城市造成的无形影响,尤其是在城市规划中,城市功能(Nutzung)、动态体验(Erscheinung)和意义体系给我们带来的心理影响,而将城市设计视作"市民的维护者",那么任何城市设计理论,都应当以人体验环境的方式为基础。因此,任何城市规划的研究,都应当以对人们在城市环境中的行为举止有所影响的要素为出发点,对它们加以探究。只要分析了环境品质对人们产生心理影响的条件,我们就不难明白:心理影响的产生,不能单单回溯到由功能、动态体验和意义构成的环境实体中,也不能简单地用它置身于其中的城市语境加以概括;它还取决于感知的行为主体、感知的方式和感知发生时的具体情境。此外,对不同环境品质的价值判断,是引人入胜还是招人生厌,是催人振奋还是惹人厌倦,是每个人根据环境的特性,如所体验的环境功能、意识中的环境形态和他为这个环境所赋予的意义,进行独立评估的结果。

城市设计的对象——体验环境
Die erlebte Umwelt als Gegenstand der Stadtgestaltung

城市设计,是站在人的立场上规划城市环境。倘若我们这样定义城市设计,便已经接近了本书中最为根本的论点:城市居民对环境作出的行为和反应,并不是基于客观存在的环境,而是基于他们体验中的环境——这两个环境概念之间有着天壤之别[1]。因此我们也该认识到,城市设计真正的研究对

---

1 对客观实存和主观经验中的环境之间的根本差异,哈罗德(Harald)和玛格丽特斯普劳特(Margaret Sprout)曾做过详尽的研究。"就人们所作的决定而言……它只和人们……如何看待这片场域(也即环境,作者注)相关,而同实存的环境无涉。"(H.u.M.Sprout, Ökologie Mensch - Umwelt, München 1971: 179)

象并不是物理客观环境（vorhandene Umwelt），而是体验环境（erlebte Umwelt）。对于我们通常所说的客观实存的环境，我们能够以数学的手段、不带价值判断地对它们加以衡量和归类；而城市设计的对象却远不止于此，它真实存在于人们体验的环境中。物理客观环境不取决于人，而个体通过对物理客观环境的感知，获得了它对物理客观环境的主观表象。所谓体验环境，正是在这种物理客观环境与主观观念的彼此交会中形成的、个体对环境的心理表象。

人们在环境中的行动和人们对环境的反应，并不在物理客观环境的层面上发生，而是在环境表象的层面发生[1]——对于这个现象，我们必须加以重视。对于一条住区街道而言，大到街道的空间轮廓，小到区区一个门把手，我们都可以事无巨细地加以勘测和记录；然而对于城市设计而言，这种对既有事实的勘测与记录，远远不及了解居民和行人对它们的心理表象来得重要。因此在城市设计中，我们不仅要对城市环境中功能、动态体验与意象的形成与更迭加以重视，也应当以它们在城市居民心中的映像为准、以人们的举止方式为据，对他们的愿景和需求加以回应。

从物理客观环境到体验环境的转化
Umwandlung vorhandener Umwelt in erlebte Umwelt

面对着城市设计的这种任务，我们不禁要问：人们又是如何将物理客观环境转化为意识中的体验环境的呢？但凡我们想要建立一门城市设计的理论，就必须直面这个问题。一个人在环境中或行动或逗留，或坐或立，或步行或车行，在进行这些行为时，他无时无刻地体验着环境。与此同时，他在意识中勾画着他对感知到的环境的个人印象——我们可以称之为环境表象（Umweltvorstellung）。斯蒂芬·卡尔（Stephen Carr）将这种人与环境之间持续发生着的相互关系，概括为以下不同阶段：

- 决定阶段（Entscheidungsphase）：在我们五花八门的需求和愿望中，几个特别的需求和愿望脱颖而出，从而决定了我们行为的意向。
- 认知阶段（Erkenntnisphase）：本着先前决定的行为意向，我们在环境中检索与之相关的信息；我们对找到的信息加以组织；随后，我们通常以记忆表象的形式将这些信息备存到我们的脑海中。
- 计划阶段（Planungsphase）：我们从记忆表象中提取相应的有效信息；我们对这种信息加以转化，以便对不同行为方式的选项进行评估和选择。

---

1 尽管如此，这种行动的结果却不能简单地回溯到当事人的环境表象之中。"至于决策最后的结果，我们认为它取决于物理环境之所是，而与个体如何……看待环境无关。" H.u.M.Sprout, 同书。

• 行为阶段（Handlungsphase）：本着对经验的价值与意义加以衡量，从而优化日后行为的目标，我们对一组特定行为的效果加以检验。[1]

在上述对人与环境交互过程的描述中，有一点尤为关键：观察者可以将同他相关的环境信息，储存在或多或少可以复现的记忆之中。正是这种记忆，突显了人们主观的环境经验，帮助他对环境经验加以评估，并对自己的行为加以修正。

体验环境[2]——行动与反应的基础
Erlebte Umwelt als Aktions-und Reaktionsgrundlage

之所以说"同观察者相关的环境信息"，是因为物理客观环境中潜在的信息总量，远远超出了观察者感知能力所能涵盖的范围。因此，观察者必须从散布在三维环境场所的信息中，筛选出对他和他的行为意图至关重要的信息。记忆的任务，正是存储这些经过筛选的信息，以备日后之需。我们在对我们的行为进行计划时储存到记忆中的环境信息，既可以是视觉信息，也可以是语言信息；但它们所呈现的，终归是观察者对物理客观环境的**理解表述表象**。表象里所呈现的，并不是物理客观环境本身，而是观察者对物理客观环境的感知方式以及观察者所感知到的内容。**因此，观察者在物理客观环境中的行为意图，是由他对物理客观环境的心理表象所决定的。显而易见的是，环境中的人的意图是否能够如期达成，取决于物理客观环境与体验环境之间是是否彼此吻合。**由此我们也不难发现：尽管如之前所说，人们在环境中的行为意图确实由他们心理体验中的环境所决定，但这些行为的结果也取决于物理客观环境本身[3]。因此城市设计的任务是，使观察者在他能够感知到的有效信息中所经历到的体验环境，尽可能与物理客观环境相吻合，并以此为目标，构建城市环境的功能和动态体验[4]。

体验环境的基础
Grundlagen der erlebten Umwelt

个体对体验环境的主观印象决定了其对环境体验的评价，及其赋予环境

---

1 S Carr. The City of the Mind, Environment for Men. Von W.Ewald, Bloomington, 1968: 202.

2 体验环境，也即观察者在意识中体验到的环境。——译注

3 参见 H.u.M.Sprout, 同书。

4 我们可以在斯蒂芬·卡尔的书中找到直观的例证：（以下原文为英文）"举例而言，有些环境的认知特征也许含混不清亦前后不一，以至我们很难把它们和我们的语言概念和社会价值联系到一起。因此，一个看似的'贫民窟'，也许恰恰是倾力创作着的作家和画家的避风港；一条看似的'住街'，也许倒是各色机构和办公室密布其中。如此这般的含混性和不一致性，有时出于别种原因而受到青睐，然而却妨碍了我们对它们的精确记忆。"S.Carr, 同书。

的意义。观察者体验到的环境功能和动态体验本身，在社会、群体和个人价值互相交融的价值体系中被赋予了意义。因此，这里所说的"意义"是观察者主观环境经验的产物，也因此不断地变化着——意义时强时弱，有时也会发生转变。每次生成相关意义的环境经验，都要求人们将新的经验同他既有的价值和评价体系联系起来[1]。对于城市设计而言，生成意象的要素不单单是城市形态呈现出的视觉动态体验，也包括了人们对功能的感知。对体验环境（环境的心理表象）而言，环境功能的重要性绝不亚于它们的视觉动态体验本身[2]。至于观察者赋予环境体验的意义，则同其所在社会中的历史文化情境、生产关系和政治结构相关[3]。这也就意味着，人们赋予环境动态体验的意义，往往不仅是和个体相关的，也和特定群体乃至社会的意识相关。**考虑到这一点，我们可以将"意义"理解为不同个体体验者之间对于共同环境经验的某种共识；它不仅是个体之间的沟通途径，同时也可以被看作一种城市空间中的行为准则**[4]。但凡某类城市功能（Funktion）以"功能"的形式呈现在城市动态体验之中，它便成为了"意义"的载体；对体验者而言，特定的形态或多或少地传达着某种功能的意义。而这也意味着，作为我们行为与沟通准则的"意义"体系，总是在有意无意间受到城市设计的操控[5]。

综上所述，观察者对环境的心理表象，既取决于环境中的功能，也取决于他感知中的形态以及这种形态呈现给他的意义。在观察者和他身处的物理环境之间，无时无刻发生着相互的关联，而在观察者心理中形成的体验环境正是这种交互进程的产物。影响着这种交互进程的，既包括物理客观环境中的社会经济结构和它们的感性动态体验，也包括作为个体和身处若干群体中的个体为这种动态体验赋予的意义。

2.3 物理客观环境和感知环境
Vorhandene und wirksame Umwelt

在哲学和心理学领域中，对物理客观环境和体验环境的区分由来已久。因此，环境对于观察者行为举止的影响与某一特定时刻的环境本身无关，而

---

1 S.Carr, 同书。

2 这里所说的功能，并不单指它们对应的经济用途，也包括它们所处的社会结构。对于体验环境而言，社会结构扮演着什么角色？我们可以再次引述斯蒂芬·卡尔作为例证：（以下原文为英文）"就我们目前所知，城区、街道和楼房所象征的相对社会价值，连同这些相对社会价值呈现于人们的方式，其重要性并不亚于它们的可见形式。"参见 .S.Carr, 同书。

3 A.Lorenzer, Die Problematik der Bedeutung des urbanen Raumes, Stuttgart 1970（演讲手稿）。

4 "人们对共同经验的事体达成共识，并基于这种共识建立起一套共同的坐标系，是谓'意义'。简言之，意义是交流和沟通的准则、是我们行为的范式。"A.Lorenzer, 同书。

5 "城市设计总是不可避免地对意义进行着操作……"，又："城市规划者在分工中的职责，意义之间的空间衔续。"A.Lorenzer, 同书。

只和我们看待环境的方式相关，这一观点也并不新鲜[1]。由"发挥效用即真实存在（Wirklich ist，was wirkt）"这一命题作为出发点，库尔特·勒温（Kurt Lewin）提出了心理生活空间（psychologischer Lebensraum）[2]的概念，以用来区别"体验方式（Erscheinungsweise）"和"隐于其后的真实存在"[3]。所谓的心理生活空间，对应本书中的"体验环境"，并不涵括整个物质世界，而只和那些在特定情境下个体感知的环境局部相对应。[4]

由此，勒温把"效用关联（Wirkungszusammenhang）"看作衡量心理生活空间的标准。而勒温为心理生活空间所举的例证，用在体验空间的概念中也同样有效：哪怕两个人站在同一条街道的同一侧，他们彼此的体验空间也未必相同[5]。因此，勒温将心理生活空间定义为"影响个体行为举止的整个领域"；他进而补充道，物理客观环境只能在这一领域中对观察者发挥效用。换言之，实存的物理客观环境和个体体验环境的极性并立（Polarisierung），早在勒温那里就已经被提及。

对实际时间与体验时间的区分
Unterschied zwischen tatsächlicher und erlebte Zeit

不久前，奥托·弗里德里希·博勒洛夫（Otto Friedrich Bollnow）以哲学的立场，对抽象环境与具象的环境体验间的区分进行了考察，并将它同哲学与心理学的研究联系了起来[6]。博勒洛夫开篇便将体验空间（erlebte Raum）同数学空间（mathematische Raum）区别开来：

"就像人们可以区分以钟表度量的、抽象的数学时间和人们体验中的活生生的具象时间一样，人们也可以区分数学家与物理学家所关注的抽象空间和具体的、人性的体验空间。"

他强调说，期望通过这项研究，让人们清楚地认识到对体验空间加以研究的重要性和实用性[7]。在广泛分析了各个学科针对体验空间的研究成

---

1 依据博勒洛夫的说法，这个问题由伯格森率先提出，日后，萨特和海德格尔等哲学家也延续了对这个问题的探究。在心理学领域中，人们早在 20 世纪 30 年代初便开始着手对这个问题进行研究。在此，我们可以举出几部看似切入点各异的论著：G.K.v.Dürckheim: *Untersuchungen zum gelebten Raum*, E.Minkowski: *Le temps vecu*, K.Lewin: *Grundzüge der topologischen Psychologie*。参见：F.O.Bollnow, Mensch und Raum, Stuttgart 1963.

2 勒温将心理生活空间（psychologischer Lebensraum）定义为：在特定时刻对个体的行为举止有所影响的场域总体。——译注
参见：K Lewein. Grundzüge der topologischen Psychologie. Bern, 1969.

3 Lewin, 同书。

4 Lewin, 同书。

5 Lewin, 同书。

6 参见：O F Bollnow. Mensch und Raum. Stuttgart, 1963.

7 Bollnow, 同书。

果之后，他又将体验空间（也即体验环境）细分成了不同的维度——路径学空间[1]、氛围空间[2]、行为空间[3]等种种概念都在其列。

数学的空间和生活的空间
Mathematischer und gelebter Raum

伊丽莎白·施特勒克（Elisabeth Ströcker）试图在现象学的视角下对"生活的空间"加以界定，这一研究同博勒洛夫对体验空间的研究可谓异曲同工[4]。在一开始的研究纲要之中，她便明确地将"生活的空间"和"数学的空间"并立起来。在对"生活的空间"概念的界定中，她写道：

"我们最该问受访者的，是他在空间'中'的行为举止，而不是他'对'空间的评价。"[5]

施特勒克在她的研究中，基于个体与环境建立关联的三种形式，对生活空间进行了细分：

"我们可以指出三种主体的形式：作为氛围主体[6]，它是我们意识所表

---

1 路径学空间（hodologischer Raum）是格式塔心理学场论中的概念，也见于勒温的作品。它是对特定空间中的路径系统的描述，通俗地说，便是对"如何从一点抵达另一点的描述"。举例而言，詹巴蒂斯塔·诺利（Giambattista Nolli）在 1748 年为罗马绘制的诺利地图即是一种典型的路径学空间描述。它不仅是拓扑学意义上的，也具有社会学的意义。不同于欧氏空间，路径学空间的本质是离散的。心理学家以这一概念，讨论人的行为、反应与环境之间的关系。——译注

2 氛围空间（gestimmter Raum）是由路德维希·宾斯旺格（Ludwig Binswanger）首先提出的概念，并为博勒洛夫、施特勒克等人所沿用。它指的是在个体的心境下体验到的空间。它是主体与外部世界的交汇，因此被归于验后空间之下。但值得说明的是，验后空间基于既定的实存空间（以及实存的品质）之上，因此氛围空间同样具有跨主体的效力。这里的 gestimmt（引发心境的、引发情绪的）以及相应的名词 Stimmung（心境、情绪），都可以回溯到海德格尔的《存在与时间》中。海德格尔将 Stimmung 置于主客关系之间：它既是一种主观的"心境"（情绪）、也是一种客观的"场境"（氛围）。因此，虽然这里将 Stimmung 更偏向于客观的"氛围"，但在理解时也应当谨记"心境—场境"（情绪—氛围、个体体验—集体体验）的两面性。——译注

3 Bollnow, 同书。

行为空间（Handlungsraum），是博勒洛夫路径学空间理论的延伸。博勒洛夫将它描述为同个体的日常行为密切相关的空间。在此，博勒洛夫提到了海德格尔的"上手"（zuhanden）和"可上手性"（Zuhandenheit）。换言之，所谓行为空间，便是个体根据日常行为（Handeln）的需要，对径路学空间的初步框选和把握。同时，我们不仅在日常行为中把握既存的空间，同时也对既存空间本身进行着再创造；因此，行为空间也是一种"生产空间"（Arbeitsraum）。——译注

4 参见：E Ströcker. Philosophische Untersuchungen zum Raum. Frankfurt a.M., 1965.

5 Ströcker, 同书。

6 氛围主体（gestimmter Leib），同之前的氛围空间（gestimmter Raum）相关。施特勒克认为，氛围空间是对世界心照不宣的关照，它因此也是"无中心"的。氛围主体同肉体躯体（Körperleib）相对立。后者是"有中心"的空间中可以定位的中心载体，而前者是无中心、无向性空间中的表现媒介。施特勒克这里所用的主体（Leib）一词具有很强的现象学意味，可以对应于梅洛-庞蒂的"肉身"一词。相较于常用的躯体（Körper）一词，Leib 一词旨在强调肉身作为"实在"的主体（"肉身性"，Leiblichkeit），"在"客观存在的空间（空间性，Räumlichkeit）"中"（In-Sein）；"肉身"（或者说"在肉身中"）是"我"（Ich-Leib）与外部世界发生关联的基础；它与客观空间之间的关系不仅发生着物质的关联（作为物质的躯体），也发生着精神与意识上的关联。这里不译作"心境肉身"而译作心境主体，以避免误解。后面的"行为主体"（handelnder Leib）也是同理。——译注

达的内容的载体；作为行为主体，它是我们意图明确的行为的出发点；作为
感官主体，它是感知的中心。"[1]

施特勒克基于个体与环境间这三种不同的关联形式，进而提出了
三个新的概念：氛围空间、直观空间（Anschaungsraum）和行动空间
（Aktionsraum）。

抽象空间与具象空间
Abstrakter und konkreter Raum

马克斯·本茨着手将博勒洛夫和施特勒克提出的种种概念整合到一
起[2]。他从根本上区分了拓扑的（topologisch）、度量型（metrisch）的
数学空间，包括体验空间、互动空间（Kommunikationsraum）和移动
空间 (Bewegungsraum) 在内的行动空间，以及包括直观空间和感知空间
(Wahrnehnmungsraum) 在内的感官空间 (Sinnsraume)。此外他还指出，
对抽象与具象的空间构造，我们也理应加以区分[3]。

抽象空间与具象空间下的不同维度
Aspekte des abstrakten und des konkreten Raumes

我们可以依照本茨的定义，将空间区分为抽象的数学 - 物理空间和具象
的经验 - 生活空间。如此一来，我们可以将拓扑空间和度量空间归入抽象空
间（能以数学和物理学的方式客观勘定的实存空间）之列；反之，包括了直
观空间与感知空间的感官空间、包括了氛围空间的体验空间和包括了移动空
间和互动空间的行动空间，则可以归入具象空间之列（也即我们所说的体验
空间）。如果以这种两分化的考量方式，将上面提到的博勒洛夫和施特勒克
使用的概念各归其类，那么博勒洛夫笔下的行为空间同施特勒克所说的行动
空间实为一种；而施特勒克所谓的直观空间和感知空间则从属于本茨的感知
空间；博勒洛夫和施特勒克笔下的氛围空间，都可以归入本茨的体验空间；
而博勒洛夫所说的路径学空间，则可以和本茨的移动空间相对应；而针对勒
温笔下的心理生活空间，施特勒克则以不同的举止层面为准，进一步细分了
三个层面：感知空间、体验空间和行动空间。

---

1 Ströcker, 同书。

2 参见：M Bense. Was ist der urbane Raum? Vervielfältigtes Typoskript, Stuttgart, 1969.

3 Bense, 同书。

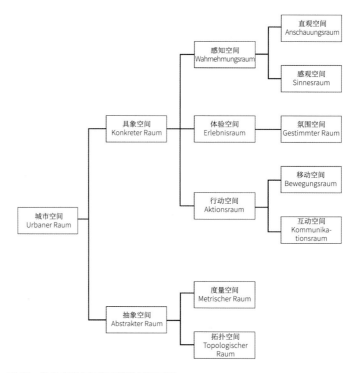

图 10　抽象空间与具象空间的不同层面
Aspekte des abstrakten und des konkreten Raumes

2.4 人与环境的交互过程
Interaktionsprozeß Mensch-Umwelt

　　然而单单凭借对物理客观空间和体验空间的区分，还不足以为一种与实践紧密相连的城市设计理论奠定基础。对于人与环境之间交互过程的每一个层面，以及不同层面之间层层推进的关系，我们都应当加以深究。在下面，我会试着对这一演进过程加以描述和评定。

体验环境的定义
Definition der erlebte Umwelt

　　凯文·林奇使用环境极性学说（Das Konzept der Umweltpolaritaet），解决对城市系统的空间与感受的定位问题；他认为，个体对环境的心理表象，也即"个体从外部世界动态体验中归结出的普遍精神意象"。[1]

---

1 K Lynch. Das Bild der Stadt. Berlin, 1965.

在林奇日后的研究中，心理表象（Vorstellungsbild）——即体验环境和物理形式——即物理客观环境之间的关系也就理所当然地成为关注的焦点。针对不同环境层面之间的演进过程，他在书中这样写道：

"环境的意象（Bild），是观察者和他所处环境之间交互（Interaktion）进程的结果。环境展示了环境元素间的差异与关联，而观察者则对他看到的景象加以筛选，将彼此各异的动态体验结合起来，并赋予他所见动态体验以意义，由此形成的意象决定了观察者对环境的理解。在观察者与环境持续的交互过程中，结合观察者的表象接收能力，意象将接受进一步的更新和检验。这样一来，因感知主体的不同，同一给定对象也可以形成截然不同的意象。"[1]

在这一定义中，林奇虽然没有对不同环境层面之间的演进过程逐一深入，但它至少点明了一点：林奇笔下的城市意象与勒温笔下的心理生活空间其实殊途同归。**林奇指出，在人们种种大相径庭的体验感受背后，可能对应着同一种客观现实；而勒温相应的措辞则是：物质世界独一无二，而心理世界却纷繁各异**——两种理论的相似性由此可见。

物理客观环境的定义
Definition der vorhandenen Umwelt

无独有偶，居特尔·尼奇克（Güther Nitschke）和菲利浦·蒂尔（Philipp Thiel）也以此作为他们研究的出发点："空间有着它的……两面性。它的一面是可以客观度量的抽象空间，另一面则是为人所体验的（或者更准确地说，人们生活其中的）空间。"[2] 他们以现实的距离和人们实际体验的距离之间的差异为例，阐释了这两种空间的差异。博勒洛夫认为，对这两种距离的区分最早可以追溯到享利·伯格森（Henri Bergson）[3]；这种区分在勒温的著述中也出现过[4]，也印证了 19 世纪城市规划中通行的经验法则[5]。在此基础上，尼奇克和蒂尔还给出了对物理客观环境的定义，为分析不同环境层面之间的演进过程打下了坚实的基础：

"它（环境）指的是在人们感知系统之外的、物理客观环境信号的总体。人们在有意无意间，在时间与空间中同它发生着不间断的联系。"

因此，我们可以将尼奇克和蒂尔笔下的环境描述为一个事件场

---

1 K.Lynch, 同书。
2 F Nitschke, P Thiel. Anatomie des gelebten Raumes. Bauen und Wohnen, 1968(9).
3 参见 O.F.Bollnow, 同书。
4 参见 K.Lewin, 同书。
5 参见：K Henrici. Beiträge zur prakti-schen Ästhetik im Städtebau. München, 1904.

（Ereignisfeld）——在观察者眼中，它是一个散布在三维空间中的信息场（Informationsfeld）。为了更贴近物理环境在本书中的含义，以明确物理环境的存在不以个人的意志为转移，我们可以对尼奇克和蒂尔的定义稍加改动：**物理客观环境，是一个由在三维空间中散布着的环境信号所构成的潜在事件场所** [1]。

潜在环境和有效环境
Potentielle und effektive Umwelt

在一个实存、恒定的潜在事件场所中，观察者的位置、姿势和视角的丝毫改变，都会将这一潜在事件场所中的某一部分激活，从而成为有效的或可感知的事件场所；反之，在原先环境中感知的部分则会被相应地重新释放到潜在事件场所中。因此，观察者在潜在事件场所中的举手投足，都会影响到其感知内容的构成。一个有效的事件场所，也即我们在之前对不同空间的区分中提到的体验空间的范围，取决于观察者的位置、姿势、感知能力（Wahrnehmungskapazität）以及感知条件（Wahrnehmungsbedingung）。这也就直观地解释了，为什么同一个广场从不同的位置看起来各不相同——观察者是高是矮，广场是大是小，观察者的生理条件因人而异，他们穿过广场的速度也因此各不相同，这些都会影响到他们对广场的感知。影响感知的因素还有很多——一朵浮云飘过广场上空，它在观察者感知中的广场上投下一片阴影，也会影响到观察者的感知 [2]。因此，**认识能使三维潜在事件场所发生变化的"激活机制（Simulationsstruktur）"，也是建立城市设计理论的前提之一**。这也便解释了为什么在同样的地点，同样的潜在事件场所在不同观察者的感知中呈现为截然不同的有效性。在个体对物理环境的主观解读之后，特定群体的群体感知也会影响到有效事件场所的构成。因此，即便两名观察者感知中的有效事件场所完全一致，他们各自的反应仍可能不尽相同——只有经过个体解读和群体感知的影响之后，具象空间也就是我们所说的体验环境才真正形成了。[3]

---

1 参见 M.Bense，同书。

2 参见：G Nitschke, P Thiel, Entwicklung einer modernen Darstellungsmethode, bewegungs-, zeit- und stimmungsorientierte Umwelterlebnisse. Bauen und Wohnen, 1968(9).

3 我们可以在斯蒂芬·卡尔的书中，找到对这一事实的一处精要表述：（以下原文为英文）"因为归根结底，城市之所是，即是人们认为它之所是。"S.Carr，同书。

意象 [1] 与体验环境
Image und erlebte Umwelt

由此可见，城市居民意识中的体验环境和城市意象之间，只是存在着程度上的差异。我们可以基于勒温提出的"心理生活空间的现实关联度"，将这两种现象视作同一心理生活空间的两个层面 [2]。**勒温指出，不同现实关联度的心理空间的差别在于，现实关联度越高，心理空间受外部因素影响的"渗透性（Durchlässigkeit）"也就愈高；反之心理空间的现实度越低，它的渗透性就越低** [3]。基于这种理论，我们可以将勒温拓扑心理学中诸如"区域" [4]、"路径" [5] 和"边界" [6] 之类概念下的心理空间归入现实关联相对较低的类别中；反之，"意象"的形成在很大程度上取决于个体构筑形象时的种种需求，因此现实程度相对较高。这些需求在个体心理中生成的张力，也使这种心理空间受外部因素影响的渗透性相对较高。倘若我们将当今经常由于城市的吸引力研究而使用的"意象"这一概念，归入现实维度较高的体验空间之中，那么我们不妨考察这种意象的形成过程，并将它用于对人与环境交互过程的分析之中。

卡尔·盖森（Karl Ganser）因此认为，意象一方面反映了物理客观环境的特征，另一方面也呈现了实存现实和主观表象之间的偏差。之所以会生成这种偏差，是因为我们对物理客观环境的某些特征鲜有感知，而对另一部分又过分瞩目。在对意象形成过程的描述中，盖森写道：

---

1 在这里，形象（Image）指的是客体在主体意识上投映形成的主观表象，也可译为映像。由于在本书中，形象一词也涉及城市规划中的城市形象（Stadtimage）这一概念，因此依照城市规划的既有术语，统一采用形象这一译法。——译注

2 参见 K.Lewin, 同书。

3 见 K.Lewin, 同书。
渗透性（Durchlässigkeit）是勒温在心理学场论（Feldtheorie）中常用的概念之一。渗透性泛指外部因素对某一特定心理区域或者心理空间施加影响的可能性的大小。结合现实关涉度这个概念，如果一个心理空间的形成受到了主体需求动机的影响，则会产生较大的心理张力（Spannung），这一心理空间从而会具备较高的渗透性。基于这一心理需求，其将拥有相对较高的现实关涉度。——译注

4 参见 Lewin, 同书。
勒温将区域（Bereich）从不同角度进行了区分——连续区域（zusammenhängend Bereich）和非连续区域（nicht-zusammenhängender Bereich）、闭合区域（abgeschlossener Bereich）和开放区域（offener Bereich）、受限区域（beschränkter Bereich）和非受限区域（unbeschränkter Bereich）、简单连续区域（einfach zusammenhängender Bereich）和多重连续区域（mehrfach zusammenhängender Bereich）以及异质区域（fremder Bereich），等等。——译注

5 参见 Lewin, 同书。
路径，指的是以一条若尔当弧（也即一条若尔当曲线——一条不自交的环路——的片段）联结两点。一条路径，因此也即一条不自交的曲线。——译注

6 参见 Lewin, 同书。边界（Grenze），指的是两片场域之间的分界。例如，一个简单连续场域的边界是一条若尔当曲线。——译注

"信息来源于空间（客体，Objekt），也就是由基本的城市功能（居住、工作、教育、医疗、休闲、交通）构成的空间聚落。通常而言，信息只来源于少数引人注目的、已经在人际交流中广为人知的空间片段和场所（场境，Situation）；在这些空间片段和场所中，这个空间的根本特征在建筑物、人、标语、记号、纪念物之类的符号中得到表征（符号）。我们对各个符号所传达的空间特征的感知，又经过一张为特定群体所共有的信息滤膜的筛选，进一步发生细微的改变。通过人际关系、大众媒介和其他沟通途径（信息传播），城市或者空间的意象便在居民、访客、企业和机构之间诞生了。"[1]

这种对意象生成过程的描述区分了客体、场境、符号，这些因素在观察者的感知中，被转化为客体的意象。盖森基于这个模型，提出了干预意象生成过程的可能：改变客观对象、强化生成意象的场景，以至对符号特征进行有意识的干预，都可以达到操控意象的目的。

意象的生成过程
Prozeß der Imagebildung

这几种对意象生成过程的干预方式，涉及了 K.E. 鲍定（K.E.Boulding）提出的观点：意象是现实在个体意识中的映像；个体从环境中接收到的信息，改变、加强或重构了映像，这种映像进而驾驭了个体的行为[2]。汉斯·克里斯托弗·里格（Hans Christoph Rieger）认为：所谓科学，无非是通过一个由观念和陈述构成的体系，对经验事实加以反映；它的目的，是以真实的方式再现经验事实之间的现实关联，以明确它们的整体结构[3]。以这个论题为基础，里格试着将科学认知过程诠释为意象生成[4]的过程。同样，他也基于对客观体系（客观的物质世界，也即现实体系）和主观体系（体验环境）的区分，分析了符合科学的意象生成的四个认知步骤。里格认为，认知过程的第一步是：

"……通过对现实世界（Realwelt，客体系统）中一个片段（一个层面）的抽象，将它反映在一种原原本本、未经阐释的演算[5]之中。在这个抽象过程中，我们通常对从环境中接收到的信息流加以过滤，以将看似与既有映像

---

1 Ganser, 同书。
2 参见：K E Boulding. The Image: Knowledge in Life and Society. Ann Arbor, 1956.
3 参见：H C Rieger. Begriff und Logik der Planung. Wiesbaden, 1967.
4 里格将之称为"科学的映像（形象）生成"（wissenschaftliche Imagebildung），其中要点在于区分本体（现实）和映像观念（阐释）。——译注
5 演算（Kalkül），逻辑学用语，在命题逻辑中尤为常用。这里之所以使用演算（Kalkül）一词，也正是为了强调这一步（相对）的客观性。它虽然已经与个体的目标、经验相关，但它仍是一个相对客观的计算系统（记号系统），而不是一个主观的意义系统。——译注

无关紧要的信息排除在外，从而在有意无意间框限了现实世界为我们所察见的片段。因此，这个聚焦的过程，也就是观察者对他所观察的现象中、有哪些方面对映像形成至关重要作出评估的过程。"[1]

在这个过程中，演算（Kalkül）[2]是观察者的一种意识表象，它只同观察者的经验、目标和直觉相关。因此对于观察者而言，认知过程（Abbildung）的第一步便是将对演算的描述同客体系统中"被选定的对象系统"（也即观察者在现实世界的片段中所观察的内容）对应起来的过程[3]。

里格认为，认知过程的第二步是检查并甄选逻辑有效的命题；换言之，认知过程的第二步，是观察者基于主观的评估、将种种逻辑有效的命题从伪命题中筛选出来的过程。

在第三步中，我们进而对之前筛选出来的、逻辑有效的命题进行阐释（Interpretation）：

"也即，将各个命题逐一归于客体系统中相关的、可以被观察到的特征之下，归入我们对观察的现实世界片段看似合理的假说之中。"[4]

在第四步中，我们对经过成像（Abbilden）、演算推导（Kalkülableitung）和阐释而得到的假说加以验证；换言之，我们将这些假说和已经在观察中得到确证的事实加以对照。当观察者通过理论得出的命题和他观察的事实基本吻合，那么观察者持有的意象便为现实世界所印证；里格认为，在这种情况下，客体系统得到了解释，由此得出的意象正确无误[5]。

斯普劳特（Sprout）进而将人与环境之间的认知层面总结如下：

"个体的价值取向和其他心理前提，使得他有选择地关注区域中某些特定的特征；他进而基于自觉的记忆和不知觉间的经验储备，对他有选择地感知到的特征加以阐释。"[6]

一如我们之前所说的那样，在本书中，**我们将体验环境（也即个体反应的基础）视作人与他所处的环境之间交互过程的结果。**

---

1 Rieger, 同书。
2 在这里，我们可以区分两个过程。主体首先进行的演算（Kalkül）过程，从他察见的客观世界片断中，依据主观的经验选出了一部分以备之后的读解；这个过程虽然与主观经验相关，但只是一个遴选的过程，在这个过程之后，被选定的客观世界片段仍保持着它们自身的客观性。在随后发生的读解（Interpretation）过程中，主体才为这些客观对象赋予了意义。——译注
3 Rieger, 同书。
4 Rieger, 同书。
5 Rieger, 同书。
6 参见 H.u.M.Sprout, 同书。

2.5 物理客观环境、感知环境和体验环境
Vorhandene, wirksame und erlebte Umwelt

我们对以上几个层面的分析，是否已经满足了建立一种论证充分的城市设计理论的要求呢？我们只需要对物理客观环境 - 体验环境的区分和现实中的城市规划过程稍加对比，就不难发现它们之间的差异；因此，为了建立城市设计的理论，我们必须更加深入地研究人与环境之间的交互过程。对于城市规划和建筑学而言，物理客观环境是潜在的操作范畴——城市规划和建筑学背负的任务，是为种种不可或缺的功能和活动分配空间位置，并为它们赋予潜在的空间形式。为此，我们在城市规划和建筑学中运用一整套环境元素的既有语汇，以确定环境（街道、广场、开放空间）的空间形态。因此，在人与环境的交互过程中，城市规划与建筑学着手的环境形态，是与观察者个体无关的、某一时刻的物理客观环境；换言之，它是一个"全知"观察者的体验环境[1]。惟有当这个物理客观环境为观察者所感知的那一刻，它才关涉个体的行为。此时，为观察者体验的环境片段，以及观察者体验这个环境片段的方式，都同环境与观察者之间独一无二的位置关系有关。这个物理客观环境的片段，呈现了因不同观察者而各异的感知中的环境——我们将它称为"感知环境（Wirksame Umwelt）"。**只有感知环境，才能对观察者的行为举止产生影响。**假如我们将个体所处的环境视作一台不断发射着信号的信号发射器[2]，那么感知环境概念就意味着，基于人的生理与心理结构，观察者能接收到的信号，至多是所有发出信号中的一部分；而观察者能感知到的，也至多只是物理环境中的一部分。换言之：观察者的位置和感知能力，决定了他能够感知到的环境片段——"现实世界"的片段。倘若两个行人分别沿着一条街的两侧行走，他们虽然置身于同一个物理环境之中，所面对的感知环境却并不相同。

感知环境的概念
Der Begriff der wirksamen Umwelt

我们既不能将感知环境等同于物理客观环境，也不能把它和体验环境相混淆。因人而异的感知环境，为涉及个体心态、行为与反应的体验环境提供了基础，而体验环境则为感知环境赋予了意义。因此，体验环境与感知环境之间的差异，并不亚于体验环境与物理客观环境之间的差异——体验环境，

---

1 参见 H.u.M.Sprout，同书。
2 H. U. M. Sprout，同书。

是感知环境与观察者的经验、价值观、意图和有意无意的记忆之间、在心理相互作用下产生的意象和心理后果。之所以这里引入感知环境这一概念，是因为倘若不借助感知环境，仅凭物理客观环境与体验环境之间的关系还不足以奠定城市设计的理论基础。物理客观环境的层面反映了与观察者无关的现实世界，而体验环境的层面则代表着观察者心智中对现实世界的映像；惟有引入感知环境这一概念，充当人与环境之间有效交互的层面，才能使城市规划进程和人的体验过程在城市设计的理论模型中得到更真实的反映。在城市规划的过程中，我们不单塑造了与观察者本无关联的物理客观环境，也通过对观察者在物理客观环境中可能身处的位置、位置序列和行进路线的安排，设定了观察者的感知环境。换言之，一条街道中人行道与车行道的位置、街边橱窗的排列、行道树以至咖啡店前的桌椅，都影响着行人潜在感知环境[1]。因此，**城市规划过程不单塑造或改变了物理客观环境（实存的街道空间和构成街道空间的种种元素），它也确立了感知环境。**换言之，它设定了行人可能走动的路线、公共交通搭乘者可能的乘车路线和司机可能的行车路线。

感知环境的维度
Aspekte der wirksamen Umwelt

在以上对人与环境交互过程的种种分析中，尽管只有斯普劳特夫妇将感知环境看作交互过程中一个独立的层面，但在其他论述之中也都明确地提到了感知环境，只是它被归为了体验环境的一部分[2]。对勒温、博勒洛弗、施特勒克、里格和本茨而言，感知环境是体验环境，即心理生活空间（psychologische Lebensraum）的一部分。当里格谈到"现实世界片段（Realweltsegment）中可以察见的特征"时，这个对观察者的行为举止至关重要的"现实世界片段"，正是物理客观环境中实际感知的部分。观察者对其的贡献，正是构建了潜在性（scheinbar）"感知环境"的相关要素。对观察者而言，潜在性感知环境所呈现的，是客观的、未经个体评估的、尚未被赋予意义的现实世界片段；而里格对认知过程第一步的描述——"将现实世界的片段反映在一种原原本本、未经阐释的演算之中"，和潜在感知环境这个定义完全吻合。就此而言，潜在感知环境是客观的——在

---

1 之所以说潜在的感知环境，是因为我们能预见的，只是观察者从某一个位置或一组位置序列中、基于自身的感知条件可能获得的感知。反之，我们无法确凿地预见有效的感知环境（effektiven wirksame Umwelt），因为它不只同观察者可能置身的位置和位置序列相关，还因不同观察者感知意愿的不同而大相径庭。

2 然而，斯普劳特对感知环境的定义，并不是本书中"潜在感知环境"所关心的"生成决策"的环境，而更偏向于"影响既定决策的最终结果"的环境。

同等的感知条件下，倘若两名拥有同样感知能力的观察者站在相同的位置，他们对潜在感知环境的经验将别无二致。惟有认识到这一点我们才能够解释，何以在相同的前提下，同一种视错觉能够对所有行人产生同样的影响——举例来说，为什么从协和广场上望去，香榭丽舍大道看起来并没有实际中那么长 [1]。

斯普劳特在他的研究中，区分了场所（Milieu）、感知场所（wirksam Milieu）和心理场所（Psycho-Milieu），我们可以把它们和物理环境、感知环境和体验环境一一对应。与之不同的是，在本书提出的城市设计理论中，我们将感知环境分为实际 (tatsächlich) 感知环境和潜在 (scheinbar) 感知环境两个维度，而斯普劳特则只提到了实际感知环境的维度：

"我们可以认为，每当个体面临抉择时，真正影响到个体行为或个体行为结果的因素，总是少于场所中的要素总量。" [2]

由此可见，斯普劳特对作为中介层面的感知环境的理解是：一个"场所"中包含了一组影响个体决策结果的因素，它们构成了"感知场所"或"操作场所"（Operationale Milieu）；斯普劳特所说的"感知场所"，可以对应于本书中的"心理场所"。而潜在感知环境和体验环境，则被斯普劳特统归于"心理生活空间"的范畴。[3]

勒温也将环境的体验方式，视作在心理生活空间中、一组可以被观察者认识到的事实关系：

"我们不妨说，在所有事实（物质世界的总体——作者注）中，惟有在特定时刻、对特定个体发挥作用的事实，才进入了心理生活空间所呈现的范畴。" [4]

勒温还在别处补充道，心理学必须厘清"体验方式"和"隐于其后的实在"。心理学既涉及物理学对象（Objekt der Physik），也即我们所说的物理环境（Vorhandene Umwelt）；也涉及心理学对象（Psychologie），也即我们所说的体验环境。它既涉及现象本身，也涉及特定的情形和当事人的个性 [5]。举例而言，我们可以表述说：视觉现象触发了一个可以以客观的方式去分析的意识过程。那么，接着这个说法，我们就需要将物理环境一分为二，将它们分别归入既存环境（gegebene Umwelt）和感知环境中，也就是现实世界和现实世界片段。如此一来，对应地，我们也需要将体验环境一分为二地看待：从某种程度上来说，它是客观的——每个人都可以理解、查证的；而

---

1 然而，我们切不可将这里所说的"显短"和道路的实际缩短混淆。"显短"是一种体验的现象，而不反映感知环境本身。参见 K.Lewin, Grundzüge einer psychologischen Topologie, 同书。

2 H.u.M. Sprout, 同书。

3 H.u.M. Sprout, 同书。

4 K.Lewin, 同书。

5 K.Lewin, 同书。

从某种程度上来说，它也是主观的——每个观察者都以主观的方式对它加以评估，并赋予它以主观的意义。

感知环境的关键作用
Schlüsselfunktion der wirksamen Umwelt

但就我们在本书中关心的核心问题——规划决策的影响和观察者的体验而言，这种各自针对物理客观环境和体验环境的进一步划分却并没有多大的助益。城市设计的使命，是以体验环境为出发点制定规划措施，并衡量它们对体验环境产生的影响；倘若我们想对城市规划决策在不同环境层面中产生的影响进行研究，那么将环境极端地两分为物理客观环境和体验环境，不啻于冒险地低估感知环境的重要角色地位。因为恰恰是感知环境，担当了体验环境和物理客观环境间的中介角色。我们只有将感知环境平等地置于物理客观环境与体验环境之间，才能在物理客观环境、感知环境、体验环境这三个层面构成的序列中，既对规划决策逐层减弱的作用加以反映，也对主观的、基于个体行为的因素逐层变强的影响加以呈现。

物理客观环境、感知环境与体验环境
Vorhandene, wirksame und erlebte Umwelt

这也就意味着，我们有必要对人与环境交互过程的描述和它所涉及的环境概念作出进一步的调整。作为物理环境的抽象空间仍保有它拓扑的、度量的属性，而之前所说的具象空间，则进一步细分成感知空间和体验空间两个层面。由此，我们可以将不同环境层面之间的从属关系归纳如下：

一、实存城市环境（Vorhandene urbane Umwelt）：它指的是能以数学-物理学的方式勘定的整个城市环境[1]。在物理学空间与数学空间中，我们可以通过它的拓扑学属性和度量属性加以勘定。

二、感知城市环境（Wirksame urbane Umwelt）：它呈现了人们可能的感知结果。在感知城市环境的范畴下，我们将人们体验中的城市环境片段称为潜在感知环境，其有一定的客观性，从而与针对个体的实际感知环境未必完全一致。感官空间和直观空间作为感知空间中的两个层面，可以被归入潜在感知环境的层面中。

三、体验城市环境（Erlebte urbane Umwelt）：它指的是城市居民与行人相对自觉地赋予城市环境的种种特征。它可以同具象-体验空间相对应，

---

1 K.Lewin, 同书。

而具象 - 体验空间一方面包括了行为 - 行动空间，另一方面也包括了体验 -
反应空间。在行为 - 行动空间之下，又可以分出移动空间与互动空间两支；
而氛围空间则可以归于体验空间的一个维度。

　　因此，上面这种人与环境交互过程的三阶模型，其实与我们已经提出的
根本主张异曲同工——环境对人们行为举止的影响，不只取决于它是什么，
而也取决于人们能从中感知到什么、人们实际从中感知到了什么，以及人们
如何对他们的感知作出评估。尽管如此，就对人们的行为举止意义重大的那
部分环境而言，无论人们是否在体验中领会和把握到它，它终究会对人们的
行为举止产生影响。

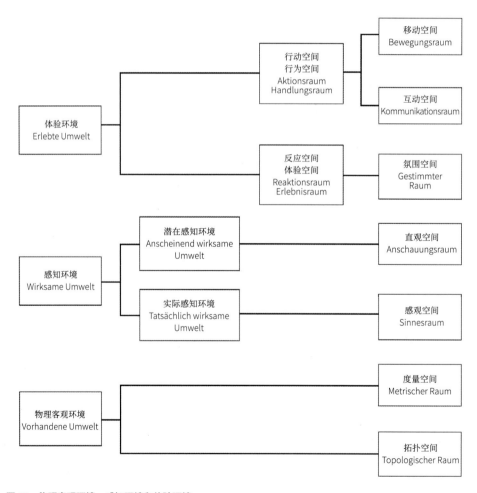

图 11　物理客观环境、感知环境和体验环境
Vorhandene, wirksame und erlebte Umwelt

参考文献

Bense, M.: Einführung in die informationstheoretische Ästhetik, Hamburg 1969

Bense, M.: Was ist der urbane Raum? vervielfältigtes Vortragsprotokoll, Stuttgart 1969

Bollnow, F. M.: Mensch und Raum, Stuttgart 1963

Boulding, K. E.: The Image, Ann Arbor 1956

Carr, S.: The City of Mind, in: Ewald, W. (Hrsg.), Environment for Men, Bloomington 1968

Dürkheim, K. V.: Untersuchungen zum gelebten Raum, in: Neue psychologische Studien, München 1932

Ganser, K.: Image als entwicklungsbestimmendes Steuerungsinstrument, in: Stadtbauwelt, H. 26, 1970

Henrici, K.: Beiträge zur praktischen Ästhetik im Städtebau, München 1904

Klaus, G.; Buhr, M.: Philosophisches Wörterbuch, Leipzig 1969

Leinfellner, W.: Einführung in die Erkenntnis- und Wissenschaftstheorie, Mannheim 1967

Lewin, K.: Grundzüge einer topologischen Psychologie, Bern 1969

Lorenzer, A.: Die Problematik der Bedeutung des urbanen Raumes, vervielfältigtes Typoskript, Stuttgart 1970

Lynch, K.: Das Bild der Stadt, Berlin 1965

Minkowski, M.: Le temps vécu, Paris 1933

Nitschke, G.; Thiel, P.: Anatomie des gelebten Raumes, in: Bauen und Wohnen H. 9, 1968

Rieger, H. C.: Begriff und Logik der Planung, Wiesbaden 1967

Schneider, M.; Sieverts, T.: Zur Theorie der Stadtgestalt, in: Stadtbauwelt, H. 26, 1970

Sprout, H.; Sprout, M.: Ökologie Mensch-Umwelt, München 1971

Ströcker, E.: Philosophische Untersuchungen zum Raum, Frankfurt 1965

3. 城市设计理论的基本框架
Grundzüge der Theorie der Stadtgestaltung

3.1 静态城市设计、动态城市设计和城市意象
Stadtgestalt, Stadterscheinung und Stadtbild

我们也可以将上述描述人与环境交互过程的模型，用来解释社会层面与政治层面上的交互过程（Wechselprozess）[1]；当它被用于城市设计领域时，我们便可以直接沿用物理客观环境、感知环境和体验环境的概念。假如城市设计的对象是体验环境，而不是物理环境（客观既存的城市空间），那么城市设计就只和某一时刻实际感知的环境相关，而同物理环境没有直接的关系。

感知过程的选择性
Selektivität des Wahrnehmungsprozesses

感知过程的选择性表现为两种形式：其一，观察者在感知过程中只把握了物理客观环境的一个片段；其二，观察者并不会对他把握的环境片段中的所有信息照单全收，而是会对它们进行主观的筛选和阐释。无论人们的某种行为意图需要什么样的环境信息，他的行为方式都既受到排布在空间环境中的潜在感知信息的影响，也同他当时特定的行为意图有关。确切地说，一个行人的行为方式取决于其体到的空间，而体验到的空间又因其不同的行为意图而各异。但话说回来，以一个行人在街上的行为举止和行为意图为例[2]，我们可以将人们在特定环境下的行为意图归结为几种既定的基本模式[3]。**因此，以观察者所能体验到的环境（一个特定的物理客观环境下可以预料的行为意图和举止方式）为出发点制定城市景观环境的规划准则，完全是可能的**[4]。

---

1 这个交互模型不仅适用于个体的心理过程，也可以用来阐释社交关系（譬如同事之间的关系）与政治行为的前因后果。参见 H.u.M.Sprout, 同书。

2 可参考：I B Stilitz. Pedestrian congestion. //D V Canter. Architectural Psychology, London, 1970.

3 可参考：D Garbrecht. Das Verhalten von Fußgängern als Interaktion mit der physisch-sozialen Umwelt. Werk, 1971(3).

4 对此，斯蒂芬·卡尔也持同样的观点：（以下原文为英文）"在任何情况下，在一个特定的环境之中真正经常被执行的意图只有区区几种⋯⋯明确这些意图，并在设计中关注相关内容，理应是可能的。" S.Carr, 同书。

体验环境——环境表象的总和
Erlebte Umwelt als Summe einzelner Umweltvorstellungen

体验环境是人们在城市环境中——街道边、广场上、开放的公共空间中一举一动的基础，这即是环境经验（Umwelterfahrung）。观察者在穿过城市的大街小巷时，构建了一系列主观的环境表象，并由此形成了他对城市的主观印象，而体验环境便是这一系列环境表象的总和。因此，环境体验是个体对他所体验到的环境表象的主观统合。它涉及物理客观环境中的功能、潜在感知环境中的动态体验和体验环境中的意义体系。如此看来，所谓环境经验，便是观察者对感知到的环境功能、环境形态和环境意象进行主观评估的结果；**因此从根本上而言，环境经验是主观的。然而同一种环境经验也可以为多个观察者所共有，因此它也是跨越主体的。**在城市设计中，我们可以仿照之前提出的、由三个不同层面构成的交互过程模型，对这种跨越主体的城市环境经验加以分析。

三个层面：静态城市设计、动态城市设计、城市意象
Ebenen der Stadtgestalt, der Stadterscheinung und des Stadtbildes

在物理客观环境、感知环境和体验环境这三个层面中，尤以体验环境的层面最为重要；而对城市设计而言，最重要的便是城市意象——在城市意象中，观察者为感知环境赋予意义，并依照不同的行为意图对它加以评估（Bewertung）。由此可见，城市意象建立在感知环境之上，或者按城市设计的术语来说，城市意象建立在动态城市设计（Stadterscheinung）[1]之上。观察者步入物理客观世界的那一刻，他在物理客观世界和感知环境中的位置便决定了他所看到的环境形态。因此从根本上来说，动态城市设计以既存的、与观察者无关的、呈现了拓扑和度量的物质世界的物理客观环境为基础，或者按城市设计的术语来说，动态城市设计建立在静态城市设计（Stadtgestalt）的基础之上。

3.2 层面一：静态城市设计
Ebene der Stadtgestalt

对城市设计而言，物理客观环境指的是所有城市居民都通行无阻的公共

---

1 为了在城市设计中，对层层相叠的、不同"环境"概念之间的差异性加以明确，我们有必要在这里引入城市意象、动态城市设计和静态城市设计的概念。这里的有感知环境并不同于它在政治学中的意义，而是指在城市设计中实际感知的环境。

空间。如果我们将城市视作一个不断新陈代谢着的体系，那么在这个体系中，城市环境（公共空间）便是主导着城市演进的负相空间结构；这种负相空间结构，为城市中的正相空间结构——也即实体[1]（实质的建筑物）建立了基本的框架。就此而言，我们首先从开放公共空间，尤其是街道、广场的空间构造中，得到了一个基于城市既定负相空间结构的三维模型；我们进而通过对这个模型的"浇铸"过程，得到了实质的建筑物，并由此完成了城市环境的构建[2]。因此，在对城市规划相关环境概念，即城市环境的研究中，静态城市设计有着普遍的代表意义。

对环境概念的定义
Begriffsbestimmungen der Umwelt

目前，对环境概念的定义五花八门，从数学上的定义到哲学上的维度不一而足。下面列出的这些对不同环境概念的定义，不过是其中几种：

- 社会环境：社会行为的先决条件；
- 沟通环境：沟通与互动的媒介；
- 感官环境：视觉、触觉、声觉、嗅觉经验的对象；
- 数学环境；拓扑的、度量的体系；
- 物理环境：不同物质元素所构成的整体形态；
- 操作环境：生态层面上的、技术层面上的或经济层面上的体系。[3]

所有这些不同的环境维度都是环境概念的基础——从认知理论的角度而言，环境概念是对种种不可或缺的环境要素的归纳，它扬弃了不同要素的特性，并将它们融为一体[4]。

环境的系统理论维度与沟通理论维度
System- und kommunikationstheoretischer Aspekt der Umwelt

从系统理论的角度而言，环境指的是所有与本体参照系不同，且能够对本体参照系产生影响（或接受来自本体参照系的影响）的系统[5]。而从沟

---

1 所谓负相空间结构（Negativstruktur），即是通常所说的图底关系之底；正相空间结构（Positivstruktur），即是通常所说的图底关系之图。——译注

2 H.M.Bruckmann, M.Trieb, Faktoren und Methoden der städtebaulichen Umweltplanung, vervielfältigtes Typoskript, Stuttgart, 1970。

3 ——列举所有的环境概念不为本书的篇幅所容许。读者可以转而参考：G.Klaus; M.Buhr, Philosophisches Wörterbuch, Leipzig 1969; H.u.M. Sprout, Ökologie Mensch - Umwelt, München 1971; O.F. Bollnow, Mensch und Raum, Stuttgart 1969 und unter städtebaulichen Aspekten auch D.Appleyard, Notes on Urban Design and Physical Planning, Berkeley 1968.

4 参见：R Steiner. Goethes naturwissenschaftliche Schriften. Stuttgart, 1962。

5 参见 G.Klaus, M.Buhr, 同书。

通理论的角度来看，城市空间（也即城市规划中的环境）是一个散布在三维空间中的信息事件场所。**这个信息事件场所中的每个"信号"都承载着三个空间参数和一个时间参数——它是物质 - 能量的结晶和信息的载体。**静态城市设计层面中的环境，指的是与观察者无关的、实存的环境；因此，我们可以将与自身产生的能量无关的、显现方式始终如一的、贮存在环境实体之中的信号称为"固化"信号[1]，或称之为潜在信号。在这种意义上，城市环境无异于一个贮存散布在三维空间中的潜在信号的信号场所；在沟通理论中，物理客观城市环境是一个潜在的信号源，只有在被人感知到的那一刻，它们才进入动态城市设计层面，从而成为感知的信号源。因此从沟通理论的角度来看，在静态城市设计的层面上，城市环境是由空间中三维散布着的信息构成的潜在事件场所，惟有在感知环境的层面上，这个潜在的事件场所（Ereignisfeld）才能被激活[2]。

静态城市设计的定义
Definition der Stadtgestalt

对人而言，静态城市设计层面中的环境指的是观察者周围的情境（Situation）——它是我们对人类机体之外、可能同观察者的体验和行为举止发生关联的万物的统称。因此，我们可以将城市环境看作由所有处于人的基点[3]之外并能影响到人们行为举止的力、因素，元素和信号所构成的整体形态（Konfiguration）。因此，无论物质还是非物质的因素，无论物理现象还是经济与社会因素，凡是能够为我们直接或间接感知到的，都属于城市环境的范畴。进一步而言，在静态城市设计的层面上，一个城市环境既有可以用物理、拓扑和度量的方式勘定的一面[4]，也有功能性的（包括生态的、技术的、经济的、沟通的、社会的）一面。对于城市环境的这两面，我们都可以用沟通理论加以呈现[5]。

---

1 参见 M.Bense，同书。
2 参见：M Trieb. Elemente des urbanen Raumes. Seminarbericht, Stuttgart, 1969。
3 人的基点（Bezugspunkt Mensch），也即人之本体。——译注
4 参见：K Lewin. Grundzüge einer topologischen Psychologie. Berlin, 1969。
5 以数学的角度来看，城市环境（城市设计空间）可以首先被视作一个拓扑的空间。此时，对它的定义中尚无大小，而惟有远近分合之分以及周围世界与毗邻关系。以分合之合为例，此时考量的也不是它们的空间距离，举例而言，一座市政厅、一间客栈与一座教堂之间有着无关于（空间）质量的关联。而作为度量空间，城市环境进而为大小尺寸所定义。当我们确定了所有空间构成的要素（上例中的客栈、教堂与市政厅各自的长、宽、高，也即可以三维地勘定）时，我们才可以在一个度量体系中对它加以把握。由此，我们既可以拓扑地勘定这个空间，亦可以通过度量体系对它加以构筑。三维度量空间与拓扑空间不同之处在于，它由（空间要素之间）度量意义上的间距结构所确定。参见：M Bense. Was ist der urbane Raum? vervielfältigtes Typoskript, Stuttgart, 1969。

因此，物理城市环境（在城市规划中涉及的空间）在一定程度上是一个由它的边界定义的、封闭的连续体 [1]。它的内容仅限于可以描述、可以计量的现实，而它所呈现的，是不掺入价值判断便可以描述的环境。如果说信息的发送、接收、交换和生产是人与环境之间发生关联的基础，那么所谓感知，便是从环境中抓取信息。而在这个过程中，环境信号正是潜在信息的载体（物质 - 能量的结晶），它们的种类、数量、排布方式和彼此之间的拓扑 - 度量关联，一同定义了环境的概念。因此，物理城市环境是由环境元素预先决定的，由三维空间中散布着的信息构成的潜在事件场所；在人们对环境的感知过程中，它作为人与环境沟通过程中的一种信号为我们所接收，继而以一种符号的形式为我们所领会。

因此在城市规划中，我们可以将城市形态描述为一个物理环境。它涵括了所有有意无意间可能与我们发生关联的环境元素。城市形态与感知主体并无关联——对于它的功能属性，我们在很大程度上可以不带价值判断地进行描述；而对于它的物理 - 数学属性，我们也能加以客观的计量和归类。因此，**静态城市设计包括了人们周围所有可见和不可见的现实**。对城市规划而言，静态城市设计不单决定了城市动态体验，它也同动态体验和各种城市基本功能以及由此产生的种种活动密不可分。

3.3 层面二：动态城市设计
Ebene der Stadterscheinung

动态城市设计的层面，指的是物理客观环境中对个体的举止与反应以及这些行为的结果有所影响的部分。因此，无论是物理客观环境中对个体行为意图和行为结果产生实际影响的部分——实际感知环境，还是感知环境中对行为意图产生影响的部分——潜在感知环境，都可以归入动态城市设计的层面。感知环境不只是三维环境中数学 - 物理和功能层面中种种元素的总和，作为为观察者所感知的现实世界片段，它也涉及观察者在空间中置身的位置，以及观察者自身的感知能力和条件。

动态城市设计的定义
Definition der Stadterscheinung

动态城市设计，是城市形态中观察者可以感知到的部分，它因观察者

---

1 参见：J Joedicke. Anmerkungen zu einer Theorie des Raumes. Bauen und Wohnen, 1968(9).

各不相同的感知能力而异。它是由三维空间中散布的潜在既定信息（被激活的部分）构成的感知事件场所。就此而言，动态城市设计有着某种跨越主体的客观性——这也奠定了所有社会科学研究的基础。对于观察者以及他的行动与反应而言，惟有实际感知的动态城市设计才是有意义的。环境元素和它们彼此之间的关联触发了环境对观察者的刺激，而这种刺激的强弱，决定了我们直接从动态城市设计中感觉到的环境品质（Umweltqualität）。这些刺激的触发条件，取决于观察者的感知能力以及感知发生时的感知条件。在动态城市设计的层面上，当几名拥有同样感知条件、同等感知能力和同等感知意愿的观察者站在同样的位置、以同样的方式感知到物理客观环境的某一部分时，我们便将这种共同的感知称为跨越主体的现实（intersubjektive Realität）。

动态城市设计的维度
Aspekt der Stadterscheinung

因此，我们可以将一系列同环境动态体验相关的特性归入动态城市设计的层面——在城市设计的范畴中，我们可以列举出体验品质、效用品质等。所谓体验品质（Erscheinungsqualität），指的是我们在格式塔心理学中研究的特性，"强度"与"支配性"[1] 之类的概念可以归于其列。与格式塔心理学不同的是，我们在本书中不仅将这些品质当作一种视觉性的品质（visuelle Qualität），也将它们用作功能性的品质（funktionelle Qualität）和符号性的品质（symbolische Qualität）。同样，就本书中提出的城市设计理论而言，除了"视觉强度"之外，我们也可以列举出"功能的强度""符号的强度""一个区域功能体系与意义体系的强度"之类的概念[2]。

不同于先决的动态体验特性，效用品质（Wirkungsqualität）指的是对观察者行为和心理产生直接影响的相关环境品质。如今，在行为研究和格式塔心理学的领域，也已经不乏对效用品质的研究。举例而言，"优越位置"和"围合"可能对人们的心理产生或积极或消极的影响，因此我们可以将它们归入效用品质之列。同样，我们也不单单将这些概念当作视觉性的品质，而也将它们看作功能性的品质和意义性的品质。因此，不仅存在着一种"视觉围合"，比如一座四面围合的广场；也存在着一种"功能围合"，比如"四周围绕着小酒馆"。

---

1 对本节中提到的"强度""支配性""优越位置""围合"等概念的具体定义，可以在本书的第二部分中找到。

2 林奇在先前提及的《城市意象》一书中，指出了一系列视觉动态体验品质以及它们对于构成城市意象要素的意义。

3.4 层面三：城市意象 [1]
Ebene des Stadtbildes

与体验环境类似，每个个体对一座城市（或一个城区）的心理表象，都是由他的个人记忆、关系和个人经验拼合而成的产物。因此，对城区以及不同城区之间相互关系的心理表象总是因人而异。这种对物理客观环境的心理表象，是人与环境之间持续交互过程的结果。然而这也就意味着，只要城市规划中的功能、动态体验，或者个体对意义的读解稍有改变，物理客观环境对应的心理表象也会相应改变。不过说到底，作为观察者在意识中对物理客观环境的心理绘像，体验环境终究与呈现给观察者的客观环境息息相关；而体验环境之根本，恰恰根植于静态城市设计之中。

城市意象的组成部分
Komponenten des Stadtbildes

综上所述，既定环境在个体心目中形成的心理表象，主要由两个部分组成：一方面，它牵涉到个体的记忆、关系、经验、希冀和期望，也即"经验的统合"，这些要素预构了个体与每处感知环境之间的关系；另一方面，它由散布在三维空间中的环境信息中为我们所感知到的那部分所构成。人们一方面处于社会、文化和经济情境的预构之中，另一方面也因为各不相同的主观经验而有着自己的个性；正是这两种标准和某种特定的行为意图，才帮助人们在一条街道上不计其数的实存信息中，筛选出最终进入他感知中的信息。而他最终真正感到的信息，只不过是全部实存信息的只鳞片爪。在这一遴选过程之后，他随之将筛选出的信息分归于不同的信息范畴之下。这个过程不仅涉及对环境中个别元素的描述，也呈现了不同元素之间的既定关联。随后，个体为感知到的信息赋予意义，并以此奠定行动与反应的基础。

城市意象的定义
Definition des Stadtbildes

在个体的层面中，人们有心或无心的意图决定了他们观察环境的方式；人们基于各自的观察方式，从物质现实中提炼所得的心理映像，我们可将之称为城市意象。作为个体对动态城市设计的心灵与感觉映像，城市意象是城

---

1 作者认为，这里城市意象中的意象，和林奇笔下的意象相比，内涵更加丰富，林奇所说的意象在这里被称为意象元素，其中包括了"路径""边界""区域"等概念。而本书中的"意象"虽然思路与林奇一致，但比起林奇笔下的"意象"更为抽象，和"环境的心理表象"近似。详见文本中的解释。——译注

市居民体验到的具象现实。而作为人与环境之间持续交互的产物，城市意象既受静态城市设计中文化、社会、功能和空间结构的影响，更取决于观察者各不相同的生理、心理和智力特征。

城市意象的维度
Aspekte des Stadtbildes

人们每次沿着一条行进线路移动的过程（譬如行人在人行道上走动），都为他们带来了一股潜在的、不间断的、变幻万千的经验之流；这股经验之流随后被个体化，成为他们的主观印象和心理表象。而我们在移动中接收到的环境的视觉图像和视觉动态体验，不过是我们环境经验的开端——每一次光影交替、每一次炎凉变换、每一次闹静更迭、每一次气味由沁人心脾转而叫人生厌、每一次步道铺面由光滑平坦转而粗糙不平，都会展开新的经验维度。除此以外，每条街道主导的不同功能——商铺、办公楼等，也因此上演着不同的活动；对这些活动的体验，连同其他的社会性经验维度——比如一条以住宅为主的街道上的社会阶层分布，和行人活动为其赋予的意义体系，也都影响着城市意象的形成。因此，观察者如此获得的主观环境表象，从根本上取决于个体对不同经验维度的评估。人与环境之间的关系，大体可以回溯到三个经验维度（Erfahurngsdimension）：第一个经验维度，是**城市形态中的功能、机能与活动**（Nutzung, Funktion und Aktivität）；第二个经验维度，是**动态体验**；第三个经验维度，是我们赋予动态城市设计的**意义体系**。因此，城市设计不仅涉及静态城市设计所表现出形态，也应当追问其所代表及包含的城市功能，并追寻其呈现的体验与赋予的意义。由此可见，**在城市意象的生成过程中，功能、动态体验、意义这三个经验维度作为同等重要的因素，一起构成了我们对环境的意象。**

城市意象的跨越主体的客观性
Intersubjektive Realität des Stadtbildes

如上所述，每个个体首先主观地塑造了他们各自的环境表象。倘若我们不能从不同个体的环境表象中归结出具有普遍意义的现象，那么我们也就无法将城市意象的层面归入城市设计规划过程的范畴中。事实上，面对同种既定的现实，不同观察者对环境的意象可谓大同小异，并互相补充[1]。为一组

---

1 林奇在波士顿、泽西城和洛杉矶所作的研究可以为证。由此，他也证明了勒温在他的拓扑心理学理论中既已提出的观点。眼下，许多不同的研究都将此视作事实。可参见：R.Linke, H.Schmidt, G.Wessel, Gestaltung und Umgestaltung unserer Stadt; C.Steinitz, Meaning and the Congruence of Urban Form and Activity, Journal of the American Institute of Planners, 1968(7).

观察者所共有的那部分主观印象，便构成了跨越主体的心理表象。我们之所以可以从不同个体环境表象的交集中归结出跨越主体的意象，是因为尽管无数的主观意象之间难免存在些许偏差[1]，但在既定的社会、文化、年龄结构背景之下，不同的主观意象多少趋于同一。因此，如果我们要查明一个城区的跨越主体的环境表象，只要从当事群体（该城区中的居民、行人）中抽取一个有代表性的样本加以调研即可。尽管对于不同观察者而言，同样的物理客观环境可能意味着各不相同的体验环境，但鉴于不同观察者的主观体验环境之间总有（并且往往有相当一部分）彼此吻合重叠之处，我们甚至可以依照跨越主体的集体意象 (Gruppenvorstellung)，绘制出一张特定城区的意象地图 （Vorstellungskarte），以呈现该城区的居民从物理客观环境中获得的心智映像 (Mentale Abbild)[2]。

3.5 基本理论构架
Grundzüge der Theorie

在上面对人与环境交互过程的分析中，我们看到了体验环境诞生的过程：起初，观察者步入了一个物理客观环境（对应静态城市设计。——译注）；他或多或少地把握了物理客观环境中的一部分——环境片段，这一组环境片段构成了他的感知环境（对应动态城市设计——译注）；随后，他以个人的立场对这个感知环境加以筛选和阐释，并由此构筑了他的体验环境（对应城市意象——译注）；而鉴于不同主体之间有着通行的规则，他的体验环境可能在很大程度上恰好和其他观察者的体验环境相吻合。因此一方面来说，体验环境取决于观察者的诸多主观因素——观察者的感知意愿、价值观和既定目标；另一方面来说，在这种体验环境的形成过程中也牵涉许多不以或不完全以观察者的意志为转移的因素——在这些因素中，有的基于物理环境，也有的则取决于感知环境。

观察者构筑体验环境的过程，只有一部分取决于观察者自身。作为物理客观环境与感知环境的构建者和改造者，环境设计者 (Umweltplaner) 与它们的关系远比观察者和它们的关系来得密切。在跨越主体规则的作用下，同一物理客观环境会在许多观察者的意识中构筑起类似的体验环境；只要环境设计者在规划中有意识地考虑到跨主体层面上通行的规则，那么只有当观察者出于个人决策而偏离了跨主体规则时，体验环境才取决于观察者本人。

---

1 环境先通过感知转化为意识中的环境表象，进而影响我们的环境感知。因此，环境与环境表象息息相关。

2 参见：P D Spreiregen. Urban Design: The Architecutre of Towns and Cities. New York, 1965.

这就意味着，通过对物理客观环境有意识的构建与改造，环境设计者可以对感知环境加以控制，进而对观察者的体验环境作出预判。换言之，如果说体验环境——城市意象，是城市设计这门学科的最终关注对象，那么我们便可以依据以上对人与环境交互过程的简述，将体验环境回溯到感知环境——动态城市设计的层面之上，进而将它回溯到物理客观环境——静态城市设计的层面之上。因此在很大程度上，即便在体验环境的层面，我们也可以通过规划的手段，对环境进行有意识的构建和改造。

环境观察者与设计者之间的交互过程
Wechselprozeß Umweltbeobachter-Umweltplaner

这么说来，我们也可以把人与环境的交互过程理解为城市居民与城市规划师之间的交互过程。在这个交互过程中，城市规划者通过城市用地规划（Flächennutzungsplan），明确城市用地的分类和所处的位置。详细修建规划（Bebauungsplan）进而框定这些功能可能的三维环境形态，从而确立物理客观环境。此外，通过安排观察者在街道空间中可能置身的位置，城市规划者或多或少影响了观察者的环境感知，从而影响了动态城市设计。考虑到环境功能、环境形态、动态城市设计，以及环境的意义体系的关联性，城市规划者也可对上述系列要素均加以相当程度影响。鉴于环境的心理表象由环境功能、环境体验和环境意义决定，因此环境表象也在城市规划者的操控范围之中。反向，城市居民感知到了他目力所及的环境形态和有权使用的环境功能，而这部分环境形态和环境功能也随之构成了他眼中的动态城市设计；随后，他基于主观为动态城市设计赋予意义体系，并基于这种环境意义体系构建了他的环境表象；而这种环境表象，便是他的体验环境。

体验环境的影响
Beeinflussung der erlebten Umwelt

前面我们试着通过阐明城市居民与城市规划者之间的交互过程，不单对城市设计的不同层面加以罗列，也在这些层面之间串起一条"红线"、发现不同层面之间的关联，并以此对它们加以归纳，以从它们的关联体系中找到有助于规划实践的提示。

在随后的几章中，我们将对下述结构图纸中的城市设计的理论基础加以深入，并由此推导出城市景观的规划准则。重要的是，我们至此提出的种种观点，阐明了城市设计学科的对象不仅仅是体验环境或城市意象，也涵盖了构建与改造体验环境的路径——城市设计由此成为可能。

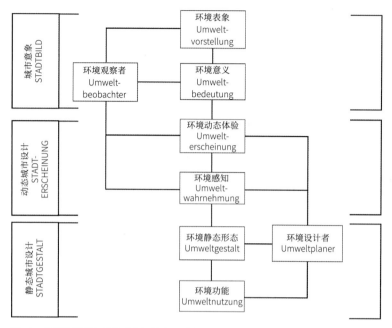

图 12 环境观察者与设计者之间的交互过程
Wechselprozeß Umweltbeobachter-Umweltplaner

参考文献

Appleyard, D.: Notes on Urban Design and Physical Planning, Berkeley 1968
Bense, M.: Einführung in die informationsästhetische Ästhetik, Hamburg 1969
Bense, M.: Was ist der urbane Raum? vervielfältigtes Vortragsprotokoll, Stuttgart 1969
Bruckmann, H. M.; Trieb, M.: Faktoren und Methoden der städtebaulichen Umwelt-planung, vervielfältigtes Vortragstyposkript, Stuttgart 1970
Bollnow, F. M.: Mensch und Raum, Stuttgart 1969
Canter, D. V. (Hrsg.): Architekturpsychologie, Düsseldorf 1973
Craik, K. H.: The Comprehension of the Everyday Physical Environment, in: Journal of the American Institute of Planners, H. 1, 1968
Cullen, G.: Townscape, London 1961
Garbrecht, D.: Das Verhalten von Fußgängern als Interaktion mit der physisch-sozialen Umwelt, in: Werk, H. 3, 1971
Goffman, D.: Verhalten in sozialen Situationen, Gütersloh 1971
Joedicke, J.: Anmerkungen zu einer Theorie des Raumes, in: Bauen und Wohnen, H. 9, 1968
Klaus, G.; Buhr, M.: Philosophisches Wörterbuch, Leipzig 1969
Lewin, K.: Grundzüge einer topologischen Psychologie, Bern 1969
Linke, R.; Schmidt, H.; Wessel, G.: Gestaltung und Umgestaltung unserer Stadt, Berlin 1971
Lynch, K.: Das Bild der Stadt, Berlin 1965
Lynch, K.: City Design and City Appearance, in: Principles and Practice of Urban Planning, Washington 1968
Nitschke, G.; Thiel, P.: Anatomie des gelebten Raumes, in: Bauen und Wohnen, H. 9, 1968
Norberg-Schulz, C.: Existence, Space and Architecture, New York 1971
Southworth, M.; Southworth, S.: Environmental quality in Cities and Regions, in: Town Planning Review, Vol. 44, H. 3, 1973
Spreiregen, P. D.: Urban Design: The Architecture of Towns and Cities, New York 1965
Sprout, H.; Sprout, M.: Ökologie Mensch-Umwelt, München 1971
Steiner, R.: Goethes naturwissenschaftliche Schriften, Neuaufl., Stuttgart 1962
Steinitz, C.: Meaning and the Congruence of Urban Form and Activity, in: Journal of the American Institute of Planners, H. 7, 1968

4. 理论模型的要素
Elemente des theoretischen Modells

如果说城市设计学科的对象不仅包含物理环境，即静态城市设计，而且包括感知环境和体验环境，即动态城市设计和城市意象，那么，我们首先要面对的问题就是：对城市设计领域而言，哪些因素至关重要？这些因素，又应当被分归哪些理论层面？只消一眼，这一片由同城市设计相关的多种因素构成的复杂场所就已经呈现出了它的纷繁多样。

纷繁多样的要素
Vielfalt der relevanten Faktoren

首先，人们基于既定的感知条件、各异的感知能力和感知意愿获得体验，这是静态城市设计层面和城市意象层面之间的中介要素。延伸开去，城市规划中的种种对象，比如区域功能、环境元素、公共空间的构成方式等，也都与城市设计息息相关。我们既应该将环境意义这一复杂的领域归入城市设计的范畴之中，也应当留心环境表象中的描述层面与评估层面，同时又不能忽略个体基于特定的经验和意图所做出的环境评估。我们在之前的研究中提出了静态城市设计、动态城市设计和城市意象三个理论层面，倘若我们想要在城市设计中将这种理论模型付诸实践，那么我们就必须将之前提到的和之后将要提到的种种要素逐一归入相应的理论层面之中。在对要素进行归类的过程中，我们必须时刻留心，以便日后可以将它们之间的相互关联（和它们各自的归类）运用到具体的规划工作之中。

要素的归类
Einordnung der Einzelfaktoren

打个比方，我们可以这样概括对要素进行归类的基本原则：如果我们将静态城市设计看作由城市规划和相关措施塑造的城市环境，因此可以将静态城市设计看作一种与观察者无关联的"实在"，那么我们就应当依循城市形态的这种定义，将相应的要素，比如环境实体（Umweltkonfiguration）、环境构成（Umweltbildung）、环境要素目录（Umweltrepertoire）和环境功能（Umweltnutzung）归入静态城市设计的层面中。而感知能力、感知意愿（Wahrnehmungsbereitschaft）、感知品质（Wahrnehmungsqualität）、效用品质、体验品质，则可以视作构成了动态城市设计层面的要素；同理，环境意义（Umweltbedeutung）、环境表象、观感品质和表象品质（Vorstellungsqualität）则可以被归入城市意象的层面中，它涵括感知中所有可能展示给观察者的环境片段 [1]。下面，我们将一一列举这些对城市设计至关重要的人与环境交互过程中的种种要素，并将它们逐一归入符合自身定义的理论层面之中。

4.1 城市意象的要素
Faktoren des Stadtbildes

行为方式和行为结果
Verhaltensweise und Verhaltensergebnis

对体验环境如何影响个人潜在的行为方式和行为结果，作出一种超越主体的普适性预测，是城市设计作为一门学科的目标所在 [2]。个体的行为方式受到体验环境的影响，因此它一方面同置身环境中的观察者相关，另一方面也涉及体验环境本身。至于行为结果，则一方面取决于由潜在感知环境决定的个体行为方式，另一方面也取决于因观察者意图不同而实际产生作用的各不相同的感知环境。因此，观察者对环境的反应更取决于主观的体验，而不是实际存在的行为可能性，这也正是城市设计所需要预测的。[3]

环境评估
Umweltbewertung

我们的行为方式，以我们对体验环境（即环境表象中"质"与"量"的层面）的评估为依据。我们时而匆匆忙忙赶乘电车，时而在橱窗前驻足良久——我们的行为方式，也取决于我们在体验环境中特定的行为意图。此外，个人对体验环境的主观要求——比如一个人在去地铁站的途中，想顺路获得一些有意思的印象——也影响着我们的行为方式。因此，我们可以将环境评估看作个体基于自身经验和意图，与他对体验环境的表象所作的评估；它既取决于人们在经验环境时的心理状态，也和人们所持有的价值观有关。因此在人们的评估中，一个环境很可能兼具积极和消极的特征——就定位和引导人流的作用而言，一片狭隘拥挤的城区诚然差强人意；然而反过来说，它的狭隘和拥挤却也颇具韵味、

---

1 由于人们的行为方式与物理环境、感知环境、体验环境的各类"品质"相关，因此我们将"品质链"置于分析模型中至关重要的位置。对模型中呈现的诸多要素的纵向分类，便是基于这一操作层面的考量。
2 心理学中对此进行了相应的工作："重要的是，心理学能够利用可靠的方法，探明特定的建筑形式对人的心理体验及行为方式的影响。" [J. Franke, J. Bortz, Der Städtebau als psychologisches Problem, Zeitschrift für experimentelle und angewandte Psychologie, 1972(1)]
3 参见：J Franke. Zum Erleben der Wohnumgebung. Stadtbauwelt, 1969(24).

引人入胜、富于变幻。许多游客对威尼斯某些城区的印象便是如此。

预定目标
Zielvorstellungen

为了达成特定的意图，一个事先预定的目标不可或缺。它的作用，就好比当我们寻找一栋特定的房屋之时，为我们指明方向；有时候，预定目标本身就已经指向了某种特定的意图——譬如我们想在散步的途中，寻求某种悦人耳目的经历。因此，预定目标取决于观察者，尤其是观察者的行为意图和价值观，是观察者对环境作出评估的基础所在。在城市设计的理论模型框架中，我们可以通过城市规划的手段，对观察者的预定目标（抑或观察者预定目标中的一部分）加以满足。我们可以列举出种种潜在的预定目标，比如：即便不借助路标与门牌，也不会迷路；为了"寻求新的经验"，在一个纷繁多样、富于变化的、屡看不厌的环境里散步；"建立环境与个体之间的积极关联"；"寻求令人振奋的审美经历"，如此等等[1]。

价值观
Wertvorstellungen

价值作为个人层面的或社会层面的准则，产生于个体（或群体）与外界的主客体关系中。它受到社会的制约，也取决于个体在评估过程中的状态。对人们而言，这种对环境的评估无时无刻不在进行之中；我们以此将种种情境、物件、不同的人和普遍意义上的环境归入一个价值序列之中，并为它们排定位次顺序。因此，一种价值，是特定主体为作为价值载体的客体赋予的一个符号。归根结底，价值是由主体在特定时间与特定情境下，赋予某个客体（事件抑或物件）的"质"的概念。主体进而将一种价值，置于涵盖了所有客体的主观价值排序中。在人与环境之间持续的交互过程之中，价值观得以形成、改变。这种交互关系既取决于环境情境中的文化结构、社会结构、功能结构和空间结构，也与人的心理性格息息相关。其中，跨越主体的价值观连同个体的预定目标一道，决定了我们对体验环境的评估，因此对城市设计而言也尤为重要。

观感品质
Anmutungsqualitäten

主体对环境表象元素的评估，如一片"区域"在观察者心中引发的情

---

1 亦可参见本书的第二部分。

绪，建立在表象元素的观感品质之上。这些情绪不仅取决于观察者个体，也和体验环境相关[1]。观感品质是体验环境的客观特性 (Sachqualität)，和物理客观环境的各种体验维度——功能、体验和意义紧密相关，可以强化、抑制或者激发观察者的情绪[2]。在这里，我们将功能视作"功能性因素 (Funktionsfaktor)"，将体验视作一种"触发性因素（Gefallensfaktor）"，而将意义视作一种"平衡 / 认知因素（Ausgleichs-Identifikationsfaktor）"[3]。要想确定一个环境中的观感品质，就要先基于以下角度对各种城市意象元素，比如拓扑心理学意义上的"区域"，加以评估：首先要在功能性因素的层面，考察人们对功能，例如一片"区域"的经济结构或社会结构的心理反应；其次要在触发性因素的层面，考察人们对环境片段中的视觉动态体验的心理反应，并衡量它受人们喜爱与信任的程度；最后，要考量统合平衡 / 认知因素——赋予意义的过程，把握主体对环境意义的反应。

环境表象
Umweltvorstellung

既然个体的行为方式由体验环境所决定，它就同个体对环境的心理表象有关。环境表象，狭义而言，也即心理生活空间，可以看作基于描述与评估的"现象（Phänomen）"[4]。这么说来，环境表象便是基于各种人类环境经验中的各种基本原型构建的"本体"（Konfiguration），如心理上的"区域""路径""边界"等；借助这些原型要素，复杂的经验体系被分解为要素群体，联合或分离性地被呈现。社会、社交、经济、功能、形态层面中各类要素的意义与动态体验，会影响环境表象的内容[5]。因此，一个"区域（Bereich）"可以通过一个城市功能区的特征来构建，或取决于其中占据统治地位的功能——比如一片集中的酒吧区，或基于城市空间中特定的动态体验特征——比如"两侧坐落着保存尚可的多层建筑的窄巷"，对一片"区域"的环境表象加以强化[6]；最后，一个"区域"也可以通过"意义"——

---

1 参见 J.Franke, 同书。
2 约阿希姆・弗兰克在他的阐释中，将产生表象的诸种要素归入功能、感知和意义三种不同的对感受品质的判断维度之中。在本书的研究框架中，我仍然沿用了这三种维度的分类。参见 J.Franke, J.Bortz, 同书。
3 平衡 / 认知因素（Ausgleichs-Identifikationsfaktor）：这里的"认知"指个体对环境的功能和视觉感知进行综合，加以识别，然后赋予价值的过程。而基于主体间性，在主体间可以达到一种相对客观的"跨主体意义"的确立。——译注
4 这里，我们可以参考勒温提出的、林奇也使用过的拓扑心理学概念。
5 环境表象，取决于个体基于社会条件，为感知环境、体验中的功能结构和社会结构赋予的意义。其中，功能、感知与意义是生成环境表象的要素。
6 亦可参见本书的第二部分。

例如作为游乐场（Vergnügungsgegend）[1]，直接影响环境的心理表象。至于个体对这片区域的评价是好是坏，则取决于不同城市居民各不相同的价值观和预定目标。这片"区域"的"意象"，也就这样生成了[2]。

表象品质
Vorstellungsqualitäten

通过对功能、现象、意义这三种体验维度的特征分析，可以获得一些特定现象的特征，是为表象品质。作为某种现象的特征，表象品质是在特定目标下，对特定现象加以评估的基础。之前提到的观感品质，是环境中的内容（Inhalt）在观察者心中引发的情绪；比较而言，表象品质则是对其秩序（Anordnung）的描述——它对于人性化地塑造表象元素有着重要的意义[3]。因此，我们可以将连续性（Kontinuität）、个性（Individualität）、多样性（Vielfältigkeit）和识别性（Identität）之类的特征，归入表象品质之列。这也就意味着，在一座城市的表象元素中，如一个"区域"，**它需要具备某种功能和动态体验的连续性，以将这个"区域"同其他区域区分开来；而其他表象品质（比如意义的独特性、动态体验的可识别性等）则可以进一步加强这片区域的特征。**

环境意义
Umweltbedeutung

在种种塑造了环境表象的体验维度中，（观察者赋予环境的）意义也是其中之一。基于主体既有经验和特定场合下的行为意图与目标，他对客体的全部感知都可以用环境意义来概括。应当说明的是，在城市设计的理论框架下，我们只需考量具有跨主体效力的环境意义，而不用事无巨细地考量个体层面的环境意义。因此，环境意义是（一个或）若干主体对客体的（主观或）跨主体经验；所谓跨主体的环境意义，指的是环境动态体验中的现象对于一组主体的意义。它一方面取决于跨主体的价值观，另一方面也取决于相对客观的环境功能和环境动态体验。环境表象不仅取决于物理客观环境中的功能以及它在感知环境下的视觉动态体验，也与观察者赋予功能和动态体验的意义息息相关。在大多数情况下，我们并没有必要对由个别观察者赋予环境的意义加以考量；因为即便观察者为功能赋予了主观的意义，它们往往还是受

---

1 Vergnügungsgegend 在德国城市中，专指春夏季或特殊节日期间建立的游乐场地，可以进行节日庆祝、跳舞、室外餐饮、大型娱乐设施等活动。每年开幕时，往往有特殊庆典，并成为区域旅游目的地。——译注
2 亦可参见本书的第二部分。
3 参见 K.Lewin，同书。

到社会上约定俗成的意义的影响。然而，意义的变化无常却给在城市设计中涉及意义的操作设置了障碍[1]。尽管如此，对意义的研究与操作仍然是城市设计中重要的一部分；我们应当坚持不懈地将这项研究进行下去，让它对日后的规划实践产生更深远的影响[2]。

4.2 动态城市设计的要素
Faktoren der Stadterscheinung

动态体验品质
Erscheinungsqualitäten

无论对环境动态体验而言，还是对生成环境表象的种种要素（功能要素、动态体验要素和意义要素）而言，体验品质都至关重要。而延伸开去，表象品质（例如识别性和连续性）也与动态体验品质息息相关。因此，动态体验品质指的是在感知环境中，一组要素中同观察者密切相关的、最为突出的几种秩序品质。举例而言，我们可以用"支配性 (Dominanz)"描述一组特定视觉信息在感知信息场所中的显性地位，也即动态体验因素的显性 (Dominanz des Erscheinungsfaktors)；倘若一条商业街中绝大多数的店铺都是贩售食品的店铺，那么这种情形下，我们就可以用"支配性"指代特定环境中功能结构之间的关联[3]，也即功能的显性（Dominanz des Nutungsbezugs）[4]。

环境效用
Umweltwirkung

观察者所体验到的潜在感知环境和实际感知环境，决定了观察者行为举止的结果。至于在诸多环境元素中究竟哪部分和观察者有关，则取决于观察者的行为意图；所以，究竟哪部分环境对观察者而言可实际感知，也是由观察者所决定的。因此，所谓环境效用，便是由同观察者而言可行为结果相关的环境元素所引发的效果；它对行为结果能产生直接的影响，在极端情况下，它甚至能为观察者设置重重障碍，从而妨碍他达成在环境动态体验的影响下

---

1 参见：A Lorenzer. Die Problematik der Bedeutung des urbanen Raumes, vervielfältigtes Typoskript, Stuttgart, 1970。

2 参见：K Lynch. What time is this place? Cambridge, Mass, 1972.

3 德语中结构 (Struktur) 指的是在一个对象或者系统中，由某类互相联系的同质元素构成的总体，或者为各类同质元素间的组织关系。——译注。

4 亦可参见本书的第二部分。

形成的行为意图。倘若夜里一条窄巷的街灯失灵，它未必会影响到行人穿巷而过的行为意图；然而，一道被掘开的、横跨巷间的管渠坑道却会影响行人基于这种意图的行为结果。假使管渠坑道尚未填平，那么环境动态体验就和对行动（结果）至关重要的环境效用并不相符 [1]——这样一来，也许有些行人就会失足跌进掘开的管渠坑道中，而无法如愿达成他们期望中的行为结果 [2]。

关联品质
Beziehungsqualitäten

一边是环境动态体验与环境效用，另一边是环境功能，对于两者在视觉上与功能上的关联，我们称之为感知关联和使用关联。它们和人类在环境中两种至为根本的活动——感知和使用相对应，而这两者之间的吻合程度也将影响到动态体验品质。因此，所谓的关联品质，也就是感知与使用之间的对应关系；在对空间序列的规划设计中，我们就必须对这种关联品质有所考虑。关联品质所针对的，并不是单个要素的"本质"，而是要素之间的"本质关联"。和效用品质层面的"优越位置"相比，关联品质层面的"优越位置"（比如存在感知联系，但是不存在功能联系）可能意味着：在特定的行进路线上，我们能够感知到占据"优越位置"的建筑物，然而这座"位置优越"的建筑却始终可望而不可及 [3]。

感知意愿
Wahrnehmungsbereitschaft

观察者在特定情形下能感知到什么，取决于他的感知能力与感知条件。至于他最终究竟感知到了什么，则既取决于他感知的潜在可能，也取决于他个人的感知意愿。因此，观察者真正能感知到什么，很大程度上取决于他的主观价值尺度、评估准则、偏好、经验、意图和情绪。由此，我们可以将感知意愿视作个体对感知的意愿以及个体感知的主观可能性。一个观察者主观的感知可能，也因此取决于他个人的经验、天性和他所处的情境；而他的感知意愿，则取决于他的情绪、意图和价值观 [4]。观察者在特定的感知条件下，究竟能否感知到又如何感知一个街道片段中的某一部分，完全取决于观察者本人。举例而言，一位行人在清早的糟糕心情或是在暮色中散步的轻松无虞，

1 亦可参见 H.u.M.Sprout，同书。
2 亦可参见 H.u.M.Sprout，前书中实例。
3 参见：E Agosti, C Mori, u.a. Percezione, fruizione, progetto. Casabella, 1969(4).
4 参见：J Holschneider. Die Stadtgestalt auf naturwissenschaftlich-empirische Weise zu synthetisieren. Baumeister, 1969(4).

都会在很大程度上影响到他（从同一个物理环境中经验到）的感知环境。当然反过来说，倘若观察者有感知的意愿，他最终能否有所感知，又能感知到什么，终究还是得取决于物理环境。

环境体验
Umwelterscheinung

环境体验由一组潜在的感知环境元素构成。它取决于观察者的感知能力，也取决于感知发生时的感知条件。所有在场的环境元素、这些环境元素的种类和它们在城市形态层面上的排布方式，连同观察者在环境实体中所处的潜在位置，都会影响到感知环境的环境动态体验。因此，环境动态体验所呈现的，是一个抱有特定行为意图的观察者所感知到的感知环境，例如，一条半边已经沉入暮色之中的窄巷。

生效因素
Wirkungsfaktoren

生效因素指的是在物理客观环境中与行为意图相关的要素。在不同的行为意图下，生效因素也各不相同；一旦行为意图有所改变，生效因素也会应声而变。因此，生效因素代表着同最终的行为结果切实相关的环境元素。

感知能力
Wahrnehmungskapazität

观察者究竟感知到环境中的哪些部分，一方面取决于观察者不同感官的生理状态，另一方面也取决于他所置身的情境中牵涉到感知的种种元素。因此，我们可以将感知能力归结为在特定场合下，观察者对物理环境的客观感知可能。以视觉感知为例，它取决于观察者的视域、景深他对视觉信息的处理时间以及他的移动速度[1]。以上提到的种种视觉感知的要素，对视觉空间序列的规划与调整至关重要——令人错愕的是，到目前为止，我们只有在规划高速公路时，才会系统地对这些视觉感知的要素加以考量。当前的研究成果显示，随着我们在空间中移动速度的加快，我们的视域会渐趋狭隘，视焦的位置也会离我们愈来愈远，而我们对视觉印象的处理时间却不会因此改变。

---

1 借助感知要素，我们可以测量、进而评估新建筑物（比如高架路）对于视野的干扰。感知能力的客观性为如此这般的尝试奠定了基础。参见：R G Hopkinson. The quantitative assessment of visual intrusion. Journal of the Royal Town Planning Institute, 1971, 7(10).

受本书的篇幅所限，对于这些对城市设计过程至关重要的、人们环境感知中的关键要素，我们无法再作深入的分析。然而毋庸置疑的是，**对城市设计而言，我们亟需提出一个基于观察者移动速度的空间感知模型**[1]。

空间序列品质
Sequenzqualitäten

观察者在他的行进路线上，经验了一系列的感官印象，我们将它称作一个空间序列。以视觉空间序列为例，它指的是行人在穿街走巷的途中感知到的一连串视觉图像。由此可见，序列概念的根本在于，对感知对象的分毫变动，它都能够加以反映；它反映了观察者感知中的每一幅图像，以及它与其他图像之间的差异[2]。其中，我们还可以对视觉空间序列的不同种类作出区分：在第一种视觉空间序列中，每幅图像都是对所有环境要素中几种固定的元素或特殊的空间序列要素（也是一种效用品质）的重复出现；而在第二种视觉空间序列中，在一连串图像中出现的元素不断更迭。在这两种视觉空间序列的基础上，我们可以将重复元素（Wiederholungselement）和让人眼前一亮的跳跃性元素（Überraschungselement）看作两种不同的空间序列品质加以分析——正是它们，使得一条"路径"既保持了它的连续性，又不失丰富多彩。倘若我们将这两种空间序列品质有意识地运用到规划之中，那么它们一定会为城市设计带来丰厚的成果。

效用品质
Wirkungsqualitäten

所谓效用品质，指的是在一个明确而独特的环境中，可以在一个或一连串特定的位置上，对一名或多名观察者产生可以预见的作用的情境。它是观察者处于特定位置时方能感知到的环境特征，也因此能被环境设计者有意识地把控。举例而言，如果我们在某一栋房屋的立面中选用与众不同的色彩和质料，以使它从街道同一侧的其他立面中脱颖而出，那么规划中的这种"突显"，便惟有当观察者身处街道另一侧时才能感知到[3]。

---

1 我们在许多研究材料中都可以找到相应的尝试，它们可以作为提出这一模型的前提。参见：C.Tunnard, B.Puskharev, Man Made America, New Haven 1963; K.Lorenz, Trassierung und Gestaltung von Straßen und Autobahnen, Berlin 1971; P.Thiel, La Notation de L'Espace, du Mouvement et de l'Orientation, Architecture d'Aujourd'hui , 1969(149).

2 参见 J.Holschneider, Interdisziplinäre Terminologie, 同书。

3 亦可参见本书的第二部分。

4.3 静态城市设计的要素
Faktoren der Stadtgestalt

环境实体
Umweltkonfiguration

所谓环境实体，指的是与观察者所处位置无关的物理环境总体。它既是对观察者的行为方式至关重要的环境动态体验之基础，也是对观察者的行为结果意义非凡的环境效用之根据。而观察者所处的位置和他在行进中经过的位置序列，则决定了他在一个环境实体中的行动方式，"逛街"即是一个很好的例证。

环境形态
Umweltgestalt

环境形态，指的是同观察者所处位置无关的、排布在三维空间中的环境元素之间的关系与形态。它不仅包括了环境表象中的所有元素，还涵括了它们的空间比例与空间特征，也即这些元素在环境构成中特定的排布形式。因此可以说，环境形态是包括了各自空间排布形式的、所有环境元素的总和。正是环境形态，使得街道与广场空间得以焕发出独一无二的个性特征，进而对观察者产生了特定的心理作用[1]。

环境构成
Umweltbildung

在环境构成的过程中，作为围合和影响空间的所有环境要素中的一系列元素被组织成一个可以用拓扑的方式勘定的环境形态。因此，所谓环境构成，指的是环境实体形成的过程；在这个过程中，我们先是选定了所有环境要素目录中有待使用的元素，进而将这些元素纳入一种拓扑的关联之中。因此，在环境构成的步骤中，观察者先挑选出参与空间围合与空间塑造的元素；举例而言，一列行道树可以是一个参与空间围合的面，而光源、指示牌、信号灯之类的物件，则使得在这个整体统一的空间围合面之中更富于变化。至于由此构成的环境中不同元素的具体尺寸和它们之间的距离，则要等到环境形态的规划设计步骤中才能细化确定[2]。

---

1 亦可参见本书的第二部分。
2 亦可参见本书的第二部分。

环境要素目录
Umweltrepertoire

所谓环境要素目录，指的是在既存和潜在的元素中，能够构成可感知环境的潜在元素。就此而言，它是环境设计者构建和改变环境形态的原材料。而对城市设计而言，规划师必须使用这种原材料，以使环境意义能为观察者所感知。它既可以是自然的环境元素，也可以是人造的环境元素[1]。这也就意味着，对于环境规划师而言，他能掌控的环境要素目录囊括了所有可能引发环境效用的元素；惟有法规和其他可能影响到环境设计者的限制条件，才能框限他所能支配的环境要素目录的边界——要想通过规划的手段，让特定空间序列中的某一特定位置上飘散出披萨饼的香气，那该是何等困难！不过这个例子也提醒了我们，广义的环境要素目录并不局限于视觉元素，也包括了可以为我们其他感官所感知的元素。倘若再延伸开去，功能和活动甚至也可以视作环境要素目录的一部分；尽管如此，我们暂且将功能与活动放到一边，在后一节中另作表述。

环境功能
Umweltnutzung

对于活动和功能而言，它们的类别和它们在城市体系中所处的位置，都由城市规划所决定；我们将这些实质的"内容"，统称为环境功能。尽管功能与活动并不能等同，但此处为了从简，我们将两者合称为环境功能[2]，以指代无关环境动态体验、却对体验后的环境至关重要的因素。这些因素不仅包括对各个地块不同用地类型和开发强度的分配，也包括现有和预期中的社会群体分布结构，以及从某种程度上影响了家庭行为模式的公共服务设施（商店、幼儿园、学校等等）周边的辐射区域[3]。环境功能中的种种要素是环境动态体验、环境意义和环境表象中至关重要的组成部分；在城市意象与表象元素（"区域""路径"等）的形成与评估过程中，它们的作用都不可小视。

---

1 参见：A Mander. Stadtdetail und Stadtgestalt. Deutsche Bauzeitschrift, 1968(3).
2 在城市规划的意义上，用地是二维的土地块面（参见1.2节中对"城市用地规划"的译注——译注），而活动则是不同个体、家庭、机构与公司之间空间性或非空间性的行为模型。参见：F.S.Chapin, H.Hightower, Household Activity Patterns and Land Use, Journal of the American Institute of Planners, 1965(8).
3 辐射区域（Einzugsbereich），指的是特定的公共服务设施（商业、教育机构、医疗机构等）所能服务和影响的区域。——译注

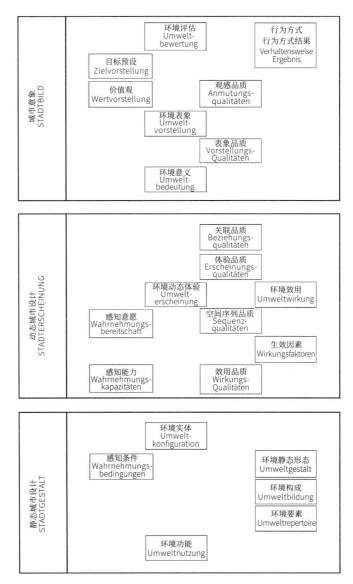

图 13　城市设计理论模型的要素
Elemente des theoretischen Modells

感知条件
Wahrnehmungsbedingungen

　　潜在的感知环境不仅取决于观察者的感知能力，也同感知发生时的前提条件相关。这些前提条件，往往很大程度上局限了观察者本可以基于自身的感知能力感知到的范围。因此对于感知行为而言，感知条件是它的客观限定条件。以视觉感知为例，不同的光线状况可以增强或削弱颜色之间和形式之间的对比。在某些情景下，一个观察者基于自身的感知能力本来完全可以把握的街道片段，却可能缘于房屋在特定时辰投落的阴影而限制观察者的感知条件，使得观察者无法感知到它的全部[1]。

上述因素的不完全性
Unvollständigkeit der aufgeführten Faktoren

对于上面列举的、在城市设计过程中不可忽视的种种因素，我会在本书的第二部分中逐一深入。然而和对城市设计实践有所影响的全部因素相比，无论上面罗列出的种种因素，还是如今已经纳入城市设计理论模型中的因素，都只不过是九牛一毛。城市设计的知识与认识范畴是如此复杂和多样，上面列出的种种因素，只能展现城市设计理论中诸多因素的冰山一角。我想随着时间推移，这些因素的条目还会大幅扩充。

参考文献

Agosti, E.; Mori, C.; u.a.: Percezione, fruizione, progetto, in: Casabella, H. 4, 1969
Appleyard, D.: Styles and Methods of Structuring a City, in: Environment and Behavior, Vol. 1, H. 2, 1969
Bacon, E. N.: Stadtplanung von Athen bis Brasilia, Zürich 1967
Chapin, F. S.; Hightower, H. C.: Household Activity Patterns and Land Use, in: Journal of the American Institute of Planners, H. 8, 1965
Cullen, G.: Townscape, London 1961
Franke, J.: Zum Erleben der Wohnumgebung, in: Stadtbauwelt, H. 24, 1969
Franke, J.; Bortz, J.: Der Städtebau als psychologisches Problem, in: Zeitschrift für experimentelle und angewandte Psychologie, Band XIX, H. 1, 1972
Görsdorf, K.: Umweltgestaltung, München 1971
Holschneider, J.: Die Stadtgestalt auf naturwissenschaftlich-empirische Weise zu synthetisieren, in: Baumeister, H. 4, 1969
Hopkinson, R. G.: The Quantitative Assessment of Visual Intrusion, in: Journal of the Royal Town Planning Institute, Vol. 7, No. 10 1971
Lewin, K.: Grundzüge einer topologischen Psychologie, Bern 1969
Lorenzer, A.: Die Problematik der Bedeutung des urbanen Raumes, vervielfältigtes Typoskript, Stuttgart 1970
Lynch, K.: Das Bild der Stadt, Berlin 1965
Lynch, K.: What time is this place? Cambridge/Mass. 1972
Mander, A.: Stadtdetail und Stadtgestaltung, in: Deutsche Bauzeitschrift, H. 3, 1968
Schneider, M.; Sieverts, T.: Zur Theorie der Stadtgestalt, in: Stadtbauwelt, H. 26, 1970
Sitte, C.: Der Städtebau nach seinen künstlerischen Grundsätzen, Neuaufl., Wien 1965
Spreiregen, P. D.: Urban Design: The Architecture of Towns and Cities, New York 1965
Stübben, D.: Der Städtebau, Leipzig 1924
Thiel, P.: La Notation de l'Espace, du Mouvement et de l'Orientation, in: Architecture d'Aujourd'hui, H. 149, 1969

---

1 对视觉场景序列的有意识规划，意味着它不仅能够对一个具备典型感知能力的观察者（比如一个成年行人）在一条特定的行进路线上可以感知到的街道片段进行模拟，也意味着，我们应当尽可能地将朝暮变换、四季交迭中的不同光线状况纳入考量之中。

5. 城市设计的理论模型
Theoretische Modell der Stadtgestaltung

5.1 不同要素之间的相互关系
Wechselbeziehungen der Faktoren

单单将与城市设计相关的不同要素逐一归入静态城市设计、动态城市设计和城市意象的层面中，还不足以呈现在物理客观环境、感知环境和体验环境之间发生的交互过程。因此，我们必须对上述种种要素之间的相互关系加以分析。所谓对相互关系的分析，便是理清一种要素以其他哪些要素为基础，而又是其他哪些要素的根据。无论在对城市形态的分析还是规划过程中，我们都力求将不同的规划步骤以尽可能合理的顺序承接起来。如果要想做出清醒自觉的城市设计决策，那么对不同要素之间相互关系的分析就势在必行。

静态城市设计层面上的相互关系
Wechselbeziehungen auf der Ebene der Stadtgestalt

城市用地规划决定环境功能，而环境功能又进而影响环境序列，并在一定程度上决定环境动态体验、环境意义和环境表象。环境序列取决于环境功能，而反之影响环境构成；环境构成决定环境形态，而反之则取决于它在环境要素目录中选取的元素。环境形态取决于环境构成，而影响环境品质。环境实体一方面取决于环境功能，另一方面取决于环境要素目录、环境构成和环境形态；它进而影响环境意象和环境效用。此外，在静态城市设计的层面中，还包括与观察者无关的感知条件；它同观察者自身的感知能力一起，对环境景形态以及整个特性链产生相应的影响。

动态城市设计层面上的相互关系
Wechselbeziehungen auf der Ebene der Stadterscheinung

效用品质基于环境实体之上，而也取决于观察者的感知能力与感知意愿；反之，它影响了环境动态体验和以它为基础的其他环境品质。观察者的感知能力决定了可能显现的环境动态体验和可能感知的环境品质，而观察者的感知意愿则决定了实际的环境动态体验形态。感知元素以环境实体为基础，并决定了环境效用；而就环境效用而言，它不单单基于感知元素之上，同时也取决于观察者的行为方式，并进而影响到观察者的行为结果。空间序列品质既同环境实体和效用品质相关，也取决于观察者的感知能力和感知意愿。环境静态形态则一方面取决于环境实体，另一方面取决于感知意愿、感知能力与感知条件，并进而决定动态体验品质、关联品质和表象品质。动态体验品质基于环境意象、效用品质和空间序列品质之上，进而对关联品质和表象品质产生影响；而关联品质本身，也可能在一定程度上影响到表象品质。

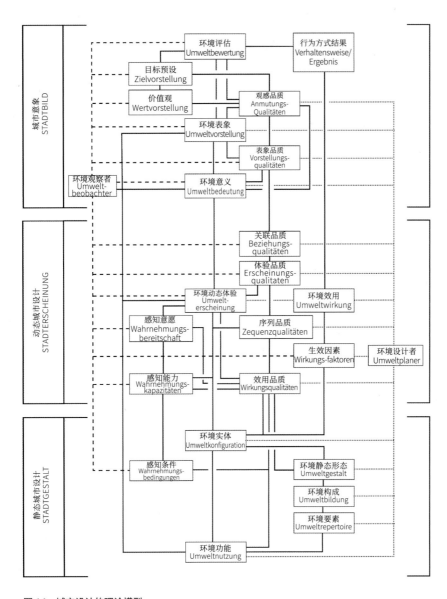

图 14 城市设计的理论模型
Theoretisches Modell der Stadtgestaltung

城市意象层面上的相互作用
Wechselbeziehungen auf der Ebene des Stadtbilds

环境意义取决于感知意愿和环境体验，反之，它既影响环境表象，也会影响表象品质和观感品质。表象品质由环境功能、环境意义、环境动态体验和体验品质决定——有时也受到关联品质影响，并进而影响到环境表象和观感品质。环境表象基于环境功能、环境意义和环境动态体验，并受到表象品质的影响；反之，感受品质则受到环境表象的影响。除了环境表象以外，感受品质也取决于价值观、表象品质和环境意义，反之，它将影响到环境评估。预定目标基于价值观之上，进而决定人们对环境的评估和行为方式。除了预定目标之外，环境评估取决于环境表象和表象品质，并进而影响观察者的行为方式。综上所述，我们已将城市设计的三个层面和隶属于三个层面之下的各个要素、连同这些要素之间的相互关系一起，归结到了一个自成一体的体系中。

5.2 其他学科的附归
Zuordnung anderer Wissenschaften

此外，借助城市设计的理论模型，我们也可以概览城市设计相关学科对城市设计各个层面的意义。举例来说，信息理论是一门数学理论，它的研究对象是信息传达与领会中的规律。就此而言，它对静态城市设计、动态城市设计和城市意象这三个层面都相当重要。同理，作为一门研究符号的理论，我们可以将符号学（Semiotik）归入城市意象的层面之中，它通过分析和描述，对不同的符号层面加以研究。反之，作为对"环境生产过程"的描述，量化美学（Maßästhetik）从根本上属于静态城市设计的层面；而作为对"生产结果的消费"的评估，价值美学则基本可以归入城市意象和动态城市设计的层面。以此类推，格式塔心理学中的绝大部分可以归入动态城市设计的层面中，而其余的一小部分则可以视作静态城市设计层面的范畴。社会心理学的主张主要同城市意象的层面相关，而拓扑心理学（topologische Psychologie）作为社会心理学的一个特例，也可以归入城市意象的层面之中。行为研究学、信息心理学和人类学，与城市意象及动态城市设计层面的关联尤为密切。认知理论则类似于信息理论，它涵盖了城市设计的所有三个层面。城市社会学的主张主要建立在城市意象的层面上，而在某种程度上也同静态城市设计的层面相关。与之相对，城市地理学则以静态城市设计层面为基础，而其中的某些论题也衍伸到了城市意象的范畴之中。

城市设计是一个复杂的认知与行为范畴。在上面，我们简要地归纳了一系列相关学科研究对于城市设计中各个层面的潜在意义。它能够帮助我们在城市设计领域的研究中，更好地对各个学科领域的各种主张加以评估，并将它们运用到城市设计中相应的层面和范畴之中。

5.3 对城市设计过程的推演
Ableitung des stadtgestalterischen Planungsprozesses

第一部分至此，我们已经将城市设计中的种种要素纳入了一个彼此相关而又自成一体的体系中。这个体系包括城市设计的三个层面，即静态城市设计、动态城市设计和城市意象，隶属于三个层面的种种要素，以及不同要素之间的相互关联，各个要素同外部参照系（环境观察者和环境规划者）之间的关系。这个理论模型中对不同环境层面之间交互过程的描述，是自成一体、永不过时的。从某种意义上来说，我们可以将这种理论模型看作将信息理论的沟通程式用在城市设计 [1] 中的结果。之所以这么说，是因为**城市设计的理论模型所描述的，正是城市规划师（"输出者"，也即"信息发送者"）和城市居民（"输入者"，也即"信息接收者"）之间的关系**。因此，无论对环境的干预来自环境设计者还是环境的观察者，我们都可以用环境设计者—环境—环境观察者的交互过程对它加以推演，并以此对规划中的环境改造可能引发的后果加以预判。

城市设计的交互过程
Der Interaktionsprozeß der Stadtgestaltung

通过这种城市设计的理论模型，我们可以对"环境设计者—环境—环境观察者"这一交互进程中的各个步骤逐一作出解释：首先，规划者在二维尺度上确定环境功能布局——在环境构成的过程中，他将环境要素目录用作定义和区分环境的要素，以将不同的环境功能分配到具体的拓扑位置之上。在环境静态形态（Umweltgestalt）塑造的过程中，环境功能的三维体量得到了确定。此外，环境功能也直接影响到环境动态体验、环境意义与环境表象。在因情境而各异的感知条件之下，观察者以他个人的感知能力对环境实体加以把握，从而得到了潜在性感知环境的动态体验（Umwelterscheinung）。在效用品质、空间序列品质、动态体验品质和关联品质的影响之下，环境动态体验引申出了环境意义（Umweltebedeutung）。除此之外，环境动态体验也影响着表象品质与环境表象。环境功能、环境动态体验和环境意义，分别（或者一起）决定了构成环境表象的表象品质。在特定价值观的影响之下，

---

1 参见 M.Bense, 同书。

对环境表象的评估又受到观感品质的影响；而观感品质，则视观察者不同的预定目标，帮助观察者对潜在感知环境的品质作出评估，进而影响到观察者的行为方式。行为结果（Verhaltensergebnis），不单取决于上面这条要素链，也与环境效用（Umweltwirkung）有关；至于环境效用本身，则以因不同行为意图而产生不同的感知元素为基础，并可以进一步回溯到环境实体之中。此外，可以增强或削弱动态体验品质的关联品质（Beziehungsqualität），则取决于环境动态体验与环境效用之间的吻合程度。这条交互链起于环境功能，经由行为方式，止于行为结果；当然，我们自然也可以倒过来解读这条交互链。因此，城市设计的这种理论模型，不仅为对城市景观的分析提供了基础，也为对城市景观的规划奠定了基石。

对城市设计过程的推演
Ableitung des stagestalterischen Arbeitsprozesses

因此，我们在对城市景观的分析与规划过程中，都可以上述理论模型为基础。试举一例为证：环境设计者必须想方设法在城市意象、静态城市设计和动态城市设计这三个层面上满足观察者"定向（Orientierung）"的需求，以使他们不至于在环境中迷失方向。而当观察者将"定向"作为既定目标时，他便会对所有与"定向"相符的感受品质赋予正面的评价。因此在这种情况下，环境表象中的种种元素，比如"区域"，都必须呈现出有助于定向的感受品质。这也就是说，观察者对感受品质的评估，会因预定目标的不同而彼此各异。当观察者以定向为既定目标时，他可能对一片"区域"抱有正面的评价；而一旦他的预定目标改成了"富于变化性（Abwechslung）"，他对同一片"区域"的评价兴许就会急转直下。因此，感受品质取决于表象品质；而表象品质则不仅取决于动态体验品质和效用品质，也牵涉到环境意义、环境动态体验和环境功能。因此，"连续性"作为一种表象品质，不仅取决于体验品质的"清晰性（Klarheit）"，也与同一片"区域"中意义和功能的"连续性"不无关系。而体验品质也不单单取决于效用品质，也以环境意义、环境动态体验和环境功能为基础；它也不只取决于环境动态体验和环境效用之间的吻合程度——举例而言，"独特性（Einmaligkeit）"不仅是一种动态体验品质，也可能意味着功能与意义中的独特性。而之所以关联品质可以削弱或加强动态体验品质，是因为它通过建立观察者与对象之间的感知关联与使用关联，影响了效用品质中对定位至关重要的"可忆性"。倘若一种"独一无二的凸显"[1]不仅在它与观察者之间建立了感知关联（Wahrnehmungsbeziehung），

---

1 独一无二的凸显（einmalige Hervorhebung），指（比方说）一座建筑物与众不同，从而从环境中脱颖而出。详见本书的第二部分第三章。——译注

也建立了某种使用关联（Nutzungsbeziehung），那么对于观察者而言，它的"可记忆性（Einprägsamkeit）"便会随之加强。此外，观察者信步其间的环境实体，也会影响到体验品质与关联品质。惟有当"独一无二的凸显"处于观察者在环境中能感知到的位置，它才能对观察者的定位有所助益。而所谓效用品质，无非是基于环境功能的某种环境形态，在环境要素目录和环境构成的帮助下对观察者产生的特定影响。针对如何基于城市设计的理论模型，以规划的手段，有意识、有理有据地满足观察者在环境中的目标（比如"定向"的目标），我们在这里先作了扼要的说明[1]——简而言之，**环境规划者的使命是：通过有意识地操控环境表象中的种种要素，对观察者的目标和期望予以满足。**对此，勒温在拓扑心理学中已经提出，凯文·林奇在他对城市意象的研究中也有运用。

参考文献

Becker, H.; Keirn, K. D.: Wahrnehmung in der städtischen Umwelt, Berlin 1972.
Canter, D. V.: Architekturpsychologie, Düsseldorf 1973.
Craik, K. H.: Environmental psychology T. Newcombs, New Directions in Psychology, New York 1970.
Franke, J.: Ansätze einer psychologischen Grundlagenforschung zur Stadtgestaltung Mitteilungen der Deutschen Akademie für Städtebau und Landesplanung, 1972(XVI).
Norberg-Schulz, Ch.: Existence, Space and Architecture, London 1971.
Schneider, M., Sieverts, T.: Zur Theorie der Stadtgestaltung Stadtbauwelt 1970(26).

---

1 详见本书的第二部分。

第二部分　城市设计实践

Zweiter Tell
Praxis der Stadtgestaltung

图 15　巴黎
Praxis der Stadtgestaltung

1. 城市设计与城市发展
Stadtgestaltung und Stadtentwicklung

1.1 城市发展的各项因素
Element der Stadtentwicklung

　　城市可被视作处于不断变迁之中的人工有机体，又或可被视为一种进程，呈现出城市某一方面的诞生、发展、停滞、衰落、消失等诸多子进程，各进程遵循非线性的发展轨迹，又相互叠合。这其中，可能某一城区的度假屋被转作了常住住宅，这意味着人口的增长，而另一城区则出现了人口停滞甚至下降的现象。又或在经济方面，服务业的就业机会在增加，而工农业的从业人数在减少。同时人口结构也可能会出现变化：中心区的外籍人口比例迅速提升，其他城区的人口年龄结构则失去了平衡。这些并行的经济、社会和城市建设方面的进程，他们不仅会对城市产生直接影响，也会产生间接的作用。每个进程会对其他进程产生影响，比如年龄结构会对社会结构和文化状态产生影响，而人口的外迁则会对城市周边的交通系统产生相应的要求。简言之，在城市发展的进程中，每个方面的状态变化，必会影响其他层面。

发展进程之调控
Steuerung des Prozesses

　　如若城市发展的各方面可被视作进程，那么随之而来的观念就是，不管是城市的增长阶段还是停滞、消亡乃至再生阶段，均可被视为城市发展进程中的自然现象。在某一方面上的单一发展，比如持续的增长，乃是有悖于此认识的。城市发展中某方面的结构性变化，不论是增长还是衰退，在规划中都应加以考虑。在此认识下，城市战略规划的任务不外乎为认识到各层面所处之发展阶段，在城市总体进程中对其加以影响。换言之，可将城市战略规划归简为对各项子进程的分析、规划和调控活动。这些进程可以是分属经济、社会和交通技术以及文化等各个学科，并且最终会被落实经济、社会、交通、住宅、教育和休闲等各个领域。城市战略规划的任务则是对各个子进程加以操控，使其能最终按照总体目标来发展，当然这些目标并不会只着眼于增长。

环境品质作为城市发展的一个方面
Umweltqualität als Aspekt der Stadtentwicklung

不例外地，城市环境品质也是城市发展中的一个方面，并可被视作一个不断变化的子进程。因其涉及人们对其城市环境之情感（psychisch）和理性（intellektuell）的需求，并且其不局限于视觉层面，还涉及城市环境的功能和意义，那么几乎所有子进程皆可对环境品质产生直接和间接的作用。经济和社会结构的变化如此，人口结构的变化也不例外。尽管各子进程的变化对环境品质的影响是显见易见的，但这一点并没有得到充分的重视[1]。倘若环境品质不只是停留于口头的政治口号，那么城市战略规划的每一决策都应对此予以考虑：这意味着，在城市战略规划的各个方面都对其加以考虑，从规划目标到具体的建设方案都应对其加以关注。

城市形态作为城市发展的一个目标
Stadtgestalt als Ziel der Stadtentwicklung

时下，一些相对"进步"的地方政府开始制定战略性的城市战略发展规划工作纲要（Stadtentwicklungsprogramm）来引导地方发展。其中的城市发展目标无疑有助于人们理解城市规划的任务——地方政府为了解决自身问题、调控城市发展而确立的重点操作领域，以及相关的目标和价值。这些目标建立在对城市各方面发展进行权衡排序的基础上。在城市战略规划中，会罗列出各种可能的发展愿景，并对愿景进行评估。基于社会本身持有的价值，可以形成相应的价值体系和评估标准。依据评估选定的发展愿景，可确立城市发展目标，并通过地方政策纲要将这些目标落实和体现为城市发展工作纲要的基础，并进一步影响财政计划、投资计划以及各个单项专业规划，如经济促进计划及社会规划。由此自然也可确立城市规划的方向和内容，并进一步启动法定的用地规划和详细修建规划来对目标加以落实[2]。依照这一流程，可针对经济、交通、住宅、教育、医疗和休闲

---

1 此处可参见 Alan Waterhouse 关于城市景观变迁方面的详细阐述：*Die Reaktion der Bewohner auf die äußere Veränderung der Städte*, Berlin。

2 引自 H.M. Bruckmann 和 M. Trieb 的演讲手稿（Faktoren und Methoden der städtebaulichen Umweltplanung, Stuttgart）。"城市建设原则上在两个不同的步骤中进行，前者着力于构思规划理念和目标，确立城市发展建设的内容，而后者则需把这个理念性的内容在具备不同效力的两个法定规划层面上落实下来：即准备性的城市用地规划和法定的修建规划。"
前者类似我国的总体或者分区规划，规定主要的用地分类、用地结构以及交通和基础设施的配置。后者则类似我国的控制性详细规划和修建性详细规划的结合，最终具体到单个小地块的开发强度和建筑位置和高度等。二者统称为建设引导规划，是德国法定规划中的两个规划层面。后者具有严格的法律效力，前者则是后者的上级规划。——译注

娱乐领域制定城市规划发展目标。在政策和法律层面上对各领域加以权重和排序后，这些指导性的工作纲要最终会被落实为城市规划的内容（Inhalt der Stadtplanung），致力于满足多种需求，至少是物质方面的需求。只在少数情况下，工作纲要才会对非物质需求有所顾及，在城市环境层面对其加以考虑[1]。此外工作纲要中往往也缺少对建成环境的改良意图——清理大量城市郊区带来的混乱感受，阻止那些氛围单调的新区重复涌现。几乎在所有的城市发展规划中，都缺乏对城市精神层面的重视，忽略了人们对城市环境在心智方面的需求，或简言之，缺乏对非物质需求的重视。由此也可看出，在专业知识方面和实际操作中，城市设计很少能够作为有理有据的地方政策出现，成为城市战略规划的组成部分，以满足市民的非物质（理性和非理性的）需求。如果我们希望考虑人们的非物质需求，让其能够在城市战略规划中和经济、交通、社会等重要的政策目标平起平坐的话，那么城市设计就有必要以一种有理有据、理性和可实施的形式出现，并且需要获得和住宅、教育、交通这些领域同等程度的重视。

——在城市用地规划层面的城市设计
Stadtgestaltung auf der Ebene der Flächennutzungsplanung

人们很少意识到，在城市用地规划的层面上，一些重要的决策会给城市环境品质带来根本影响，而其铸成之错将难以补救。在法定规划中，处于上位的城市用地规划对城市设计的影响体现于多个方面。一则如托马斯·西维特所提及的，用地规划是静态城市设计的基础，是历史性现实状况的归类，生活痕迹（der gelebten Zeit）的归类、经济利益的归类、过往空间维度与历史时代的归类，都是通过城市用地规划、用地类别的确立以及用地间的关系，得以形成或受到影响[2]。此外土地使用规划也决定了体验环境的基础架构，以及诸如"路径"（Weg）、"区域"和"节点"（Knotenpunkt）等体验性元素的构成。正如本研究中多处表明的，在各种价值的预设下，城市意象元素（Stadtbildelement）以及体验环境元素（Vorstellungselement）中的结构均为评估环境品质时的决定性因素[3]。作为在二维层面上确立用地位置和类别的规划层面，用地规划对城市设计的影响却没有得到重视。

---

1 这里可提及的是德国斯图加特市的规划尝试，虽其将绿地景观和城市风貌的改良确立为与经济和交通领域平级的城市发展目标，但是在实施中，实则主要考虑了物质需求（如，改善就近休闲设施，提高植被覆盖率及城市小气候等）。城市风貌改良这一目标实则被落实为一系列牵涉到经济活动(Aktivität)的建设措施，而满足精神需求这一要求则被经济活动的要求所替代。

2 参见：T Sieverts. Stadtgestalt, Wissenschaft und Politik. Mitteilungen der Deutschen Akademie für Städtebau und Landesplanung XVI, 1972.

3 参加本书第一部分内容。

——在城市分区控制性规划 / 结构规划层面的城市设计

Stadtgestaltung als Teil des Rahmen- oder Strukturplanes

尽管在理论层面尚有争议，但在地方规划实践中，早已在法定的城市
用地规划和详细修建规划间引入了新的中间层面：分区控制性规划或结构
规划[1]。这种非法定规划在城市或街区范围内落实了上位的城市战略规划
和城市用地规划，并且把较小尺度的详细修建规划和较大尺度的城市单元
如街区联系在了一起。此规划针对多个方面制定结构性方案，如用地规划
方案、交通方案以及城市空间方案，并通过社会经济方案及实施策略对其
加以补充[2]。其意在将二维的用地规划和三维的详细修建规划联系在一起。
在三维和二维层面上，城市分区规划都是环境品质可见或不可见的承担者：
社会经济规划和用地、交通方案会对环境品质造成影响，而涉及物理空间
及其心理效应的城市空间方案也会对环境品质产生直接作用。即便前三者
在城市设计中的作用尚未得到认可，至少城市空间方案可在视觉层面上影
响城市景观，虽然它和城市分区控制性规划本身一样，并不是法定规划，
而是建议性质的非法定规划。

——详细修建规划作为城市设计的工具

Bebauungsplan als Instrument der Stadtgestaltung

详细修建规划具备法律效力，其中不只规定了小地块的位置、用地类别
和开发强度，还包含了对建筑三维形态的规定。针对特定的地块，上位的用
地规划及分区控制性规划在这里得以通过法律的形式落实。城市设计会对建
筑方案构成约束，并对城市的空间品质造成影响，作为其法律意义上的成果，
详细修建规划的编制和生效将会产生不可逆之后果。分区控制性规划的意义
是为实施阶段准备不同的可能性[3]，而详细修建规划则需选取一个方向，最
终落实为法律。[4] 然则迄今为止，详细修建规划往往对城市景观的考虑太少，
甚至在无视城市景观的情况下就被编制完成并且生效了。

——地方风貌保护条例作为城市设计的工具

Die Satzung als stadtgestalterisches Mittel

最近人们才重新发现一个久被遗忘的法律工具：地方风貌保护条例——

---

1 德国的法定规划的两个层面中，用地规划的尺度较大，类似总规或者分区规划，而且缺少城市
设计方面的内容，而修建规划则可细至每个小地块以至几百平方米的宅基地。故而这里框架或
结构规划作为一个中间层面，在中间尺度上联系用地规划和修建规划，并且可提供城市设计
（Stadtgestaltung）层面上的结构性指导意见，其内容也有一定的灵活性。虽然其为非法定规划，
但在实践中，作为一个联系层面和中转层面，可对内对外直接或者间接影响各种竞赛方案和规划
方案的制定。——译注

2 参照：J Veil. Der städtebauliche Rahmenplan. Stadtbauwelt, 1972(37).

3 参见：M Trieb, J Veil. Rahmenplan und Satzung zur Stadtgestalt Leonberg. Leonberg, 1975.

4 实际上，城市控制性 / 结构规划和一个最简意义上的修建规划之间的区别界限可能并不是很明确。
这里最简的详细修建规划指的是其只包括法律规定的必须具备的内容，而其他方面则留白。

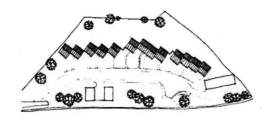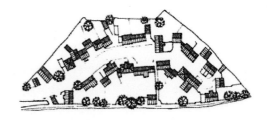

图 16 同一指标要求下，实则存有多样的设计可能性
图片来源：Design Guide for Residential Areas; Essex County Council, Chelmsford

即便德国大多数联邦州都拥有编制该条例的权利。作为详细修建规划的补充，州政府可通过《州建筑规范（LBO）》赋予地方政府颁发条例的权力，从而对详细修建规划的内容进行深化，对建筑方案附加额外的约束。迄今为止，地方风貌保护条例多被用作保护历史建筑或者街区，却也使其陷入了"遗体保护"式的困境，无法对时下建设发挥功效。事实上，风貌保护条例不只可用作历史街区保护，也可指导城市的更新建设。这种"主动式"的条例可形成一个共同的框架，对新旧建筑都加以约束[1]，也可以强制规定这种（新旧并存的）多样性。[2]

在城市发展的各规划层级上，我们不应只是制定规划方案以维持、推动及禁止特定的建设行为，还应考虑规避规划方案的负面作用。这一点目前尚有不足，一个规划方案不应只满足于成为议会、市长或规划师的审批和决策依据，还应切实考虑方案的可行性和实施，如此城市战略规划方可在日常工作中结出硕果。政府在审批建筑方案时，需要参照城市设计的片区方案，检验建筑方案是否以及在多大程度上满足了整体城市景观的诉求。那么相应地，城市设计也需具备法律、经济、社会、技术和政治上的可实施性，并且充分考虑个体的兴趣，唯此才能使其切合实践需求。

1.2 城市战略规划中城市设计的任务和形式
Aufgaben in der Stadtentwicklungsplanung

如前所述，从战略性的发展规划到法定规划等，城市设计涉及城

---

1 作为例子，可参见德国巴登州的建筑规范：§ 111, Abs. 1, Nr. 2 und Abs. 2, Nr. 2 der Landesbauordnung Baden-Württemberg，或者拜仁州的建筑规范：Artikel 107 der Bayerischen Bauordnung。
2 见 M. Trieb, J. Veil, 同书。

市规划的各个层级。正如在拟定城市发展目标和工作纲要时需要考虑城市设计，在确立城市建设措施时也需如此。城市建设措施包括城市扩张（Stadterweiterung）和城市更新（Stadterneuerung）以及相应的城市管理措施。城市扩张是指在未建设区域内规划建设新的住宅、商业及工业设施。城市更新则是在已建设区域内进行更新建设活动。而城市管理（Stadtsteuerung）[1]意味着基于规划，通过行政管理对城市的发展和更新过程加以审批控制。在城市扩张、更新以及相应的城市管理中，从城市战略规划到城市用地规划、控制性规划、详细修建规划以及地方的风貌保护条例，城市设计皆可施加影响，并可借助以下各类规划形式对城市设计方面的要求加以设定和表达。

——**项目规划　Projectplanung**

以城市设计为重点的项目规划指的是在投资者已知的情况下，在一个特定的规划范围内，以及确定的项目计划和时间内发展和实施一个项目[2]。此等情形中，对城市设计来说，项目规划具备卓越的效率和控制可能性，整体的城市设计，到街道家具设计导则均可在此得到落实。购物中心、住宅区、办公建筑群项目均可算作此列[3]。

——**片区规划　Bereichsplanung**

城市设计的片区规划多针对一个相对较大的规划范围，其中投资者未知或局部已知，而项目内容和实施时间则不完全确定。考虑到设计方案的落实可能性，规划范围多来自已有法定用地规划所确定的街区或城区。城市设计的片区方案主要涉及城市意象和动态城市设计层面，个别情况下才涉及具象的静态城市设计，如伦敦 Convent Garden 地区的更新规划[4]。片区规划着重于进行结构性的控制，类似于城市功能和城市活动的"马赛克拼图"，并通过"路径"将其串联成含有各式空间序列（Raumsequenz）的协作性网络，其中也涵括有"节点"子系统，并且表达了城市活动的结构性分布。一个"节点"可能会是系列"区域"的交汇之处；在静态城市设计层面，通过公共电话、车站、商店、邮筒以及出租车站等元素，可进一步赋予其特征。这些局部的"节点"可以将"路径"空间进一步切分成段落，可以构建"边界"（Grenze），

1 意外的是，对于在地方政府中的规划师来说很重要的一个领域在规划理论和教育中都被严重忽视：对城市某一区域内的更新或者扩建活动 (Aktivität) 加以引导和控制，原则上这涉及地方行政辖区内的大部分用地，并且包含所有城市规划应该做的内容，以引导在这些区域内的建设过程，对其加以发展或者对特定的对象加以保留，阻止或者改变某些不希望发生的情况。

2 参见：K Lynch. City Design and City Appearance. Principles and Practice of Urban Planning, Washington, 1968.

3 参见：H Adrian, M Adrian, P Zimmermann. Planung und Durchführung großer komplexer Bauvorhaben im Rahmen der Stadterneuerung und Stadtentwicklung. Stadtbauwelt, 1975(58).

4 参见：D Appleyard. Notes on Urban Design and Physical Planning, vervielfältigtes Typoskript, Berkeley, 1968。

并构成可指引行人的"路标"，结合进入的多条"路径"，还可以延伸出各具体验品质和特色的体验。

——战略情境规划研究和系统 / 专项规划　Prozeß-und Systemplanung[1]

在城市设计中，在项目任务书不确定以及有多个建设主体（Bauträger）的情况下，战略情境规划研究着眼于在一个广大的区域或整体城市，研究如何控制各式对象（objekten）及活动（Aktivitäten）的空间秩序。其一般遵循已有的纲要性目标，在已有的具体情况下发展出多个可选情境方案。这里各方案的出发点常常是一张土地使用规划图，在此基础上发展出一张由各种不同性格"区域"组成的马赛克拼图，并包含有"路径""节点""地标"和个性化的特色活动与人物（Ereignis- oder Geschehnischarakter）构成的一个内在系统，并且需要表达出这些"区域"是怎样被"路径"系统联系在一起，以及各个主要段落和局部枝节（Haupt-und Unterabschnitte）在动态城市设计和静态城市设计层面的构成和特征。借此在复杂的城市发展过程中，来实时调控和构筑城市的空间序列系统。[2]

系统／专项规划，是单独针对某类重要的元素及其构成展开各专项规划工作的总和。这里单类元素本身并不构成完整的环境，而是环境中的某个层面。比如为一个缺少明确结构的大都市郊区地带制定一系列"路径"序列系统，或为住区道路设计色彩丰富的照明系统，以及通过高度控制方案实现对城市节点的强调等。就像罗马和巴黎在过去几百年内所做的一样，通过类似的系统／专项规划可将一系列公共空间加以梳理和结构化[3]。时至今日，这一工作仍为必须，然而当下对此有所举措的城市尚属少数。在这一诉求下，地方政府需要根据情况制定各式专项规划，如在某城区内为高层建筑制定高度控制方案，控制其对周边的影响[4]；或在道路拓宽的方案中，也对城市空间的序列系统及其等级进行考量。[5]

1　原著中 Prozeßplanung 在中国规划中没有完全相同的规划阶段，接近于城市与区域战略规划中，多情景方案进行比较，帮助规划决策的一个研究性规划，结合其对多种情境对比方案的特性，此处翻译为战略情境规划研究；Systemplanung 一词隐含"各种专项规划的总和"这一意义，为中国阅读者便利，这里译为系统／专项规划。——译注

2　GLC Covent Garden Planning Team. Covents Garden Moving. London, 1968.

3　参见：E N Bacon. Stadtplanungvon Athen bis Brasilia. Zürich, 1967.

4　正如常常讨论的，高层建筑控制政策，在伦敦和巴黎都难以实施，在其他城市也相当困难，但这并不影响其必要性。见：A Whittick. Aesthetics of Urban Design. Journal of the Town Planning Institute, 1970(8).

5　参见前文 D. Appleyard 的著作和 K. Lynch 的 *City Design and City Appearance*。

城市设计中控制内容的逐层细化
Unterschiedliche Konkretisierung stadtgestalerischer Aussagen

城市设计着眼于控制一个复杂环境系统的发展过程，这种控制并不直接涉及环境系统中的所有具体组成部分。就像城市规划多针对用地、密度和交通流量等特定的结构层面来处理问题，城市设计也采纳了类似的方式，以提纲挈领的方式进行控制，并且依据不同的规划层面逐级细化。城市设计可从规划城市意象开始，发展出一个由城市中的各"区域"组成的有机马赛克拼图，其中包含有"节点"子系统，各"区域"和"节点"被"路径"网络所联系。这里城市意象方案应该建立在一系列清晰可行的目标的基础上。到了动态城市设计层面，上位的意象方案就可为涉及动态城市设计的空间序列提供"编舞式"（choreographisch）的引领。而针对各"路径"或空间序列的规划又可为静态城市设计层面的方案提供指导。由此在各层面上，可分别以战略情境规划研究、系统／专项规划、片区规划和项目规划的形式来制定城市设计的工作纲要，这些形式涉及两种不同又互为补充的方法[1]。战略情境规划研究和系统／专项规划主要通过工作纲要式的目标和规划图解工作。其建立在一组目标预设（Zielvorstellung）的基础之上，并且落实到"事件（Ereignissen）"以及"事件发生空间（Ereignissenräume）"在时间轴上的分布设定（Wegzeitprogrammierung）——到下一个事件需要多久的步行时间，以及此事件应该满足怎样的要求。它们对下一阶段工作约束较小，且态度开放，使之具备相当之自由度。而在片区规划中，则在此之外对下一步的工作方式也进行了考察，并且写入了其下的项目规划中。这样城市设计的工作不只包含针对整个城市或者城区的纲要式目标，还涉及具体的环境组成和子系统构成，以及通过具体的项目来对规划方案加以实施。

城市发展各规划层面中城市设计的工作内容
Stadgestalterische Arbeitsinhalte in der Stadtentwicklung

城市设计作为城市规划的一部分，在城市管理、城市更新和城市扩张中都承担一定的功能，每个领域都可通过项目规划、片区控制性规划或者战略情境规划研究、系统／专项规划的形式来对城市设计进行编制，然后结合入各规划层面，使其发挥作用。战略情境规划研究和系统／专项规划主要在城市发展目标、发展工作纲要以及城市用地规划中发挥作用。片区规划主要在

---

1 参见前文 D. Appleyard 著作的第二页。

控制性规划及其后的详细修建规划层面发挥作用，在部分情况下，也会涉及地方风貌保护条例。而项目规划则对详细修建规划、地方风貌保护条例以及具体的建设项目富有影响力。

在城市发展中，城市设计在不同规划层面上的内容应是明确的 [1]。战略情境规划研究和系统／专项规划原则上涉及整个城市。其内容包含城市意象分析和规划，以及确定城市设计的目标及措施，此外也包含"区域""路径""节点"系统的分析和规划，同样也可涵括建筑高度和建筑体量的控制方案，以及含有道路断面示例的道路空间战略情境规划研究。片区规划一般涉及城市的一部分，来自战略情境规划研究和系统／专项规划的内容被依据具体情况加以调整和提炼，并通过片区规划或环境规划、空间序列规划和活动规划加以补充。此外街道家具设计导则、立面序列规划甚至色彩规划都可以成为片区规划的内容。片区规划经常结合强制性的导则和多个规划备选方案发挥作用。前者包含具体的指导意见，后者则相对灵活开放，重在给出不同的实施

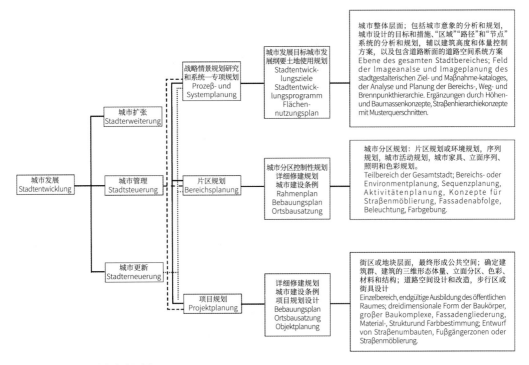

图17　城市设计和城市战略规划
Stadtgestaltung und Stadtentwicklungsplanung

1 参见前面凯文·林奇著作。

可能性。而在项目规划中，将决定公共空间的具体构成方式，包括建筑的三维体量、立面分区、色彩材料以及结构等内容。举例而言，街道空间的改造设计和实施以及街道家具设计都属于这一层面。

在图示中，可以看到城市设计的内容及其和各规划层级的关系，并且可以看到作为规划工具而言，这些规划层级对城市设计的意义。比如这里可以清楚地看到城市发展目标与城市发展规划工作纲要（Stadtentwicklungsprogramme）对城市设计的重要意义；城市设计中城市意象的规划目标及规划措施目录都是前两者的组成部分。类似的还有"区域""路径"和"节点"系统的规划，其和城市用地规划是紧密相连的。此外图示还展示了城市设计逐步细化的规划内容以及相应越来越小的自由度。不该忽视的是，这些城市设计的内容和规划层面的联系只是原则上的：比如，如果街道空间战略情境规划研究中包含了示例性的道路断面及相关的原则，那么这些原则一旦被确立，实际上会一直贯彻到最终的项目规划并且得到实施，而不只是停留在专项规划的层面。

参考文献

Arbeitsgruppe Stadtentwicklung der Stadt Stuttgart: Entwurf der Stadtentwicklungsziele Stuttgart 1970 (vervielfältigtes Manuskript) S. 13 ff.

Adrian, H.; Adrian, M.; Zimmermann, P.: Planung und Durchführung großer komplexer Bauvorhaben im Rahmen der Stadterneuerung und Stadtentwicklung, in: Stadtbauwelt 1973/38.

Appleyard, D.: Notes on Urban Design and Physical Planning, Berkeley 1968 (vervielfältigtes Manuskript)

Bacon, E. N.: Stadtplanung – von Athen bis Brasilia, Zürich 1967

Barnett, J.: Urban Design As Public Policy, New York 1974

Bruckmann, H. M.; Trieb, M.: Faktoren und Methoden der städtebaulichen Umweltplanung (vervielfältigtes Vortragsmanuskript) 1970, S. 7

Freie Planungsgruppe Berlin: Mehrschichtige Konzeptplanung, in: Baumeister 1969/11

Gormsen, N.: Stadtbildpflege, in: Mitteilungen der Deutschen Akademie für Städtebau und Landesplanung XVI, Dezember 1972

Consortium of GLC; City of Westminster: Covents Garden Moving, London 1969

Lynch, K.: City Design and City Appearance, in: Goodman, W. (Hrsg.), Priciples and Practice of Urban Planning, Washington 1968

Sieverts, T.: Stadtgestaltung, Wissenschaft und Politik, in: Mitteilungen der Deutschen Akademie für Städtebau und Landesplanung XVI, Dezember 1972

Spreiregen, P. D.: Urban Design: The Architecture of Towns and Cities, New York 1965

Southworth, M.; Southworth, S.: Environmental quality in cities and regions, in: Town Planning Review, Vol. 44, H. 3, 1973

Trieb, M.; Veil, J.: Rahmenplan und Satzung zur Stadtgestalt Leonberg, Leonberg 1973

Veil, J.: Der Städtebauliche Rahmenplan, in: Stadtbauwelt 1972/37

Waterhouse, A.: Die Reaktion der Bewohner auf die äußere Veränderung der Städte, Berlin 1972

Wessel, G., Zeuchner, G.: Zur städtebaulichen Gestaltung von Wohngebieten. In: Deutsche Architektur 1974/23

Whittick, A.: Aestetics of Urban Design, in: Journal of the Town Planning Institute, 1970/8

2. 城市意象层面的规划工作 [1]
Planung auf der Stadtbildebene

卧城、大学城、工业城或者疗养城，这是今天一些城市的形象名片。这些称谓就像一个人的名声一样，如果不能落实到具体可触的决策之上，亦将丧失意义。一家之主决定迁向斯图加特或是慕尼黑，一位老师决意前往沃尔姆或康斯坦茨，一名官员行将在吕贝克、基尔或者弗伦堡度过下一个十年，一位企业主选定在雷根斯堡、纽伦堡或维尔茨堡开设分厂，这些都可与城市意象有关。城市意象对于制造业和服务业来说是一个区位要素，其对城市吸引力也有影响。如果城市居民没法指认出所在城市的城市意象，那么他肯定对地方事务漠不关心，而且将是潜在的迁出者。城市意象也可影响城市的对外辐射范围及营收。市民对城市的满意度亦与此相关，这涉及他们对城市的期待得到了多大的满足。如果一个城市想得到来自州和联邦的优惠政策，想让更多在艺术科学和经济方面有所专长的市民迁入，想在城市辖地内举办跨区域的活动和会议，或想获得更多的旅游者，搞活旅游经济，并且留住现有的工业和企业，那么积极的城市意象将为其所必需 [2]。是否只有当城市试图实现强劲增长的情况下，城市意象才富有意义呢？倘若随着价值取向的改变，以及在外部条件影响下，追求增长的思路被终结了，又将如何？即便如此，城市意象也将是影响个人、企业、协会、地方和国家行政机构决策的重要因子。此外，城市发展并不只意味着增长，衰退也可以是健康的。对城市意象的现状和目标加以持续比较是必要的，进一步的调控也是城市发展的必要前提。

城市意象的定义
Definition des Stadtimages

什么是城市意象？城市的声誉、居民和访客持有的印象，是城市的镜子，是不可见的现实，抑或是具体的事实？对于城市意象的定义，如同其在城市战略规划中的作用一样，多种多样。按照布罗克豪斯（Brockhaus）的说法，"意象不只是视觉的外显意象，其为针对特定主体或客体形成的，有意识和无意识的感觉、评价和观点的综合"。里格尔（H.C.Riegel）[3] 则将其定义精炼如下：

---

1 本译著中，Stadtbild 与 Stadtimage 两词均译为"城市意象"，这与凯文·林奇原著德语译名匹配，但 Stadtbildplanung 作为德国城市规划界 20 世纪 80 年代之后针对整体城区（常常是历史文化片区），围绕城市风貌塑造的一种特殊的规划类型，译为城市景观规划。——译注

2 参见：R Antonoff. Wie verkauft man seine Stadt. Düsseldorf, 1971.

3 参见：H C Rieger. Begriff und Logik der Planung. Wiesbaden, 1972.

"意象是一个个体对其自身或周围环境的认识、知识、信念、推测和希望的总和，是反映了个体价值观和评价标准、功能期望和偏好的复杂综合体。其在特定时间点上的状态与个体接收到的信息之间存在函数关系。"

具体到城市意象，费里西塔斯·伦佐－罗梅斯（Felicitas Lenz-Romeiss）[1]表述如下：

"……在城市居民意识中，关于城市的结构化和符号化的初始观念，是对其现有的经济、社会结构及城市物理结构的符号化再现。"

对体现了城市吸引力的城市意象，R. 马肯森（R.Mackensen）[2]则理解如下：

"一个城市学措辞，指城市居民对其所在城市总体生活条件的反应。"

尽管这里所选取的定义相互间没有原则上的矛盾，但目前为止还没有一个普遍统一的定义，后文将择取约阿希姆·弗兰克[3]的定义，将意象理解如下：

"意象是主体在感知（Wahrnehmung）和设想一个对象时，形成的各种模糊心理成分的总和。"

按照约阿希姆·弗兰克的理解，心理成分包含了感觉、回忆、即时设想、思考内容、期望和行动意愿。这里对城市意象来说，"意象"一词是指一种"集体持有的印象观念"[4]，其等同于众个体持有的印象观念中互相叠合的部分[5]。

2.1 城市意象的不同维度
Aspekte des Stadtimages

城市意象的空间维度
Räumliche Aspekte

城市意象涵盖不同的层面：从城市所对应的整体意象，到作为整体意象一部份的次级意象，再到区域意象，这一层级关系应在问卷调查、分析和规划中加以体现。通过慕尼黑的城市意象定位，我们可以看到这种层级结构：整体意象是"来自心灵的世界都市"，次级意象一方面是"年轻的""面向世界开放的""明快的""宽容的"慕尼黑，另一方面则是"舒适""宜居""传

---

1 参见：F Lenz-Romeiss. Image und Erscheinungsbild - die neue Masche. Baumeister, 1971(3).
2 参见：R Mackensen. Attraktivität der Großstadt - ein Sozialindikator. Analysen und Prognosen, 1971(7).
3 参见：J Franke, K Hoffmann. Allgemeine Strukturkomponenten des Images von Siedlungsgebieten. Vervielfältigtes Typoskript, Nürnberg, 1973.
4 见前文 J. Franke, K. Hoffmann 的著作。
5 见本书第一部分内容。

统""民俗"以及"高贵""华丽""艺术"的慕尼黑。此外，还是"注重休闲生活"，"充满绿色景观"以及"与自然为邻"的慕尼黑。相应的区域意象，比如慕尼黑市施瓦宾格区的意象，则应该结合入整体的城市意象[1]。如果不计较其中的广告心理学成分，以及规划师不太纯粹的意图及对城市意象的消费现象，这个例子尚算是一个顾及了各方面的范例。

城市意象的结构维度
Struktureller Aspekte

城市意象由不同的次级意象组成，疗养城市、工业城市、大学城市这些概念正可算作此列。一般而言城市的整体意象是由不同的次级意象组合而成。[2]

比如斯图加特的城市意象无疑是工业城市，戴姆勒·奔驰、博世、IBM、保时捷或是柯达这些企业成就了这一名声，同时斯图加特也拥有出版业之城的名声。而长久以来，斯图加特约翰·克兰科的芭蕾舞团在世界范围内传播开了其作为剧院与艺术之城的名声。对规划师和建筑师来说，斯图加特则又与历史上的斯图加特学派紧紧相连。城市和建筑元素也构成了城市意象的一部分，对罗滕堡（Rothenburg）和威尼斯来说，这几乎等同于城市的整体意象[3]。影响这一层面的因素包括立面分区和建筑色彩等建筑元素，历史文物和保护建筑以及新建的地标建筑，林荫大道——如巴黎的香榭丽大街、柏林的选帝侯大街（Kurfürstendamm），教堂——如巴黎圣母院、柏林的威廉皇帝纪念教堂、慕尼黑圣母教堂，特定的区域——如汉堡的圣保利区（Sankt Pauli）、慕尼黑的施瓦宾格区（Schwabing）或者巴黎的蒙马特地带[4]，特定的活动——如汉堡的鱼市、巴黎的二手市场、慕尼黑的啤酒节，特定的地貌特征——如斯图加特、因斯布鲁克或阿姆斯特丹，以及城市某些结构要素的特点——如狭窄、开阔等类似特征。城市意象处于不断的变化当中，某类工业的衰落可能会影响城市经济层面的意象，而某乐团或芭蕾舞团的人事变动可能会使城市丧失艺术和剧院之城的名声。

---

1 见前文 F. Lenz-Romeiss 的著作。
2 参见：K Zimmermann. Image-Konzept und Stadtentwicklungsplanung. Archiv für Kommunalwissenschaften, 1972(XI).
3 罗滕堡（Rothenburg），位于德国巴伐利亚州高原上，俯瞰陶伯河。德国"浪漫之路"和"古堡之路"交汇于此。城内房子屋顶大多暗红色，故德文名意为"红色城堡"，也是德国所有城市中，保存中古世纪古城风貌最完整的地区，城市设计风格极其鲜明。——译注
4 汉堡的圣保利区（Sankt Pauli）是汉堡渔民海员历史上的聚集区，既有著名的红灯区，也有戏剧、休闲、娱乐的复合文化活力。慕尼黑的施瓦宾格区（Schwabing）曾经是大学生与艺术家的聚集区，波西米亚风格强烈。——译注

城市意象的时间维度
Zeitaspekt des Images

意象不只是一种固存的状态 [1]，其和环境及人相关，也因具体对象而变化。此外，按照林奇的说法 [2]，城市意象应包含过去、当下和未来三个方面，对不同的城市来说各有侧重。今天，尽管汉堡拥有丰富的历史，我们仍可将汉堡置于当下层面，将柏林置于未来层面，而慕尼黑则可同时呈现其夺目的过去、当下和未来。针对在某一时间层面上有显著特点的城市，在城市意象规划和城市战略规划中应有所侧重。城市意象中的时间层面迄今为止研究较少，此处只能略加勾勒。因城市意象对居民和来访者的活动起到了指南和引领的作用 [3]，即便其有所变化，也应有一定的固有成分，并须包含过去、当下和未来的层面。

从现状意象到理想意象
Vom Ist-Image zum Soll-Image

关于城市意象的著作繁多，此处仅提及鲍定和约·弗兰克的工作。鲍定给出了十个意象层面，从空间层面一直到展示层面 [4]。而原则上约·弗兰克则将意象看作由客体、特征（Charakter）以及事实决定的，针对现实的跨主体心理描绘 [5]。通过城市建设，可对客体以及事态层面施加影响，同样地，也可对各次级城市意象发挥影响。城市意象作为个体在日常决策行为中的一种观念性印象，是可被影响的。即便城市意象分析和规划的发展尚处襁褓之中，但已有众多卓越著作问世，据此可对城市战略规划中的城市意象规划拟定一个操作性的提纲。

对现状城市意象的调查
Erhebung des Ist-Image

城市意象规划的第一步是对现状城市意象的调查，这意味着在规划区内，对居民及来访者针对城市意象的认识加以了解。这里城市意象有两个方面须加以特殊阐明：自有意象——通过对具有代表性的当地居民进行抽样调查获得；外在意象——通过对城市外不同范围内居民的抽样调查获得 [6]。针对大

---

1 参见：J Franke. Ein Versuch zur wissenschaftlichen Fundierung der Stadtgestaltung. Aufgaben und Methoden der Stadtgestaltung. Stuttgart, 1974.

2 见：K Lynch. What time is this place? Boston, 1972.

3 见：H L Zankl, Image und Wirklichkeit. Osnabrück, 1971.

4 见：K E Boulding. The Image. Ann Arbor, 1956.

5 见：J Franke，同书。

6 见：K Ganser. Image als entwicklungsbestimmendes Steuerungsinstrument. Stadtbauwelt, 1970(26).

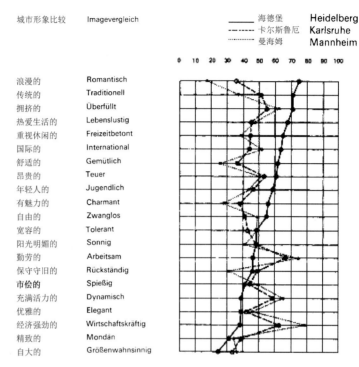

城市形象比较	Imagevergleich	海德堡 Heidelberg
		卡尔斯鲁厄 Karlsruhe
		曼海姆 Mannheim

浪漫的	Romantisch
传统的	Traditionell
拥挤的	Überfüllt
热爱生活的	Lebenslustig
重视休闲的	Freizeitbetont
国际的	International
舒适的	Gemütlich
昂贵的	Teuer
年轻人的	Jugendlich
有魅力的	Charmant
自由的	Zwanglos
宽容的	Tolerant
阳光明媚的	Sonnig
勤劳的	Arbeitsam
保守守旧的	Rückständig
市侩的	Spießig
充满活力的	Dynamisch
优雅的	Elegant
经济强劲的	Wirtschaftskräftig
精致的	Mondän
自大的	Größenwahnsinnig

图 18　针对较海德堡、卡尔斯鲁厄和曼海姆市的城市意象比较（引自工学硕士 Baake 的海德堡城市更新方案）

图片来源：Stadterneuerung Heidelberg; Vertiefungsarbeit an den Fachbereichen 2 und 14 der Universität Stuttgart (Verf.: Baake u. a.)

城市这样的调查对象，现状意象分析应该建立在对各个区域进行调查的基础之上，并对其加以分析提炼。此外针对每个城市区域，应该对自有和外在意象分别加以调查然后将其叠加。

　　当前人们可利用问卷调查、联想测验和访谈的办法来获取城市意象的现状。目前为止多采用问卷调查的方法，问卷问题则不尽相同，其详细内容也各有差异。我们可以把城市声誉、体验价值、教育、医疗、购物、住宅条件、收入水平、友好度和交通[1] 都列为影响城市意象的因子。R. 马肯森对这些城市意象因子进行了研究和提炼，并且以柏林为例进行了考察[2]。K. 盖森则利用相同的因子，对新迁入的慕尼黑居民进行了问卷调查[3]。如 K. 盖森在慕尼黑、法兰克福和汉诺威间进行的城市意象比较工作，按照城市的性格特征对

---

1 见 R. Antonoff，同书。
2 见 R. Mackensen，同书。
3 见 K. Ganser，同书。

城市进行了分类评价，如重视休闲的、保守守旧的、热爱生活的、热情的、富有魅力的、精致的、市侩的，等等 [1]。另如约·弗兰克的住宅区质量调查，通过调查问卷完成了精炼的城市意象分析。问卷由多组对立的特征组成，如疏散 / 密集，丑陋 / 漂亮，单调 / 多样，精心维护的 / 年久失修的，灰暗的 / 多彩的，荒凉的 / 吸引人的 [2]。

以上对问卷的问题形式进行了简略勾画，从大城市的友好度一直到住区的维护状况调查，都可依此法进行调查。而对于城市意象规划来说，重要的是第一步应对整个城市及其局部现状意象分别加以调查。此外，调查也应该至少包含前面提及的自有和外在意象这两个维度的内容。

理想城市意象的规划
Planung des Soll-Images

对现状城市意象的调查和评估构成了城市意象规划的基础，这也是城市发展目标的出发点。理想的城市意象无非是指所期望的城市发展方向。如果根据现状调查和评估，现状城市意象中的某个方面必须加以改善，那么在理想意象中理应含有相应的目标，如塑造多样化的、吸引人的、富有活力的公共空间。而这又必须落实在城市战略规划及规划实施中，这样理想城市意象方可在未来成为现实的城市意象。理想意象建立在对现状调查结果进行解释和评估的基础之上，在分析解释城市现状时，应尝试对客体层面的影响因子加以分析，比如找出影响城市意象好坏的客观因素。现状评估则与目标预设和价值观（Wertvorstellung）紧密相连，评估结果会依目标的变化而不同：比如在某地的初步现状分析中，当地较低的经济实力和动力可被评估为消极的，但这也意味着经济活动对老城影响较少，那么对维护历史风貌来说又可是积极的。现状城市意象的评估构成了规划理想城市意象的基础。

对重要的城市特征加以有意识的规划，可以改变居民和来访者意识中的现存意象，而改变的前提是人们必须获悉这一变化。理想城市意象可为城市战略规划提供一个理想愿景，据此可以制定具体的城市发展措施，如针对城市环境、投资政策、休闲娱乐设施等方面的措施。通过这些措施的施行以及对居民和来访者的宣传，可使城市战略规划所拟定的理想城市意象成为现实。城市理想意象在这里是城市战略规划的一个辅助工具 [3]。地方拟定的各式理想城市意象应具有吸引力和活力、明晰的结构以及可行性；反之，倘若一个城市意象表现出僵硬、一成不变、繁琐和不可行

---

1 见 K. Ganser，同书。

2 见： J Franke. Wie wirken Wohnsiedlungen? Umschau, 1973(21).

3 见： K J Krause. Imageanalyse in der Stadtentwicklungsplanung, Vervielfältigtes Typoskript。

的特征，那么这将是不当的。雷根斯堡和威尼斯的城市意象或可算作此列 [1]。这里必须注意，城市意象应当建立在城市自有的客观性质之上，其虽不是固存的，但长期看来也不会被完全改变，其应让人振奋且符合实际。对于城市意象的质量评估来说，重要的规划参数包括与城市的关联度（Stadtbezogenheit）、独特性、稳定性（Beständigkeit）、灵活性 (Wandlungsfähigkeit)、客观性 (Sachlichkeit) 等 [2]。目前，独特的个性成为城市意象规划的目标。就像每个人都有自己的相貌，以及时下兴起的强调个性拒斥统一的潮流一样，建筑领域的一时风尚也不应将城市原有的个性遮盖掉。一个城市只有在自有和外在城市意象中，保留了可被感知的自有特征和场所精神，才可获得独特性。像伦敦、巴黎、莫斯科、北京这些大城市正是通过自身特征获得了独一无二的城市意象。对城市意象来说，首要标准是，其在多大程度上以及以何种方式，能完全或部分地与其他城市加以区分 [3]。在城市意象和城市发展之间存在一种新的相互关系，城市战略规划应该符合被认可的城市理想意象，而且理想城市意象应该与城市发展的目标相一致，并且成为城市个性的表达——只有这样它才是一个严肃的城市意象。在这一意义上，城市意象应和城市战略规划中的各项目标形成良好的联系。

可信和不可信的城市意象
Seriöses und unseriöses Stadtimage

在现状分析和规划中不应只考虑积极因子，也应该考虑消极因子。城市意象规划作为城市战略规划的一部分，不应为居民和访客提供一个迷惑性的、扭曲或错误的图景，而应澄清这一城市时下有什么优劣势，以及明天将拥有什么。理想的城市从不存在，人们也无需捏造；即便是最好的城市也有优势与劣势，需在城市意象中对此加以表达。只有城市明确了自身的真实意象和优劣势，并且他人也加以认可，城市意象方不至沦为一种地方政府的广告手段——这其中自然也应包含十年内城市的可能劣势。今天诸多政府要员都忘记了一点，尽管当下城市呈现出纷繁样貌，但城市终究不是企业，而是公共利益的代表。惟有当城市意象能够对人们有所引导，帮助其判断自身的位置、价值和行动时，才能引导个体决策。而前提是城市意象必须足够切实，这样方不致沦为有意识或无意识的误导工具。总是存在一些城市，试图通过广告的方式来改变城市意象。只是考虑"如何兜

---

1 见：C Norberg-Schulz. Existence, Space and Architecture. New York, 1971.
2 见 K. Lynch，同书。
3 见 R. Antonoff，同书。

售一座城市"[1]，这无疑是危险的。诸如"世界之友"或"来自心灵的世界都市"之类的城市口号在日益紧迫的空气污染、交通拥堵以及日渐淹没的城市个性面前不只是一个谎言，也将误及自身。一个城市的吸引力惟有通过切实的措施方可改变，一个有意义的意象规划须跟城市发展措施紧密关联[2]。此外也应注意：只有在给相关者带来全新认识的情况下，城市意象的现状调查和分析才具有意义；而反面情况则是，城市意象分析没有带来新的内容，只是重复相关者意识或潜意识中的已有观念，对其加以循环确认，继而堂而皇之成为影响决策的材料。

2.2 城市设计的目标
Ziele der Stadtgestaltung

今日城市规划已达致这样一种境况，技术性和功能性的问题成为规划的出发点[3]，而且往往仅止于此。这无疑令人失望，因为这样就忽略了一个日益显著的深层问题，亦即城市居民的精神需求无法得到满足。目前只在个别项目中才能见到这方面的努力，试图给未来的居民提供有吸引力的场所，如美国雷斯顿的幸福绿洲项目（Wohlstandsoasen in Reston），巴黎周边为专家们修建的帕尔利区（Parly II），或者法国南部的格里莫港渡假区（Port la Grimaud）。为何只有这些项目才可看到精神层面的努力呢？仅仅是基于经济利益的驱动吗？即便是漫不经心的旁观者也无法对此无动于衷，而相关者则更应对此加以警醒。这无疑也凸显了相关者的价值观问题。

城市设计和城市发展目标
Stadtgestaltung und Stadtentwicklungsziele

地方政府在城市战略规划中确立了与发展相关的诸多决定，在不同的发展方向中选取一个愿景，相关决策也由此而生。发展战略规划中的城市发展目标是政策性的目标，由社会持有的价值理念决定。这些目标建立在社会价值的基础上，并将成为政府工作的决策基础，在很大程度上影响城市的命运。城市发展目标体现了城市的政策和计划，并且影响到投资计划、经济促进措施以及社会性措施，当然也对法定规划产生影响。它是地方政府为未来城市发展所确立的目标预设，也是城市发展工作纲要、专项规划以及传统意义上

---

1 M Schneider, T Sieverts. Zur Theorie der Stadtgestalt. Stadtbauwelt, 1970(26).

2 H Becker, D Keim. Wahrnehmung in der städtischen Umwelt. Berlin, 1972.

3 A Mander, Gestaltung. Dekor und Kunst in der Straße. Deutsche Bauzeitung, 1972(1).

图 19 只有上层社会的住区才呈现出吸引力么?
图片来源: N. Daldrop 摄，斯图加特

城市规划的基础。在城市战略规划及城市规划中，城市设计的任务是满足人们对城市环境的非物质性需求，在考虑经济、法律、社会、交通以及政治的同时也实现这一诉求。相较于经济、交通、住宅、教育、社会、医疗领域的目标，城市设计的目标也应得到同等对待。**这意味着城市设计应以一种跨学科的方式和重要的分支学科合作，根据人们对环境的期待、愿望和行为方式，来澄清相应的要求，并通过城市设计的手段来实现——也就是将人们对城市环境的要求转化为具体的城市设计目标。**

城市设计的价值观和目标预设
Wert- und Zielvorstellung der Stadtgestaltung

城市设计是城市规划的一部分，规划无非意味着确定目标、制定措施和引导措施的实施，所以目标预设是规划不可或缺的部分，其确立了行动目标[1]。目标预设意味着对不同的发展方向加以评估取舍。城市设计遵循特定的价值，需要满足人们对城市环境的期待，或可能的期待。如果这些价值成了集体价值，也就是跨主体的共有价值，就可成为城市设计的目标预设。价值观在这里被理解为一个或多个主体对特定对象相关特性的需求，在这里就是指对城市空间的需求。在这个意义上，城市设计的价值观包含了所有可通过城市设计来满足的需求，比如人们需要从环境获得的新鲜刺激。价值观决定了一个或多个主体对现存环境的反应及其对环境的期待，比如

---

1 城市规划中的目标预设。参照: P Dietze. Die Bewertung von Alternativen im Prozess der städtebaulichen Planungs. Stuttgart, 1970.

一个拥有较强美学或宗教偏好的个体一般更倾向于传统的城市环境，而有较弱美学和宗教倾向的个体对环境的态度则是开放的[1]。人对环境的价值观是通过持续的交互过程而形成和改变的；这个交互关系由环境的文化、社会、功能和空间结构以及个体的心理特质（Psychische Eigenarten）所决定。多个个体所共有的精神特质可称为集体心理特质（gruppenpsychische Eigenarten）。在一个特定城市区域内，可针对居民抽取出具有代表性的样本，通过样本可引申出这个群体的特定需求，而这些需求就可被转为城市设计的目标预设。

令人瞩目的是，目前已有人开始利用一种多维度、多方参与的方法来确立城市设计的科学目标。如果城市设计想为影响城市形态的各个决策提供一种理性依据，那么这种多维度调查方式的应用和推广自应是其任务之一。毫无疑问，规划目标应符合人们的需求，但这些需求尚不够明确。目前已有一些评估和设计方法，可用来发展符合需要的环境。通过这些方法可以探明跨主体的规划目标，满足城市居民的社会和精神需求。但是今天仍然只有少量的标准可被明确为城市设计的目标；而关于 20 世纪 70 年代城市设计目标的研究也反映了当代城市规划的阿喀琉斯之踵[2]。如果我们需要让诸如活力、多样性、创意和形式特性这些要求落实在具体的形态原则和细部设计导则中，那么针对这些要求，我们却缺少理性和经验上的依据，难以明证其有效性[3]。作为城市设计的目标预设，人们可以把多样的、舒适的、清晰的、富有象征意味和符合发展需要的城市景观作为目标，然后人们也自然会追问应为噪声设立什么样的标准，什么情况下两条街道空间可算作面貌重复，以及何处的重要公共信息是难以辨认的[4]。

应用和推广这种多维度的方法在今天是城市设计最重要的任务之一。为了营造富有吸引力的城市环境，城市居民提出的一系列要求或者期望都可算城市设计的目标。这其中可包括导向性，也包含家园感（Heimatgefühl）、认同感（Sich-zu-Hause-Fühlen），反之则是陌生感（Sich-in-der-Fremde-Fühlen）。同样也包括促进人们之间的沟通交往，保留建筑风格的连续性，

---

1 "……如果某人价值观中较少经济、政治和理论方面的偏好，而较多存在美学和宗教方面的价值，那么在环境方面，价值观的所有者往往倾向于一种保守的态度。相反地，如果其有较多的经济、政治和理论上的价值偏好，而较少美学和宗教方面的兴趣，则意味着其拥有较前卫的视角，可以接受甚至欢迎持续的环境变化。"引自： A Waterhouse. Dominant Values and Urban Planning Policy. Journal of the Town Planning Institute, 1971, 1(57).

2 "在设计住宅建筑和住宅区的过程中缺少比例方面的形态原则考虑，至少我们没有被大多数专业人员所认同的形态原则。"引自：P Breitling. Die Stadt verbalisiert. Baumeister, 1970(7).

3 "能够列举出的城市设计标准仍然非常薄弱和模糊。"（K. Lynch, City Design and City Appearence, Principles and Practice of Urban Planning, Washington 1968）

4 K. Lynch, 如上。

提升建成环境吸引力 (Attraktivität)、空间的展示性（Repräsentativität），以及通过美学上的努力满足人们的相关要求——这些标准是可随时间推移而改变的 [1]。以下对部分普遍目标加以详述 [2]。

——导向性的必要性

Notwendigkeit der Orientierung

对城市设计来说，导向性保证了人在城市中能够有目的地行进，确定自身的位置以及前进的方向。导向性的强弱可以影响人们在城市中的安全感。与之相关的元素不只包括路标和门牌号，还包括广场及街道的尺度、形式、色彩，以及诸如门把手、树阵和教堂塔尖之类的特殊元素。或多或少地，城市环境是人精神上的安全感或不安全感的来源之一。对行人来说，便于定向的环境会给其意识带来安全的感觉，而丧失方向感则会唤起人们的恐慌感。关于定向，可将其表述如下：

"在外部世界呈现给个体心理的表象图景中，个体对周围环境加以构想的策略性工具，以完成找寻路径的过程。" [3]

举例而言，如果考察一下，当人们在城市中找寻某个商店时，首先想到的不是街道名称，而会在意识中建立一个路径序列。序列（Sequenz）主要由一系列图像化的印象组成。他会设想正在某街上行驶：街道动态体验、功能特点以及记忆中的意义都会被——唤醒，"一直到有着广告柱的拐角，然后往左拐，见到黄色的警察局建筑等"。人们会回忆起之前形成的功能、意义和动态体验的关联系统，从这其中构建他的行动路径——"我该如何到那里？" [4] 我们今天所拥有的坐标、门牌以及道路名称系统在这里并不是充分的，虽然在第一次寻址过程中其可能是重要的。在一个空间互动系统内，主体有目的运动的前提是其感知到一系列单体对象的特征，并通过心智对其加以联系构成整体。个体在这一关联系统中活动，只要最初建立的关联没有被遗忘，就可通过不断的经验修正和拓展来实现学习和更新。城市设计的目标之一就是为这种定向行为和环境的导向性创造条件。

——家园感的意义

Sinn der Heimat

营造和保护家园感是城市设计的重要目标之一，这意味着在城市设计中只要有可能，就要为个体创建独具精神特性的环境。人和街道及街区之间会持

---

1 这里只简单罗列了一些城市设计目标，其他类似可能的目标可见会议报告：Ziele der Stadtge-staltung, Städtebauliches Institut der Universität Stuttgart, Stuttgart 1973.

2 M Trieb. Ziele der Stadtgestaltung. Stadtbauwelt, 1972(35).

3 见：K Lynch. Das Bild der Stadt. Berlin, 1965.

4 大城市中的导向问题研究可参见：J Pailhous. La Representation de l'Espace Urbain. Paris, 1970.

续形成一种情感上的联系，即便这种联系有时候是无意识的。而根据人和环境关系的不同，这种联系可为负面或正面的。个体能否与街区建立情感上的联系也与建设措施有关联，至少和动态城市设计和城市功能密不可分。这里城市设计的目标是通过环境功能及动态体验，让个体和环境建立一种情感上的关系，这种情感关系可被称为"家园感"[1]。社会心理学对此提出了以下要求：

"人们应当在环境中为想象保有一席之地，这对于人与建成环境间建立情感上的互动联系来说是必要的。"[2]

外部的现实世界应对人们的想象世界有所回应，这对精神上的平衡至为关键。为想象提供空间这一要求不只是心理学意义上的，也是城市活动的一个前提。换言之：

"如果城市的建成环境是适宜的，符合人们心灵想象的需要，那么就有可能对个体的活力和效率产生推动力。"

而一个灰暗单调的环境则会让个体陷入一种防御的姿态：

"一条由单调重复的建筑组成的冗长街道不会是一个适宜的景观，毋宁说其通过让人哈欠连连的单调给体验者带来了冰冷、匿名、拒绝和迷惑的无场所感。"

对环境的感知可在意识中形成一种无法消除的印象，这使得环境感知的重要性得以凸显。通过感觉器官，环境会对人们意识中形成的印象链条发生影响。在人和环境之间建立情感联系意味着一种个人性关联的构建；这种关联至少从环境方面来说应是可能的，但也对其提出了一系列的要求。在精神层面上，情感性的交互关系是个体对环境加以识别的前提，其可能是积极的也可能是消极的。城市设计的目标就是为这种交互关系建立必要的前提，促成一种"家园的感觉"。

——对兴奋感的需求
Bedürfnis nach Anregung

有意识或无意识地，行人会通过其接受到的刺激、新鲜感以及信息量来评价其所在的街道环境，特别是当他反复穿过某条街道的时候。这一评判尺度符合人的基本需求，也就是期望在环境中始终获得一些新鲜感受。如果缺少了这点，那么傍晚时分的散步及日常环境的体验都将是单调无味的。新近研究表明，一个感知者的兴趣只发生于特定的刺激场所中。这一场所中的一部分应让感知者感到熟悉，另一部分需要让其感到新鲜。如果缺失了新奇的部分，那么兴趣也将不复存在；兴趣偏好陌生和需要学习的东西。只有在理解环境的过程中付出一定的努力且感受到紧张感，观察者才会表

1 参见：F Lenz-Romeiss. Die Stadt-Heimat oder Durchgangsstation. München, 1970.
2 见：H Berndt, A Lorenzer, K Horn. Architektur als Ideologie. Frankfurt a. M., 1968.

现出持续的兴趣和超出以往的感知力度 [1]。这也就意味着，**环境应该在最低限度上具备新奇感 (Neuartigkeit)、差异性 (Verschiedenheit)、不确定性 (Unsicherheit)、矛盾性 (Widersprüchlichkeit)、意外感 (Unerwartetheit)、多样性 (Mannigfaltigkeit) 或不可预见性 (Unvorhersehbarkeit)，亦即满足一定的复杂性 (Komplexität)。环境的复杂性建立在多样性 (Velfältikeit) 和多义性 (Vieldeutigkeit) 之上；这二者并非意味着单纯的刺激，而更多意味着不同的心理状态及其更替** [2]。故而人们可通过对多样性和多义性的操作来实现复杂性的建立。意即需要去营造这样的环境：在其中人们会形成一种先行的期望，而后又会发现一些与期望不同的东西 [3]。应注意的是，在最初能给人们带来新鲜感的环境，在多次重复经历之后，也会让人索然无趣。所以**一个环境应不断改变自身以保持观察者兴趣，或应该通过营造一种多维度的复杂性来激发个体不断去寻找新的经验和意义** [4]。个体不断深入探索和扩展其经验的前提是被感知的环境应拥有充分的复杂性，此外其应在最低限度上有所变化。

——美学的意义

Bedeutung der Schönheit

难道城市环境中的形式不应为美学体验提供可能吗？今日这却不再是必需，很多城市忽略了部分街道的丑陋面貌，试图对这一荒诞局面闭目塞聪 [5]。在一段时期内，伦敦、巴黎甚或法兰克福和一些迷人的德国小城都展现出对高层建筑的狂热，即便这一热衷尚欠斟酌。而在可嘉的发展热情下，目的明确的商人和毫无己见的规划师也结成了新式联盟。在牺牲了美学要求的基础上，这些城市快速获得了大量人口。通常是在此之后，政府管理者才开始逐渐意识到城市空间的价值：即便是美学方面的要求，也以明确的政策标准对其加以规定。不只美学家会宣称环境之美会对精神状态产生决定性影响，即便保守如企业主也了解工作效率和工作场所的美感有所关联。城市（形态）美学不只涉及外部环境，也涉及色彩的心理效应、建筑立面材料的热工性能，

---

1 A Rapoport, R Kantor. Komplexitat und Ambivalenz in der Umweltgestaltung. Stadtbauwelt, 1970(26).

2 "我们经常可以注意到，我们很少会对一成不变的刺激作出反应，而是会对刺激的变化和差异作出反应。" [A. Rapoport; R. Hawkes, The Perception of Urban Complexity, The Journal of the American Institute of Planners, 1970(3)]。

3 "复杂性是一个对预期加以违反的功能函数。" 见 A. Rapoport, R. Hawkes, 同书。

4 "无论其最初是多么富有新鲜感，大多数的环境在反复重复经验后都会让人反应迟钝，甚至忽视其存在。或者环境需要不断变化以留住人们的兴趣，或者人需要不断被激励去在具备多维复杂性的环境中感受新的经验层次和意义。" 自：S Carr, K Lynch. Where Learning Happens. Meyerson, The Conscience of City, Daedalus 1968: 1288.

5 参见：C Farenholtz. Happening Stadt, Denkschrift für Johannes Göderitz, 1968.

以及街道广场的声学特性[1]。对于城市美学来说，重要的是那些被普遍接受的标准；在价值美学中，美是一个主观经验；如果多个主体相似且有着类似的感知能力和经验方式，便可将这种共性定义为一种集体的主观性，这种情况下，我们可将美作为一个客体对象加以考察[2]。在特定的集体主观性之下，通过一些反面情况，我们可以验证哪些因素会对城市的美学效果造成影响；对城市天际线来说，各具特色的局部能够和其他部分以及整体呈现出一种美学上的联系的话，那么便可被看作一个美学意义上的整体[3]。而这其中如果出现了干扰因素，往往会引起公众的批评（如巴黎的蒙帕纳斯大楼以及伦敦的高层建筑群[4]）。街道、广场和街道家具所具备的美学附加价值也需得到维护，并被不断更新。这种美学附加价值并非是在自说自话，而是为了满足人们的精神需求[5]。这里是艺术和设计的重要工作领域，通过"街道艺术（Straßenkunst）"，以及街道家具的设计，可帮助城市环境满足人们美学方面的要求。需要注意的是，即便是具有无目的之美的艺术品也应考虑环境要求，这样它才能为街道带来积极作用。街道雕塑带来的艺术效果并不是无条件的，街道环境与艺术品之间应相互配合。同样地，也不是每种设计都能给空间带来持续的积极效果，特别是当街道家具都服从同一形式原则，并导致其丧失了多样性和新鲜感的时候——对于激发想象力来说后两者正是必要的。对于城市中的装饰来说，只要其对城市的美学需要给予具有价值的贡献，那么也可以获得相关的合法性。城市中的装饰性元素，从垃圾桶到建筑立面，如果运用得当，可长久地提升城市的风貌景观质量[6]。此外，还可配合城市的转变过程，使其成为反映时代精神的一面镜子。当城市公共艺术能够配合城市设计的意图，而不只是去弥补城市规划和设计上的错误时，才可成为城市设计中的一个合理手段。

1 世界知名的工程师 F. Leonhardt 强调了美学对我们生活的价值。见：F Leonhardt. Verpflichtung zum Schönen als dringende Bildungsaufgabe. Deutsche Architekten- und Ingenieurzeitschrift, 1971(7 ~ 8).

2 "城市设计和未来城市面貌基础应该是普遍被接受的美学标准。美是主观经验；它是我们针对某客体的赋值，但是，既然我们拥有相同的构造、感知方式以及思维过程，众多的相似点可构成一种集体主观性。"自：A Whittick. Aesthetics of Urban Design. Journal of the Town Planning Institute, 1970(8).

3 "这里的意思是，一个形式构成中的每一个局部在特征上都应该和整体以及其他部分体现出联系，就像在自然形式中那样。" A. Whittick, 前述著作。

4 蒙帕纳斯大厦（Montparnasse）是一座可以鸟瞰巴黎全景的摩天大楼。——译注

5 如今，世界各处又开始重新重视附加性的美学价值。见：A Ikonnikow. Funktion, Form, Gestalt. Architektura SSSR, 1972(2).

6 对此，建筑师和规划师尚认识不足。见：A Portmann. Entläßt die Natur den Menschen. München, 1971: 37.

城市设计目标的实施
Operationalisierung der Stadtgestaltungsziele

　　正如我们在描述城市设计流程[1]时所澄清的，城市设计的目标在整个规划流程中占据关键性的地位。无论其是上级还是下级目标，清晰的还是模糊的，也无论其是有意识或无意识地被应用实施，其都将决定现状的调查分析以及其后规划方案的形式和内容。这也就要求在整个规划流程中，要持续地给出清晰和可行的目标。相应地针对城市设计的不同形式——从战略情境规划研究、系统 / 专项规划到片区规划、项目规划，都须依据规划目标逐步深入细化下去，这样也就引出了城市设计实践中的目标等级系统：它从位于城市意象层面的战略情境规划研究和系统 / 专项规划的上层目标开始，如个性和吸引力，到片区规划层面上的目标，如方向感、认同感、新鲜感、美感，直至项目规划层面，具体分解成系列下级目标，这种逐步推进的目标细化也可嵌入本书第一部分第五章城市设计的理论模型中的价值链条[2]。城市设计的目标系统应根据所研究地区的类型、大小和特殊性加以变化，在某些特殊情况下需重新拟定。同样地，

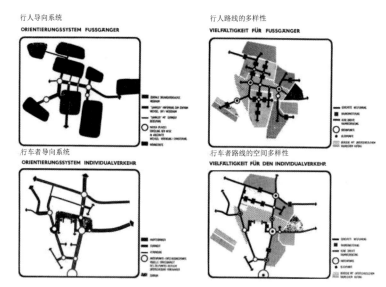

图 20　针对步行和车行交通的多种规划
图片来源：来自斯图加特市祖文豪森区 Zuffenhausen 的城市更新规划方案
作者：Dipl.-Ing. G. Baldauf, U. Grammel, H. Sohn, G. Trucksess, W. Wehlen

---

1 参第二部分第五章。
2 这里仅仅简单地提及通过品质关联链条对目标等级系统进行的细化工作。

也不存在一个标准的目标系统；重要的是针对任何城市景观方面的问题，规划目标都须作为第一步来加以研究。这里必须调查相关者的目标预设和价值观，并且在制定目标体系时加以结合。对于一个大城市来说，无论是针对整个城市或某个区域，或如街道和广场这样的具体对象拟定规划目标，都应既具备良好的可行性又足够具体，以便在规划实践中引出具体的实施措施[1]。

2.3 城市意象的概念
Konzept des Stadtbildes

环境表象的元素建立在表象品质上，利用特定的参数可对其进行描述和评估。当城市设计任务位于城市意象层面时，规划的工作模式应围绕城市意象元素及环境表象品质两者展开。依据不同主体对环境的体验、环境表象的描述及表象品质，可以得出对于多主体有效的客观性城市意象元素，这些元素建立在 "心理生活空间" 这一概念的基础上，并且具备建筑原型意象的地位（archetypischer Vorstellungsbild）。

城市设计的"现象原型"[2]
Urphänomene der Stadtgestaltung

"表象图像"（Vorstellungsbild）首次是在拓扑心理学[3]的框架内被加以研究，发展出了如"路径""区域""边界"等表示联系和隔离的概念，并且点明了这些心理表象对方向指引的重要性[4]。这里将数学中拓扑学的概念运用到心理现象上，并证明了其在形式化人类环境经验方面的作用[5]。在城市设计中，利用拓扑心理学中表象的概念，可以定义和区分出多种元素。正是基于"区域""路径"等表象元素，人们得以在心智中完成对城市格局的认识：利用"区域"以及起到联系、缝合或者隔离作用的"路径"，

---

1 新近出现了城市设计分析过程中的目标和措施等级系统的第一批例子。见：San Francisco Urban Design Plan, Planning Dept., San Francisco 1971; T. Sieverts, M. Trieb, U. Hamann, Der Stuttgarter Westen als Erlebnisraum, Stuttgart 1974。

2 现象原型（Urphänomen）语出约翰·沃尔夫冈·冯·歌德，其认为"理念"只有"下降"，成为可被经验的个别存在物，然后通过现象和直观，才可被认知。而本原现象是最高级的现象，构成了各式现象的原型，由此进一步衍生出各种现象。这一词语本用作歌德的自然科学研究，如色彩和植物研究。后被拓展沿用，如在瓦尔特·本雅明那里也曾被用作文化研究。——译注

3 K Lewin. Grundzüge einer topologischen Psychologie. Bern, 1969.

4 同上。

5 勒温的成就建立在多本著作之上，其中包括：F Hausdorff, Grundzüge einer Mengenlehre, 2, Leipzig 1944; K. Menger, Dimensionstheorie, Leipzig 1928。

完成对城市地图的心理"勾绘"。第一次将这些概念运用到规划问题中的是凯文·林奇，追随其后涌现出了诸多研究，在理论上进行了深化，并在实践中加以运用[1]；这些工作进一步验证了这些心理学方法对城市设计的有效性[2]。即便这一结果不都是由林奇发展而来，并且由此推导出的城市意象元素并非无可争议[3]，"区域""路径""边界"和"节点"这些描述集体心理现象的概念对城市意象的分析和规划仍是有效的。首先一点——这些概念可被看作是无涉价值的。

城市意象元素
Stadtbildelemente

在城市意象的层面，通过跨主体的环境经验，已印证了多种城市意象的原型，其将体验环境分解为几种互相区分的意象元素。

—— "路径"

Wege

指的是城市中某观察者习惯性、偶然性或随机性的行动路线，其属于城市互动系统中的一部分。通过"路径"，居民形成对城市的体验。故而"路径"在跨主体的城市意象中属于核心元素。"路径"有多重等级："高级路径"联系城市各"区域"间主要的功能、动态体验或者意义空间；"主路径"联系了"区域"内的主要元素，"次路径"则在本地区内的主要功能间形成第二层联系网络；"区间路径"则在建筑组团间形成联系。

—— "区域"

Bereiche

观察者会依据城市各部分的特征及差异形成一种心理上的空间区分。在同一"区域"内，城市拥有类似的特征，如地貌、社会结构、用地类别（工业、商业等）、建筑特征（建筑类型、建造年份、建筑材料和高度）、城市

---

1 林奇考察了拓扑心理学对城市规划的意义，并且对此加以印证。对此可参见：K. Lynch, The Image of the City, Cambridge/Mass. 1960; 其他相关著述包括：C. Steinitz, Meaning and the congruence of Urban Form and Activity, Journal of the American Institute of Planners, 34, 1968; Covent Garden Planning Team, Covent Gardens Moving, London 1968; R. Linke, H. Schmidt, G. Wessel, Gestaltung und Umgestaltung einer Stadt, Berlin 1970; T. Sieverts, M. Trieb, U. Hamann, Der Stuttgarter Westen als Erlebnisraum, Stuttgart 1974。美国相关著作的概述可见：M. u. S. Southworth, Environmental Quality in Cities and Regions, Town Planning Review 1973(3)。

2 林奇把"区域""路径""边界"和"节点"以及"地标"列为表象元素和意象元素。前三者来自于拓扑心理学，而"节点"则来自其个人引申。但正如林奇所认为的，"地标"不可看作是和前四者等同的概念。前述元素对观察者都具有导向"地标"的作用。

3 P D Spreiregell. Urban Design: The Architecture of Towns and Cities. New York, 1969.

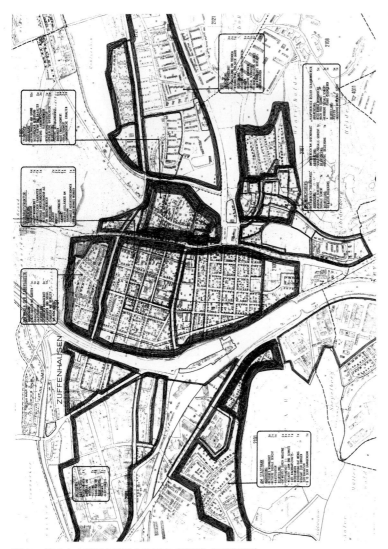

图 21   建立在市民调查基础上的城市"区域"划分和评估
图片来源：斯图加特市 Zuffenhausen 区的城市更新规划方案 作者：Dipl.-Ing. G. Baldauf, U.
Grammel, H. Sohn, G. Trucksess，W. Wehlen

形态的结构特征（密度、建筑布局、景观视野、道路走向、开放空间的比例）
以及公共服务设施的服务范围（如零售业和学校）。如果同一"区域"内的
各部分又各具特征，且在用地类别和密度、动态体验、意义方面有所区分，
则可将这一"区域"再细分为诸多"子区域（Unterbereiche）"[1]。

---

1 K. Lynch, Das Bild der Stadt; C. Steinitz, Meaning and Congruence of Urban Form and Activity，前述
  著作。

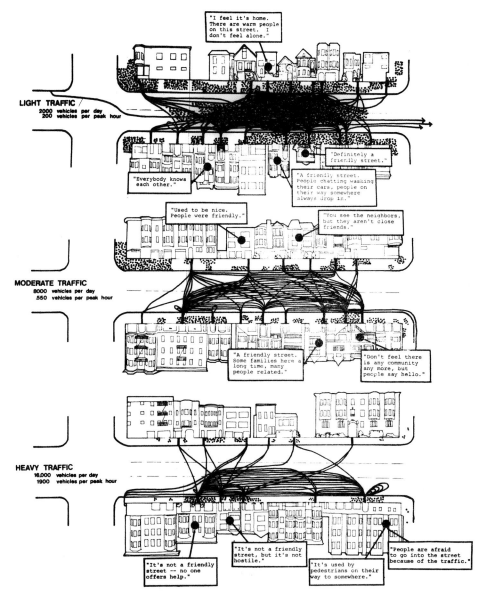

图 22 从联系到隔离：随着交通流量的增加，邻里间交往的频率和环境品质都在下降
图片来源：D. Appleyard, Street Livability Study, San Francisco

—— "节点"

Brennpunkte

　　节点处于城市中战略性的位置，是城市互动系统的终始之地，也是"路径"的交汇处，以及如功能、动态体验和意义等特征元素高度集中的地方。在城市意象层面，亦即精神上的环境体验（die mentale Umwelterfahrung）中，"节点"是点状的。在静态城市设计层面，其可为引人瞩目之广场和街道，又或为一小片街区。也可根据其重要性对节点加以分级，如依据节点的作用范围、功能和意义区分主次。

—— "边界"

Grenzlinien

"边界"是观察者在心智中用来划分不同"区域"的线形元素。一条划分线既可能是联系两个"区域"间的元素（"叠合""缝合""联系"），也可能是隔离性的（"阻隔""分割"）。如果一条"边界"起到的是隔离性的作用，那么其应该是连续的；如果一条"边界"起到的是联系作用，那么其应该容许两个"区域"间在视觉和活动上的渗透和咬合。

城市意象元素的叠合
Überlagerung der Stadtbildelemente

前述城市意象元素在现实中并不是互相分离的，而是相互叠合、渗透或同为一体。不同等级的"区域"可以互相叠合，或互为上下级；同样地，高、中、低级的节点以及主次"路径"间也可以互相重合。故而，一个准确的城市意象分析和规划不应只是表现意象元素间的等级关系，还应该有意识地表现其间的交互渗透和重叠。

城市意象元素的评估
Bewertung der Stadtbildelemente

在观察者价值观和目标预设的基础上，可对城市意象元素进行评估。在本研究框架内，将城市意象元素的环境特征，如功能类别或者动态体验的连续性等称为表象品质。如前所述，城市同一区域应拥有相同的结构特征，但单纯对特征的描述并不能让我们获悉居民对这一区域的看法。惟有探明了意象元素和元素结构对相关者意识或潜意识的影响，以及对城市居民的期待、愿望、行为方式，以及舒适度、心情和活动的作用，才算是完成了评估工作[1]。

---

1 对意象元素如"路径""边界""区域"和"节点"的评估一方面建立在对居民的问卷调查的基础上，另一方面则建立在专业人员的判断上。作为规划目标的评价标准可为：导向性、新鲜感以及一系列其他评价标准。参见：J. Franke, Zum Erleben der Wohnumgebung, Stadtbauwelt, 1969(4); T. Sieverts, M. Trieb, U. Hamann, 前述著作。

城市意象元素的规划
Planung der Stadtbildelemente

依据评估成果可以制定城市设计的目标，据此可发展出相应区域的城市设计工作纲要，规定各城市意象元素的位置、类型和特性。"区域""路径""边界"等城市意象元素由环境的功能、动态体验以及意义等因素构成，可据此关系对其加以操作。这意味着，可以通过考虑环境功能及动态体验因素的类型和布局来完成城市意象的规划。这样，在城市用地规划的层面就可对"区域""路径"以及"边界"加以结构性设计。从静态城市设计的角度出发，通过考虑功能布局，如住宅区的类型、选址和密度，以及社会结构或日常服务设施的可达性，可对其加以影响。同样地，通过对建筑和城市设计特征加以考虑，也可塑造或改变这些城市意象。原则上，在规划实践中，一方面应在环境功能和意义上，另一方面也应在环境动态体验层面对城市意象元素加以考虑。因为"区域""路径""边界""节点"等城市意象元素是构成市民体验环境的基础，所以这是城市设计流程中最重要的阶段之一。从这一点来说，在规划实践中只要有可能，就应对城市意象元素加以有意识的规划；如果其已经存在，应对每一项变动都加以谨慎的审视。

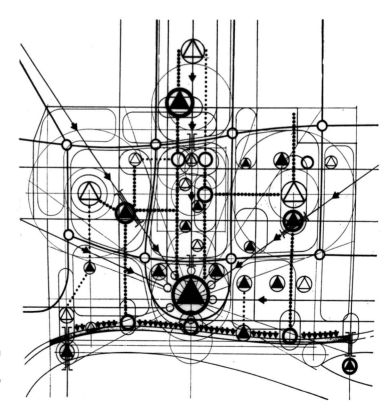

图 23　底特律——规划方案中的"区域""路径"和"节点"
图片来源：Appleyard, Street Livability Study, San Francisco

城市意象的表象品质
Vorstellungsqualitäten

在这一层面，相关联的城市设计目标可包括：促进人与环境之间的情感联系，塑造各层面上的导向性，为观察者创造出一个可持续激发其探索兴趣的环境。满足这些要求需要塑造或提升一系列的表象品质，如识别性、个性、连续性、可读性等 [1]。

——识别性 Identität [2]

识别性这里指使得一个环境成为其自身的特征，其源自城市结构中环境动态体验、意义和功能或活动的互相作用和统一。一个地方的识别性越强，那么其环境特征就越显著，导向性就越好，也越能营造好的交互关系。拥有良好识别性的"区域""路径""节点"等表象元素能够促进认知过程，并可拥有较高的认知度。通过应用符合城市活动和意义的形式语言，能够提升城市意象的识别性。

——个性 Individualität

个性是指城市意象和城市形态元素的清晰可读、不可混淆的特征，例如，易于辨识和回忆的广场、城市空间片段（Raumabschnitte）或完整的空间系统（Raumfolge）。塑造个性的元素原则上不应在他处被完全重复。个性可以通过功能布局或独特的城市动态体验，如独一无二且让人印象深刻的街道空间等获得。

——连续性 Kontinuität

如果一个城市或者城市区域中，在城市意象层面呈现出城市识别性和个性的各环境片断，可在观察者意识中构成一个互相联系的整体系统，那么相应的城市意象就具备了一定的连续性。连续性是将不同环境印象在时间和空间上贯穿成城市意象之网的前提，也是市民之后在意识中进行再定向的基础。连续性并不拒斥未知的、令人意外的城市意象，这里的前提是这些表象是可被纳入统一的整体。在一个持续变化着的城市中，可通过一个简单、清晰可读和可自我调节的结构系统来保证城市意象的连续性。

——方向性 Richtungsqualität

一个空间序列提示行人行进方向的能力称为方向性，其对城市意象来说殊为重要。如果行人在"路径"中可以辨识出前进的目标，那么他就可以良好定向；反之，则存在迷路的危险。

---

1 K. Lynch, Das Bild der Stadt; K. Lynch, The City as Environment, Scientific American, 1965(9);
  P. D. Spreiregen, 前述著作；C. Steinitz, 前述著作；D. Appleyard, Why Buildings Are Known,
  Environment and Behavior, 1969(2)。
2 这里的"识别性"对应德文中的"Identität"，其除了指有助于识别身份的特征，也指使某对象
  成为其自身的性质。

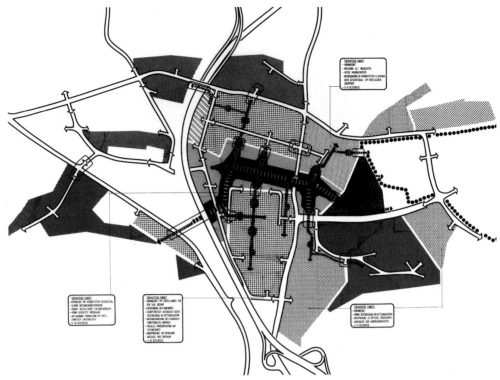

图 24　城市意象规划方案：拥有各式主题的"区域"

图片来源：斯图加特市 Zuffenhausen 区的城市更新规划方案　作者：Dipl.-Ing. G. Baldauf, U. Grammel, H. Sohn, G. Trucksess，W. Wehlen

——关联性 Verknüpfbarkeit

关联性在这里意味着将一组或者一系列的城市形态元素，在心智中形成时间和空间上的关联的可能性。当人们在其所熟悉的标识序列中行进的时候，会对下一步出现的标识有所预期；如果预期的顺序被打断了，有可能表象系统内的关联会被打乱。

——可读性 Ablesbarkeit

可读性指一个意象元素或一个环境具备的，能够在观察者内心唤起特定图像的特性。可读性建立在动态体验特征上，如可记忆性、生动性、成像性、强度、支配性、明晰性等。可读易辨的环境是安全感、导向性以及明确城市意象形成的前提。

这里只提及了城市意象元素诸多表象品质的一部分——这部分表象品质是城市意象元素建构的基础。通过 T. 西韦特关于行人体验方式的研究[1]可以

---

1 T. Sieverts, Stadt-Vorstellungen, Stadtbauwelt, 1966(9); R. Worshett, The Character of Towns, London 1969.

进一步获知这些表象品质具体应用于哪些实存的城市意象元素中。西韦特的
这一研究考查了步行以及自行车这两种穿过城市的方式：如对步行者来说，
一个区域的识别性可建立在气味、活动以及绿色景观等之上；而对自行车的
行驶者来说，则可建立在交通设施、建筑等类似元素上。通过这些体验因子
在某一区域中或多或少的重复，可以形成相应的表象品质。

参考文献

城市形象

Afheldt, H.: Städte im Wettbewerb, in: Stadtbauwelt 70/26
Antonoff, R.: Wie verkauft man seine Stadt? Düsseldorf 1971
Becker, H.; Keim, D.: Wahrnehmung in der städtischen Umwelt, Berlin 1972
Boulding, K. E.: The Image, Ann Arbor 1956
Franke, J.: Ein Versuch zur wissenschaftlichen Fundierung der Stadtgestaltung in:
    Markelin, A., Trieb, M. (Hrsg.): Mensch und Stadtgestalt, Stuttgart 1974
Franke, J.: Wie wirken Wohnsiedlungen? in: Umschau 1973/21
Franke, J.: Ein Versuch zur wissenschaftlichen Grundlagenforschung der Stadtgestaltung,
    in: Mitteilungen der Deutschen Akademie für Städtebau und Landesplanung, München
    1972
Franke, J.; Hoffmann, K.: Allgemeine Strukturkomponenten des Image von Siedlungs-
    gebieten, Institut für Wirtschafts- und Sozialpsychologie, Nürnberg 1973 (vervielfältig-
    tes Manuskript)
Ganser, K.: Image als entwicklungsbestimmendes Steuerungsinstrument, in: Stadtbauwelt
    70/26
Krause, K. J.: Imageanalyse in der Stadtentwicklungsplanung (vervielfältigtes Manuskript
    o.J.)
Lenz-Romeiss, F.: Image und Erscheinungsbild – die neue Masche, in: Baumeister
Lynch, K.: What time is this place? Boston 1972
Mackensen, R.: Attraktivität der Großstadt – ein Sozialindikator, in: Analysen und
    Prognosen 7/71
Morheim, H.: Die Attraktivität deutscher Städte – Ein Faktor für die betriebliche Stand-
    ortwahl, WGI – Berichte zur Regionalforschung Bd. 8, München 1972
Norberg-Schulz, C.: Existence, Space and Architecture, New York 1971
Rieger, H. C.: Begriff und Logik der Planung, Wiesbaden 1972
Waterhouse, A.: Die Reaktion der Bewohner auf die äußere Veränderung der Städte,
    Berlin 1972
Zimmermann, K.: Zur Imagearbeit von Städten, in: Der Städtetag 1973/5
Zimmermann, K.: Zum Image-Konzept in der Stadtentwicklungsplanung, in: Archiv für
    Kommunalwissenschaften, 11. Jg./1972

城市设计的目标

Albers, G.: Zur Gestalt der Stadt, in: Was wird aus der Stadt? München 1972
Albers, G.: Zur Einordnung der Stadtgestaltung in eine umfassende Entwicklungsplanung
    in: Markelin, A. Trieb, M., (Hrsg.) Mensch und Stadgestalt, Stuttgart, 1974
Becker, H.; Keim, K. D.: Wahrnehmung in der städtischen Umwelt, Berlin 1972
Berndt, H.; Lorenzer, A.; Horn, K.: Architektur als Ideologie, Frankfurt a. M. 1968
Breitling, P.: Die Stadt verbalisiert, in: Baumeister 1970/7
Carr, S.; Lynch, K.: Where Learning Happens, in: The Conscience of City, Daedalus 1968
Dietze, P.: Die Bewertung von Alternativen im Prozeß der städtebaulichen Planung,
    Stuttgart 1970 (vervielfältigtes Manuskript)
Henselmann, H.: Welche Ziele sind für die heutige Stadtgestaltung denkbar? in: Auf-
    gaben und Methoden der Stadtgestaltung, Stuttgart 1973
Ikonnikow, A.: Funktion, Form, Gestalt, in: Architekture SSSR 1972/2
Kolloquiumbericht: Ziele der Stadtgestaltung, Stuttgart 1973 (Städtebauliches Institut der
    Universität Stuttgart)
Lenz-Romeiss, F.: Die Stadt – Heimat oder Durchgangsstation, München 1970
Leonhardt, F.: Verpflichtung zum Schönen als dringende Bildungsaufgabe, in: Deutsche
    Architektur und Ingenieurzeitschrift 1971/7
Lynch, K.: City Design and City Appearance, in: Principles and Practice of Urban Planning,
    Washington 1968

Lynch, K.: Das Bild der Stadt, Berlin 1965
Lynch, K.: What time is this place? Boston 1972
Mander, A.: Gestaltung, Dekor und Kunst in der Stadt, in: Deutsche Bauzeitung 1972/1
Pailhous, J.: La Representation de l'Espace Urbain, Paris 1970
Portmann, A.: Entläßt die Natur den Menschen? München 1971
Rapoport, A.; Kantor, R.: Komplexität und Ambivalenz in der Umweltgestaltung, in: Stadtbauwelt 1970/26
Rapoport, A.; Hawkes, R.: The Perception of Urban Complexity, in: Journal of the American Institute of Planners 1970/3
San Francisco Planning Dep.: Urban Design Plan, San Francisco 1971
Sieverts, T.; Trieb, M.; Hamann, U.: Der Stuttgarter Westen als Erlebnisraum, Stuttgart 1974
Trieb, M.: Ziele der Stadtgestaltung, in: Stadtbauwelt 1972/35
Waterhouse, A.: Dominant values and urban planning policy, in: Journal of the Town Planning Institute, Vol. 57, 1971/11
Whittick, A.: Aesthetics of urban design, in: Journal of the Town Planning Institute 1970/8

城市意象的规划

Appleyard, D.: Why Buildings Are Known, in: Environment and Behavior, Vol. 1/2, 1969
Downs, R. M.; Stea, O. (Hrsg.): Image and Environment – Cognitive Mapping and Spatial Behavior, Chicago 1973
Grund, L.: Wiesbaden – Innenstadt, Planungshinweise zur Stadtgestaltung, Wiesbaden 1974 (Magistrat der Landeshauptstadt Wiesbaden)
Hausdorff, F.: Grundzüge einer Mengenlehre, Leipzig 1944 (2. Aufl.)
Lewin, K.: Grundzüge einer topologischen Psychologie, Bern 1969 (dt)
Lynch, K.: Das Bild der Stadt, Berlin 1965
Menger, K.: Dimensionstheorie, Leipzig 1928
Sieverts, T.: Stadtvorstellungen, in: Stadtbauwelt 1966/9
Sieverts, T.; Trieb, M.; Hamann, U.: Der Stuttgarter Westen als Erlebnisraum, Stuttgart 1974 (Stadtplanungsamt Stuttgart)
Spreiregen, P. D.: Urban Design: The Architecture of Towns and Cities, New York 1965
Steinitz, C.: Meaning and the Congruence of Urban Form and Activity, in: Journal of the American Institute of Planners 1968/34
Worskett, R.: The Character of Towns, London 1969

3. 动态城市设计层面的规划工作
Planung auf der Stadterscheinungsebene

3.1 空间序列规划的元素
Elemente der Sequenzplanung

动态体验品质
Erscheinungsqualitäten

动态体验品质是拓扑学意义上 [1] 的特性，它不取决于几何学意义上的关系，而是其所在关联语境的结晶或者特殊的呈现。它既是感知环境或动态城市设计中秩序的特征，也是特定信息场所的特性，是所在语一种特殊关系的展现。以下列出几种重要的动态城市设计品质 [2]。

——**强度   Intensität**

对动态城市设计中的信息、功能和意义进行评价的标准，一般可将其分级为低、中、高三种强度。

——**支配性   Dominanz**

环境中一部分相较于其他部分在位置、尺度、强度、形式、色彩上的优势地位。也可通过相较于其他部分的独特性（Einzelnartigkeit），或通过和周围环境或背景的对比而产生。

——**明晰性   Klarheit**

一项功能（eine Nutzung）、一个动态体验（eine Erscheinung）或者一个意义（eine Bedeutung）在感知上的明确性。举例而言，环境动态体验的视觉明晰性可通过简洁的形式来实现。

——**对比性   Kontrast**

两种迥异的元素紧密相邻所制造出的效果，如色彩、形式、体量等方面的差异。

——**独特性   Einmaligkeit**

一项功能、一个动态体验或者一个意义中的独有特征。举例而言，动态城市设计的独特性可通过与其他环境表面的对比加以塑造，或者通过高于周边环境的视觉强度来实现。

---

1 此处所述的动态体验品质并不充分，应被加以进一步补充；格式塔心理学规律在设计中可被应用。
   见：W Metzger. Gesetze des Sehens. Frankfurt a. M., 1954.
2 关于动态体验品质的研究可参照以下著作：D. Appleyard, Why Buildings Are Known, Environment and Behavior, 1969(1); K. Lynch, Das Bild der Stadt, Berlin 1965; R. Linke, H. Schmidt, G. Wessel, Gestaltung und Umgestaltung der Stadt, Berlin 1971.

图 25 对比

——可记忆性　Einprägsamkeit

可在观察者的意识中唤起相关生动图像的特征。其可帮助观察者识别特定的城市形态元素，也是观察者事后回忆起特定环境的前提。

关联品质
Beziehungsqualitäten

城市设计不应只是顾及重要的环境要素，功能、动态体验和静态形态（Nutzung, Erscheinung and Gestalt）及其相互联系，还应该考虑环境动态体验和环境功能以及与主体之间的关系。环境动态体验、功能与主体之间的关系是可描述的，且在一定程度上是可控的；而相应的方法则基于人类的两种基本活动：感知和使用（如"我看到一家街边咖啡店"和"我坐在一家街边咖啡里"）。如果人们从可感知性和可达性间的匹配情况来考虑这两种关系，那么我们就可获得四种关联品质[1]。

——同时存在感知联系和功能联系
Wahrnehmungskontinuität/Nutzungskontinuität

在人和局部环境或环境之间，同时存在视觉上的联系以及功能上的联系；街边咖啡店不只在某一地点或是一系列地点是可被感知的，而且也是良好可达的。

——存在感知联系／不存在功能联系
Wahrnehmungskontinuität/Nutzungsdiskontinuität

在人和环境之间存在视觉联系，但是不存在功能上的联系；可以看到街边咖啡店，但是无法抵达，因为无法穿越街道。

——不存在感知联系／存在功能联系
Wahrnehmungsdiskontinuität/Nutzungskontinuität

在人和环境间存在功能上的联系，但是不存在视觉上的联系；街边咖啡店虽然是可进入的，但却是无法被预先感知到。

---

1 见 E. Agosti 前述著作。

——不存在感知联系和功能联系

Wahrnehmungsdiskontinuität/Nutzungsdiskontinuität

在人和环境之间既不存在视觉上的联系，也不存在功能上的联系；街边咖啡店既不能被看到，也无法抵达。

在城市设计的实践中，明晰度、独特性等动态体验特性不只和环境动态体验自身相关，也和感知联系与功能联系间的同步情况相关。

序列品质
Sequenzqualitäten

每个空间序列均可包含动态体验品质、关联品质、效用品质等诸多特征，以及视觉意义上的空间围合元素和空间影响元素。这些空间序列的要素有可能在人行进时反复出现，"伴随"着观察者，也可能"意外"出现，出乎观察者的预期[1]。在一个序列中，以上所述要素可以是"重复性元素"，也可以是"突变性元素"。

——重复性元素和突变性元素

Wiederholungs- und Überraschungselemente

对空间序列特征的分析首先会涉及重复性和突变性元素间的比例关系，这建立在以下命题的基础上：一个空间片断或一个空间系统的特性特征和两种要素间的比例关系相关。在极端情况下，如果其中只有重复性的元素，可被判定为有序且单调的；而只有突变性的元素则可视作无序和混乱的。和动态体验特性不同的是，空间围合和空间影响元素不只可作为强调性的元素，也可以作为连续的重复性元素出现。它可作为一种重复的值在一个空间序列中发挥作用，塑造出一个多样化环境中的共性，成为环境中索引性的"红线"和秩序原则的表达，比如在一条风格混杂的街道中，连续的序列可起到类似作用。通过这一手段可构成视觉序列中的秩序系统，而通过一些意外性的元素则可将空间序列分为多个片断，并且提升环境的导向性特性[2]。

——核心法则

Leitthesen

对于空间序列相关的工作来说，应注意以下法则：

- 各序列元素可作为重复性或突变性元素出现。
- 重复性和突变性元素之间的比例关系将会对空间的特性特征和独特性有所影响。

---

1 对重复性元素和意外性元素的安排是一种构成游戏，通过对元素出现时间点控制，可将序列分成不同的时间段落，形成对序列的一种配置。可参见以下关于节奏的研究：W. Meisenhörner, Rhythmus als Zeitkörper, Bauwelt, 1969(2).
2 见本书第二部分第二章第二节。

- 重复性元素在序列中构成了秩序系统，是连续性的基础，通过重复性元素可对空间序列加以定义或区分。
- 突变性元素将秩序系统划分为多个段落，标识出节点（Brennpunkt），定义出空间中的每个局部片断。
- 空间围合和影响元素（raumbildenden und raumveränderden Elemente）以及多样化的环境要素目录均可被用作重复性元素，以营造视觉序列中的秩序感，依据所选元素的不同，序列的特征会随之变化[1]。

举例而言，某一空间序列从别墅区开始，通过多层住宅建筑一直延续到城市中心，其中连续的树列可以作为重复性的元素出现，构成其中的索引性"红线"。在另一个住宅区和商业区的空间序列中，建筑界面可作为重复性元素，和基于建筑高度构成的空间围合元素一起，成为引导性和秩序性元素。而如建筑的门檐或一系列灰色立面中的红色立面等空间影响元素，可以作为突变性元素出现，将序列划分成多个段落。

效用品质
Wirkungsqualitäten

作为城市意象的基础，环境动态体验和环境本身的设置有关。通过规划手段可以唤起特定的效用品质，动态城市设计可通过效用品质来加以表现[2]。

——优越位置
Vorzugslage

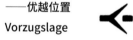

某一空间片断中具备特殊性的位置，如具备便利性或良好视野，以及心理意义上的保护位置。

人们在城市空间中对某一位置的偏好建立在多种因素之上，如心理防护，能够背墙而坐，有趣的视野，良好的便利性（如广场上树下的长椅）。这些因素迄今为止研究较少。

——隔断
Hemmung

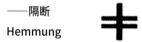

对预期行动的阻挡，或对特定位置和特定行进路线中视线的隔断，如街道橱窗、树木、雨棚或拱门造成的效果。可运用此类效果增加街道空间的纵深效果。

---

1 参见：G. Fehl, Eine Stadtbild-Untersuchung, Stadtbauwelt, 1968(18); J. Holschneider, Interdisziplinäre Terminologie; Rhythmus und Sequenz, Baumeister, 1969(4)。
2 来自荷兰的研究推测，更易到达的位置比距离最近的位置更受欢迎。两侧和背后有保护、前方视线开阔的位置也更受喜爱。参见：D. de Jonge, Plaatskeuze in recreatiegebieden, Bouw, 1968(23); D. de Jonge, C. F. H. Heimessen, Platzwahl in Kantinen und Cafes, Deutsche Bauzeitung,1969(9)。

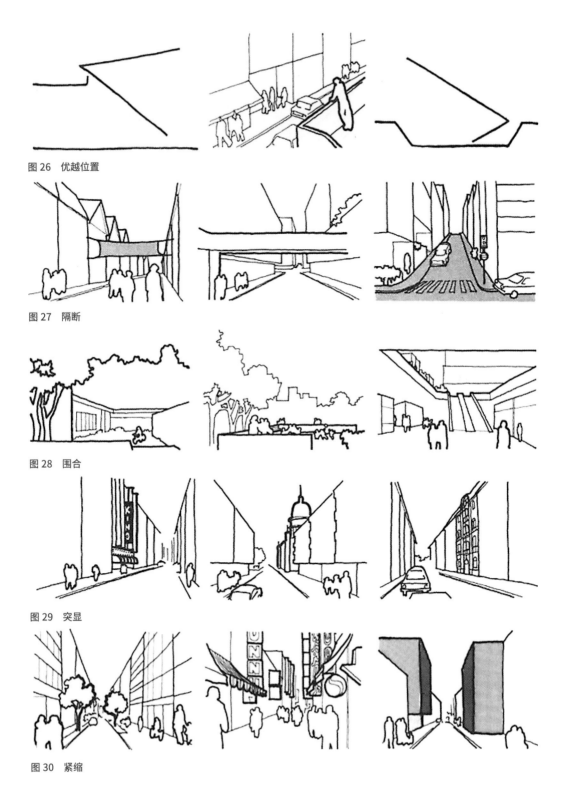

图 26　优越位置

图 27　隔断

图 28　围合

图 29　突显

图 30　紧缩

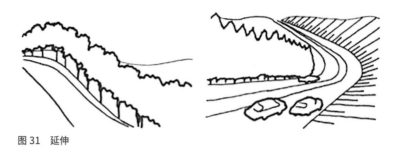

图 31　延伸

——围合

Umschließung

对某一地点的围绕，如四周建有建筑的广场。这种围合可以是点到为止的，也可是以充分甚至是完全的形式出现。根据观望和被观望情况的不同，围合空间可各具特征：如在某广场上，可通过走道空间望到远处的海。

——突显

Hervorhebung

对某城市形态元素、地点或空间加以视觉上的强调。如通过色彩、夜间照明以及特殊的立面分区对某建筑立面的强调。

——紧缩

Verengung

视觉上对空间某处的紧缩。相应的空间片断会由此获得显著的地位，并且把整个空间段落分隔成多个小节。

——延伸

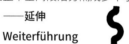

Weiterführung

在特定位置或空间序列中感受到的方向特征：在心理上产生一种在行进方向上不断延伸的效果。弯曲的道路、夜行时两边的行道树以及路灯都可以引发延伸的效果。

效用品质也是行人定向的一个基础：人由此来判断其正处于某参照点之内、之外，或之上、之下[1]。效用品质未必是视觉意义上的，就像人也可在声学意义上选择偏好的位置发言，而通过特定的环境功能，也可以实现突显或围合的效果，这一点也适用于关联品质。和视觉特征一样，通过环境功能的特殊强度和支配性，也可构成环境的特性。

1　此处所述的感知品质并不充分，还可加以补充；在《城镇景观》等著作中列举了丰富的感知品质的例子，见：G. Cullen, Townscape, London 1961; E. Ewert, British Townscape, London 1965; I. de Wolfe, The Italian Townscape, London 1963; Appleyard, Why Buildings are known, Environment and Behavior, 1969(2)。

3.2 空间序列规划
Sequenzplanung

在静态或动态中，城市环境得以被体验。在街道、广场或其他开放空间中的坐、立、行、驶这四种行为构成了人的四种基本活动类型。城市意象的形成和这些行动系统息息相关[1]。城市意象源自动态城市设计。人们利用其感知能力和感知意愿，对城市形态进行感知，而动态城市设计的生成则建立在这一基础之上。动态城市设计是人们在特定的环境中停留或行走时，在固定或游移的视角下，对环境实体的感知。人们所在的这一环境中，将借助一个环境要素目录，来表述环境的功能和活动类型。环境要素目录中的元素由环境而界定，因环境的不同而各有不同的利用方式，它们在拓扑学意义上确定了环境的三维构成。而在环境静态形态层面上，则通过度量的形式对环境加以精确规定。环境的功能和静态形态（Gestalt）决定了环境实体，人对环境实体的感知会依人所处的位置及其运动而改变，这便形成了与人的位置和视角密切相关的环境动态体验。

由连续心理体验序列所构建的环境品质
Umweltqualität als Ergebnis kontinuierlicher Folgen psychischer Erfahrungen

我们城市的环境品质不只来自于富有活性的功能混合以及多样的意义经验，它还建立在一系列连续心理效应的基础上。一个街区的视觉特征不只来自于某建筑或街道空间，还源自一系列互相联系的感知序列及其对人的心理造成的影响[2]。城市设计的目标需要在感觉序列的层面上得到落实，而这些感觉序列构成了人类环境经验的基础[3]。基于这一点，很多城市设计的方案都建立在对"路径"系统进行设计的基础之上，以求将各种运动路线整合为一个行动网络，提供步行和车行的可能性[4]。对人来说，在这种"路径"系统中的运动意味着在空间序列中，也就是互相联系的街道、广场和其他开放空间中运动。空间序列向人展示了一系列连续的印象、信息流，其中充盈着可被感知的意义信号。

---

1 依据一项关于表象元素的居民调查，四分之三的居民把城市看作序列式的经验。见：D Appleyard. Styles and Methods of Structuring a City. Environment and Behavior, 1970(1)。

2 见：M Trieb. London Covent Garden, Stadtsanierung als Beispiel stadtgestalterischer Arbeitsweise. London, ein Bericht aus der Bauverwaltung Stuttgart, Stuttgart, 1970: 35~.

3 K. Lynch, Site Planning, 前述著作。

4 R. Linke, H. Schmidt, G. Wessel，同书。

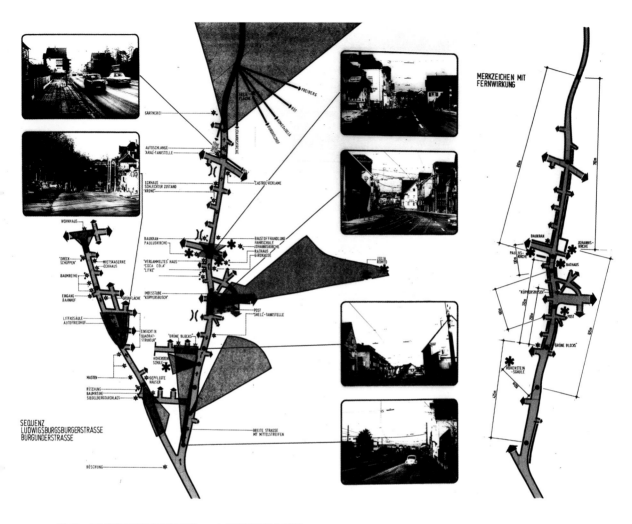

图 32　通过视觉感知的空间序列——人类环境经验的基础

图片来源：斯图加特市 Zuffenhausen 区的城市更新规划　作者：Dipl.-Ing. G. Baldauf, U. Grammel, H. Sohn, G. Trucksess，W. Wehlen

信息理论层面和精神层面
Informationstheoretische und psychische Aspekte

　　此外从信息理论的视角来看，这一行动网络系统可被视作由一系列通道构成的交互式通道系统，人在其中的起点和终点间运动 [1]。由此，其也可看作能对人产生各种心理效应的系统，城市或城区的"精神基础设施"，可对观察者

---

1 参见 M. Bense, Semiotik, Ästhetik, Urbanität, 自会议集 >Probleme der Stadtgestaltung<, Stuttgart 1971。

呈现出不同的效用品质、序列品质、动态体验品质和关联品质。"路径"和"节点"网络构成了城市的"骨架",也等同于功能和活动之间的交互关系网络。如果要对这一交互网络加以有意识的规划,则意味着按照目标预设,对空间序列加以设定。这里城市设计需要按照目标预设,在一个序列中对不同的经验方式和时间点加以设定。也就是说,以导向性(Orientierung)为目标的序列应该与以新鲜感或兴奋感为目标的序列有所不同,即便二者有可能局部叠合。

空间序列规划的基本规则
Grundzüge der Sequenzplanung

参照城市设计的理论模型,空间序列规划主要基于动态城市设计的层面,并且和城市静态形态以及城市意象层面互相关联。如果在战略情境规划研究(Prozessplanung)和系统／专项规划(Systemplanung)中定义了一个空间序列,将其表现在城市意象方案中,并在城市意象工作纲要中阐明了这一序列片断应满足怎样的上级和下级目标,则可在动态城市设计层面对序列应具备的环境品质加以选择,以使其满足相应的目标。

——序列元素的种类、大小和构成
Unterschiedliche Art, Größe und Ausprägung der Sequenzelemente

环境品质目录中,可包含效用品质、序列品质(Sequenzsqualität)和动态体验品质,以及关联品质和表象品质。效用品质指围合、突显以及优越位置等环境效果,序列品质即重复性和意外性元素的比例关系,动态体验品质指动态体验环境的支配性、强度和对比等,关联品质则涉及感知和功能关联间的匹配关系,这些特性或效果都是空间序列规划在狭义上的要素目录(Repertoire),可被称为序列元素。这些元素有三个可变项,如下:

• 每一个序列元素都可拥有不同的强度。如围合的程度可高可低,而对比的效果也可强可弱。

• 每个序列元素都可以有不同的大小和持续时间。一个小型庭院和大型广场都可以营造围合的效果。

• 序列元素可由各式环境元素构成。通过地形、绿植和建筑都可营造出围合的效果,而突显的效果可通过色彩或者特殊的用地功能来实现。

序列元素可以根据构成元素的种类、强度、大小和持续时间的不同在同一序列中互相区分。举例而言,通过环境功能和活动、地形、绿植、围墙和建筑立面都可以构成围合的效果,这也形成了不同的围合种类。围合的立面越高、公园内坐椅所处下沉空间越低、特定功能的密度越高,则环境特征就越强。如果围合广场的大小以及序列中广告标识的密度发生了变化,那么序列元素的大小、效果持续时间也会随之变化。通过对不同的序列元素加以各式塑造,可以获得多种序列规划的可能性。

——拥有同样环境品质的多样化空间序列
Unterschiedliche Sequenzen mit den gleichen Umweltqualitäten

通过环境品质的变化可营造出各式的空间序列。用以下的序列规则可获得不同的可能性；当然，这些规则需要和具体的规划任务相结合。假设在一个按法定规划建设的住宅区内，需要将原本相似的各街道通过简单的手段赋予不同特征，这里假设需要针对三条等长的住宅区街道规划出三种不同的特性。

- 第一种序列可能性：同一序列元素在这里以相同的构成、大小和特征出现三次。如由一层高的建筑外墙和花园围栏构成的围合，以相同方式出现三次。

- 第二种序列可能性：**重复**出现三次但拥有不同特征的同一序列元素。如各由一人高和一层高的绿篱营造出的围合效果；围合的构成相同（绿篱），大小相同，但是**高度或强度**有所不同。

- 第三种序列可能性：针对同样的序列元素，将其**重复**使用三次，但是其大小各不相同。比如由高低不同的挡土墙，构成的不同感受的围合空间。

- 第四种序列可能性：在同一序列中**重复**三次使用同一元素，但是其具备不同的**构成和强度**。比如由挡土墙、树木和建筑立面形成的不同围合，而其中土墙可能有一层高，树木有两层高，立面则有三层高。

- 第五种序列可能性：同一序列元素**重复**出现三次，但**高度**各不相同。比如第一个围合空间比第二个围合空间低 2m，而第三个则高出第二个 5m。

- 第六种序列可能性：同一序列元素以相同方式**重复**出现三次，但所处**位置**各不相同。一条由两层高的建筑组成的街道，先是在左侧敞开空间界面，后在右侧敞开，再在左侧敞开。

- 第七种序列可能性：三个相同的序列元素以**不同的间距**出现。由建筑外立面和花园栅栏组成的三个围合空间有着相同的高度和强度，从第一个到第二个围合空间的步行时间不同于从第二个到第三个围合空间的步行时间。

通过这些手法可以在序列元素相同的情况下获得多样的空间序列，这里只是列出了基本的可能性，并用简单的例子加以说明。在同一空间序列中，可对重复出现两次、三次或多次的同序列元素在构成物、强度或特征、大小或持续时间方面加以变化，这里序列元素不只包括围合，也包括其他的效用品质和动态体验特性，如优越位置、隔断、突显、支配、对比、强度等。虽然这里所举例子只涉及环境形态，但是利用同样的方式也可在环境功能和活动方面对序列加以设定。对这些序列规则的应用和取舍取决于空间序列的设定要求。在这种三段式的空间序列中，通过混合不同的变化方式，可以获得几倍于此的组合可能性；有着不同特征的同种序列元素（第二种序列可能性）可以不同的间距分布于序列中（第七种序列可能性），或者有着不同的特征和构成物的同种序列元素（第四种序列可能性）以不同的高度（第五种序列可能性）和位置（第六种序列可能性）组成一个空间序列。

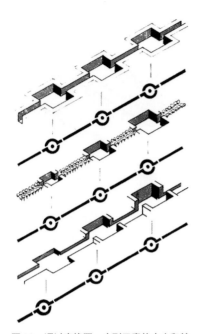

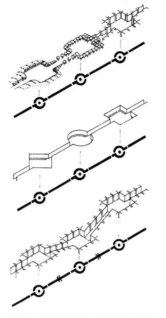

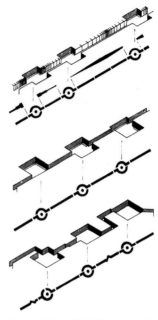

图 33　通过变换同一序列元素的大小和特征，获得不同的空间序列

图 34　通过对同一序列元素的构成物、形式或地面高度的变化，获得不同的空间序列

图 35　利用不同的间距、位置和联系方式，在同一序列元素的基础上形成的不同空间序列

——通过不同的序列元素获得不同的环境品质

Unterschiedliche Sequenzen mit verschiedenen Umweltqualitäten

如果人们不用相同特性的序列元素对一个三段式的空间序列加以构建，而是调用三种不同的环境品质，如围合、紧缩和突显，则变化的可能性又可大大增加。一方面前面所述的三种可变参数——构成物、特征、大小——依然有效，另一方面，第二到第七条序列可能性也可被应用；此外还存在新的序列规则：

• 第八种序列可能性：**对不同的序列元素在同一空间序列中出现的前后顺序加以改变**。比如在围合之后可依次出现紧缩和突显，但也可先出现突显后出现紧缩；在突显后可依次出现围合和紧缩，或紧缩和围合；在紧缩后可出现突显和围合，或出现围合和突显。在具体情况下，则意味着如在一个住区中，沿着某一街道，在由住宅和花园外墙组成的围合空间中出现了通过特殊建筑外墙构成的突显，之后又出现了由地下通道造成的隔断；在另外一种情况下，则可在由树木组成的围合空间后，出现由色彩造就的突生效果，而后又出现通过较高的建筑体量造就的紧缩效果。这里仅对此序列规则加以简述。

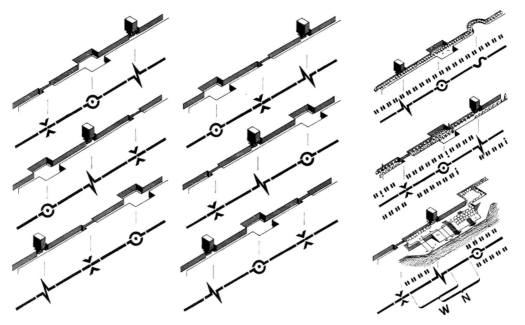

图36 利用三种序列元素，通过变换其前后顺序获得不同的空间序列

图37 效用品质、序列品质以及关联品质间的叠合

——联系相同或不同的环境品质
Verknüpfung gleicher und unterschiedlicher Umweltqualitäten

将具备相同或不同环境品质的空间加以联系，可构成空间序列，而由此产生的序列品质又可给空间序列带来更多的变化。在较大的城市设计尺度上，人们可以利用这八条序列规则营造相当多的效果，甚至于其不再仅仅被感知为一个简单的"街道"。

• 第九种序列可能性：多段式的空间序列可以通过重复性元素和意外性元素或特殊元素联系为整体，并加以区分；这些起到联系作用的元素可位于空间的一侧或两侧。对于住宅区来说，树列、类似的建筑立面和围墙、铺地都可以作为重复性的元素在左侧或右侧出现，起到空间线索"红线"（Rot Faden）或者不同元素之间的共同点（Nenner）的作用，在整个序列中给各式序列元素叠加上一种整体性的秩序。由不同元素组成的同一空间构成也可以作为起联系作用的重复性元素出现，比如左面是树木，右面是等高的花园围墙；在街道的一侧或两侧可以通过对重复性元素的变化而实现意外性元素的营造，如在一排法国梧桐树中出现的梨树群，或是在一排红色立面中出现的黄色建筑。

• 第十种序列可能性：**效用品质、序列品质可以和动态体验品质相叠加。**这样，一个围合空间也可同时呈现出支配性的视觉动态体验，隔断也可同时

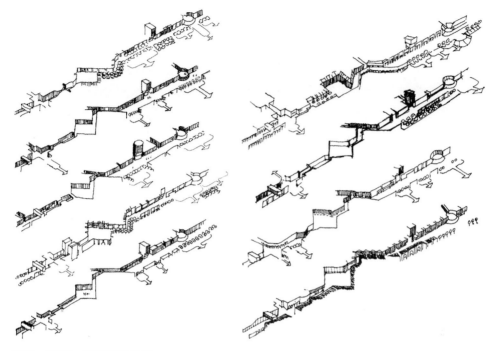

图 38 针对同一主题的多种方案

具备对比的效果，而收缩和强度可同时出现。这样在一条住宅区街道上由建筑立面和花园外墙构成的广场围合空间，可以通过其大小以及随后而来的紧缩和隔断效果在序列中获得一种支配性的地位；通过建筑前移造成的紧缩效果也可通过较深的颜色获得更高的强度，而对于地下通道带来的隔断效果，可以通过其相对较窄的断面和街道形成一种对比效果。

• 第十一种序列可能性：多段式序列中的序列元素也可以通过**不同的感知关联和视觉关联间的匹配关系**联系在一起。这样不只可以通过效用品质、动态体验特性以及序列品质对一个空间序列加以设计，也可以在关联品质方面对其加以考虑。

通过不同的感知关联和功能关联，可以对序列进行进一步的变换，比如针对湖边的一条住宅区街道，可通过对街道中不同片断与水体间的可达性和可视性关系，加以不同的设计。以上序列规则只涉及导向性和新鲜感这两种设计目标。这些规则是可进一步拓展的。一种可能性体现于乐理科学知识的运用上，如音乐的节奏、动机组成和动机变化。在这个方向上还存在进一步研究的可能性，特别是与速度相关的感知模型应被构建；同样地，**对不同环境品质间的时间间隔**也可加以基础性研究，即使是一条住区街道的序列也能够借此变得新鲜有趣。将这些序列规则和城市规划工具加以结合，从简单的聚落到国际性都市，都可借此塑造出各种序列空间。针对序列规划发展出了谱记法（Notierungssymbol），类似编舞中的速记方法，可以简化复杂的序列设计过程。

在这一城市设计的过程中，我们可以看到学术研究和规划设计实践的不同。通过展现空间序列设计的不同可能性——如新区街道或大城市轴线规划的可能性，我们完成了学术方面的工作，给出了在空间序列方面可行且可检验的理论成果，而从这里开始，城市设计的艺术实践工作方始展开[1]。实践中，需要根据具体情况，对诸多可能性加以探寻研究，抽绎最优的选择。而惟有当规划设计者将各环境元素和特性像单词一样熟练掌握，并且有意识地对序列规则加以学习和应用，如一门外语语法一样，能在无意识中运用自如，才能在实践中做到这一点。

参考文献

空间序列规划的元素

Agosti, E.; Mori, C.; Grassi, E. u. a.: Percezione, Fruizone, Progretto, in: Casabella 1969/4
Appleyard, D.: Why Buildings Are Known, in: Environment and Behavior, Vol. 1/Nr. 2, 1969, S. 131 ff.
Cullen, G.: Townscape, London 1961
Ewert, E.: British Townscape, London 1965
Fehl, G.: Eine Stadtbild-Untersuchung, in: Stadtbauwelt 1968/18
Holschneider, J.: Interdisziplinäre Terminologie; Rhythmus und Sequenz, in: Baumeister 1969/4
Jonge de, D.: Plaatskeuze in recreatiegebieden, in: Bow 1968/23
Jonge de, D.; Heimessen, C. F. H.: Platzwahl in Kantinen und Cafes, in: Deutsche Bauzeitung, H. 9, 1969, S. 656 ff.
Lynch, K.: Das Bild der Stadt, Berlin 1965
Lynch, K.: Site planning, Cambridge, Mass. 1962
Meisenhörner, W.: Rhythmus als Zeitkörper, in: Bauwelt 1969/2
Metzger, W. u. a.: Gesetze des Sehens, Frankfurt a. M. 1954
Schmidt, H.; Linke, R.; Wessel, G.: Gestaltung und Umgestaltung der Stadt, Berlin 1971
Wolfe de, J.: The Italien Townscape, London 1963

Sequenzplanung

Appleyard, D.; Lynch, K.; Myer, J. R.: The View from the Road, Cambridge, Mass. 1966
Appleyard, D.: Styles and methods of structuring a City, in: Environment and Behavior, Vo. 2/1970/1
Bense, M.: Semiotk, Ästhetik, Urbanität, in: Probleme der Stadtgestaltung, Kolloquiumbericht Stuttgart 1973 (Städtebauliches Institut der Universität Stuttgart)
Bacon, E. N.: Stadtplanung von Athen bis Brasilia, Zürich 1967
Halprin, L.: Cities, New York 1962
Holschneider, J.: Interdisziplinäre Terminologie – Rhythmus und visuelle Sequenz, in: Baumeister 1969/4
Kepecs, G.: Wesen und Kunst der Bewegung, Brüssel 1969
Lynch, K.: Site planning, Cambridge, Mass. 1962
Schmidt, H.; Linke, R.; Wessel, G.: Gestaltung und Umgestaltung der Stadt, Berlin 1970
Sieverts, T.: Bild und Berechnung im Städtebau, in: Information und Imagination, München 1973
Thiel, P.: La notation de l'espace, du mouvement et de l'orientation, in: Architecture d'Aujourd'hui 1969/9

---

1 T. Sieverts, Bild und Berechnung, Information und Imagination, München 1973。

图 39　伦敦——缺少高度控制的"水泥碑群"
图片来源：Kutcher, The New Jerusalem, 伦敦，1973

4. 静态城市设计层面的规划工作
Planung auf der Stadtgestaltebene

4.1 高度规划以及建筑体量规划
Höhen- und Baumassenkonzept

　　失控的建筑高度在今天愈发成为一个问题，世界各处莫不如是。从耶路撒冷到法兰克福和伦敦，从斯图加特、巴黎一直到旧金山，人们都可发现"水泥碑群"对城市立面、景观视野、视线通廊以及城市天际线带来的消极影响。在德国的斯瓦比亚汝拉山（Schwäbische Alb）以及法国的尼斯市，也可四处见到考虑不周的建筑。在制定相关规划的过程中，规划师、建筑师或其他人员都未对建筑的近景和远景效果进行应有的考虑。这就愈发显示出相关人员是否看重环境品质，以及世界各地是何等地缺少相关意识。

视域分析
Sichtflächenanalyse

　　令人遗憾的是，建筑近景和远景视觉影响的控制其实并不复杂——只需查明规划的建筑主体，在水平与垂直方向公共视角的可视面积[1]，在这一范围内对其预计影响加以控制，由此即可规避其在近远景中可能的消极效果。在设计高层建筑及其他引人瞩目的特殊建筑时（如 6 层高却超过 1000m 长的住宅建筑[2]），只在交通、法律、消防和气候方面加以考虑已不再充分[3]。其中还应该加入城市景观方面的标准，如新建建筑对自然景观和城市景观及其周边环境的影响。

---

1 这种视体分析可见：A. Kutcher, The New Jerusalem-Planning and Politicies, London 1973; M. Trieb, J. Veil, Rahmenplan und Satzung Stadtgestalt Leonberg, Leonberg 1973; G. Albers, Bühler u. a., Stadtkern Rottweil, München 1973。
2 此处作者喻指德国第三帝国时期修建的普洛拉度假村，其主体建筑总长约为 4.5km。——译注
3 A Aregger, O Claus. Hochhaus und Stadtplanung. Zürich, 1967.

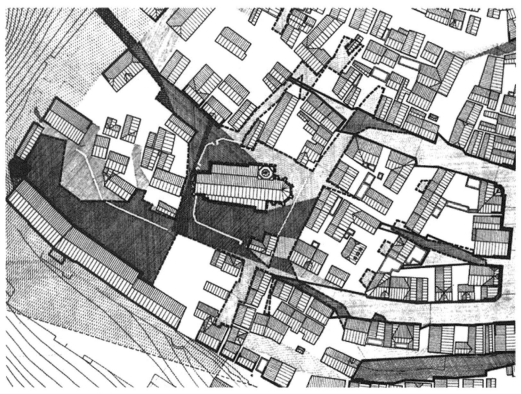

图 40　视域分析——教堂和集市广场的最佳视觉相关区域
图片来源：M. Trieb, J. Veil, Rahmenplan und Satzung zur Stadtgestalt Leonberg, Leonberg, 1973

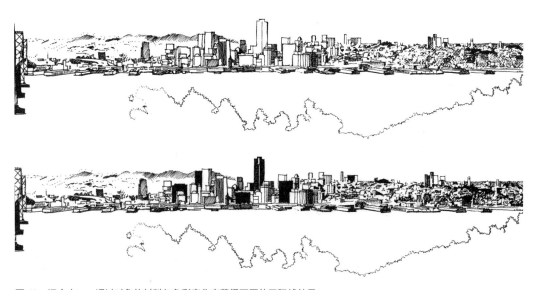

图 41　旧金山——通过对象的材料与色彩变化来获得不同的天际线效果
图片来源：San Francisco Planning Dept., Urban Design Plan, San Francisco, 1971

视域分析的评估
Beurteilung der Sichtflächenalnalyse

在分析城市景观时，必须考虑到高层天际线的背景（如山体和山体轮廓线），建筑必须高于或低于山体轮廓线，避免对其遮挡，并且住宅与水域、森林或者山体，特别是绿色景观间的视线联系也不应该被遮挡[1]。此外，对一组建筑进行布局规划时，应规避过高建筑带来的不良效应，根据城市意象对其作为城市地标和路标的作用加以考量，并对其对重要位置和视觉序列的影响加以评测。较高的建筑会影响邻近的街道广场，具有标识性的作用，并且会影响和改变整个"区域"的特征。

城市高度失控的后果
Wirkungen unkontrollierter Höhenentwicklung

失控的高层建筑可给周围环境带来消极的心理效应，比如某大城市公园可给人们带来别样的自然感受，但其附近的高层建筑可影响休闲效果，同样也会影响临近住宅区街道的特征。此外，对于醒目的建筑来说，还应据其高度和体量,针对已有、变化中或是即将形成的城市天际线,对新建筑的影响加以评估。

图 42 在耶路撒冷的街道和广场上可看到的地标建筑。图中环线和辐射状线的密度表达了感知的强度及方向
图片来源：Kutcher, The New Jerusalem, London, 1973.

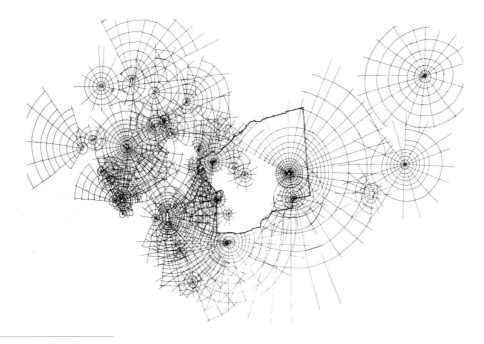

---

1 研究表明住宅的景观视野对居住质量有明显影响，如视野 2km 内的绿色山坡会对居住质量构成积极影响。见 T. Sieverts, M. Trieb, U. Hamann，同书。

城市建筑高度和体量的控制规划
Höhen- und Baumassenkonzept

建筑高度和体量的控制规划对每个城市来说都是必要的。应在交通、经济、气候以及社会和城市景观方面对其加以规划。唯此才能避免法兰克福或巴黎出现的失控状况。无论城市规模，建筑高度和体量的控制规划都是一种对未来的精心投资。今日在世界范围来看，此类城市形态的控制在地方和国家层面均可富有意义。如作为一个国际展会城市，汉诺威制定了相关规划，而在巴黎、伦敦或旧金山，也编制和发布了建筑高度和体量的控制规划。

对城市建筑体量的控制
Kontrolle der Baumassenentwicklung

在旧金山，人们不只以等高线的形式规定了可能的建筑高度，也通过两个简单的参数对建筑体量的上限进行控制。当一个建筑拥有庞大体量，超出周围多数建筑的高度和宽度时，那么其便可对开放空间、自然景观和其他建筑形成支配性的关系，并可能造成一定的破坏，阻挡景观视线或者完全改变这个"区域"的特征，如其处于一个四处可见的关键性位置，则这一影响更甚。

这种极端的建筑体量应当避免；在建筑体量的控制规划中，不应只对最大的边线长度加以规定，还需对最大对角线长度加以约束，使其能够真正发挥作用[1]。

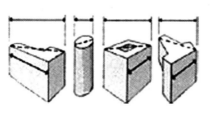
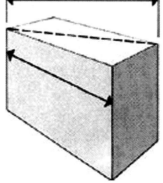

图 43 建筑体量控制中的两个参数：最大长度和最大对角线长度
图片来源：San Francisco Planning Dept., Urban Design Plan, San Francisco，1971.

---

1 San Francisco Planning Dept. Urban Design Plan. San Francisco, 1971.

4.2 负相空间结构
Negativraumstruktur

可见环境（Umwelt），亦即空间，是可见物理环境信号的集合，有意识或无意识地，人们持续地和这些信号发生着交互关系。空间是一种视觉环境，由环境中物理元素间的三维关系所定义。由此空间呈现出可被感知的特性，这些特性是来自于物理元素及其之间关系所造成的刺激的总和。空间由界限所限定，可被看作或多或少闭合的连续体，由各具视觉强度的多种元素构成[1]。

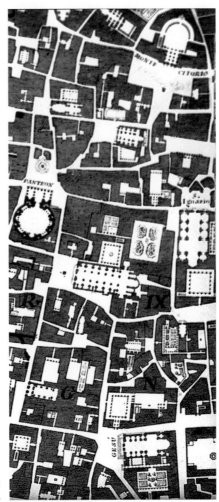

图 44　18 世纪罗马的负相空间结构
图片来源：G. T. Nolli, Plan von Rom, 1748.

---

1 J Joedicke. Vorbemerklmgen zu einer Theorie des architektonischen Raumes. Bauen und Wohnen, 1968(9).

环境构成
Umweltbildung

　　基于环境构成或空间围合的研究可知，空间界定元素和空间影响元素决定了环境的构成。在抽象意义上，空间界定或围合元素意味着点、线、面；在具象上则意味着以一定关系布置的街灯、旗桅和建筑外立面。只有在点和线构成了面或类似面的形式时，才能起到空间界定的作用。举例而言：在夜间，路面和左右两侧的路灯可构成一种空间；一行树列与对面的建筑立面和路面也可构成一种空间。空间影响元素或附加元素在抽象意义上可以点、线、面的形式出现，把前述空间或空间中的面分成更小的段落。在具象意义上，平面影响元素可涵括色彩、图案结构、立面分区；空间影响元素则可为街道空间中建筑立面的外凸或内凹、树木、街道橱窗、广告柱等[1]。

环境形态
Umweltgestalt

　　空间界定和影响元素的种类、数量以及布置决定了环境形态，通过空间比例、空间特征以及空间重心，可对环境形态加以分析[2]。空间比例来自于空间高、宽、深间的关系，与空间断面及空间进深相关。街道断面的比例和空间进深共同定义了空间及其比例。不同的空间比例能给观察者带来不同的刺激效应；对城市设计来说，通过改变一个或多个空间界定元素，进而改变空间的高、宽或进深，比如在宽度和进深不变的情况下将高度增加一倍，可得到不同的效果。而通过改变空间比例（Raumproportion）、空间界定元素（Raum-definierende Element）之间的关系，以及变动空间或平面影响元素，则可对空间重心（Schwerpunktlage）形成操作。空间重心对空间效果有着重大的影响，或高或低、对称或不对称的重心位置都可带来不同效果，并可通过空间影响元素形成完全不同的效果营造。依据空间重心位置的不同，空间的特征也会随之变换，并由此可形成各种由感觉定义的环境体验类型，如逼仄、开阔或安静等。最终，空间特征（Raumcharakter）即为某城市空间的特殊性质，和空间比例、空间重心以及其中的空间界定和空间影响元素紧密相关。

　　空间特征可分三类：**集中式或导向式的，稳定的或动态的，独立的或互**

---

1 G. Fehl, Eine Stadtbild-Untersuchung, Stadtbauwelt, 1968(18); J. Holschneider, Begrenzung und Be-zugspunkt, Baumeister, 1971(4).

2 见：W. T. Otto, Der Raumsatz, Stuttgart 1969; G. Domenig, Weg - Ort - Raum, Bauen und Wohnen, 1969(6); M. Leonhard, Humanizing Space, Progressive Architecture, 1969(4).

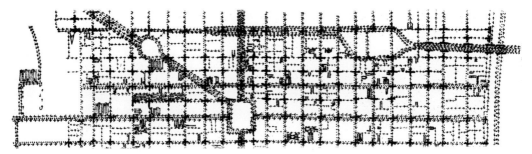

图 45　城市公共空间作为固化的运动系统
图片来源：Louis Kahn 绘稿

联的。利用一个正方形或正圆形的空间平面，可营造出集中式的空间，带来静止的空间体验，可成为城市互动系统中步行或车行交通的终始地。而基于长方形或椭圆形的空间平面，可构成导向式的空间，带来运动式的空间体验，承担城市互动系统中的信息通道的功能。这些空间特征对应着人们在视觉环境中的两种体验方式：静态的和动态的，如坐、立、行、驶。这些空间特征不应教条化，比如步行终点并非须是有着集中感的广场。配合各式动态体验品质的需要，空间可呈现出不同的大小和构成关系。

　　环境要素目录通过环境构成这一阶段，构成了环境形态，而环境形态则塑造出负相的空间结构。换言之，通过城市互动系统，亦即所谓运动网络系统，城市中的各式功能和活动被联系在一起；环境要素目录则构成了界定这一网络系统的环境形态。运动网络系统由城市中的运动路径互联而成，也包含了各功能间的联系路径，运动路径可为车行或步行路径，而负相空间结构则是对网络系统所处之三维空间的反向"浇铸"。

作为城市个性的负相空间结构
Stadtindividualität durch Negativraumstruktur

　　负相空间结构可塑造城市的个性。就像对维也纳、威尼斯、柏林、罗马或纽约等城市的比较研究所表明的，这些城市间的负相空间结构形态各异，同一城市中的城区也有所区分。如若到汉堡、柏林和法兰克福游历一番，便可以清楚体认到这一点。依据空间网络的结构可区分不同的城市和城区，而同一"区域"内的空间网络也可互有差异。按照一个网络结构中街道长度、相交方式及其他特征的不同，可形成针对行人的各式心理效应[1]。

1 D Engel, R und V Jagals. Netzstruktur und Raumstruktur. Stadtbauwelt, 1966(12).

作为控制工具的负相空间结构
Negativistruktur als Steuerungsinstrument

　　负相空间结构在另外一个领域，还有非常重要的意义：城市规划师的规划和控制工具。伴随着地块的用地类别、开发强度、建筑高度在几十年内的频繁变化，城市街道网络的结构却可在几百年内持存，并经受住地震和战争的侵袭。因此，负相空间结构的建构与变动可以带来弥久的影响。特别是在新区建设中，需在城市设计及交通规划和规范方面都对此加以新的审视。负相空间是行人活动路线的三维静态体现；在此，行人对环境的要求应得到优先考虑[1]：例如，在住区规划中，应把行人，而不是汽车放在首要之处来考虑。人们不应先把如道路断面、回车场地、建筑退让距离这类规范性的要求放在首位，而应首先考虑人的感知模式和行为规律，这也符合相关调查中参与者的意识与愿望[2]。

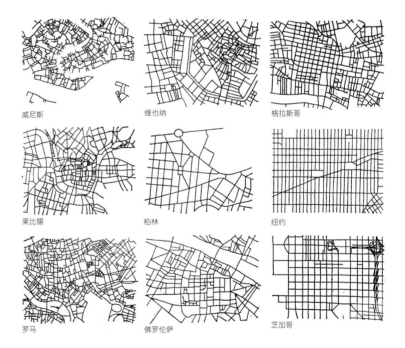

威尼斯　　　　　维也纳　　　　　格拉斯哥

莱比锡　　　　　柏林　　　　　纽约

罗马　　　　　佛罗伦萨　　　　　芝加哥

图46　威尼斯、维也纳、格拉斯哥、莱比锡、柏林、纽约、罗马、佛罗伦萨、芝加哥——不同的负相空间结构和不同的城市特征
图片来源：R. Jagals, U. Jagals, B. Engel, Raumstruktur in Stadtbereichen, Stadtbauwelt, 1966(12).

1　D Crawford. Straitjacket. Architectural Review, 1973(10).
2　城市设计的视角下对交通规范的详细评估可见：Essex Country Council, A Design Guide for Residential Areas Oxford 1973.

4.3 立面序列
Fassadefolgen

新近建成的令人耳目一新的城市,诸如雷斯顿(Reston)或格里莫港(Port la Grimaud),往往奠基于一个城市设计的秘密之上。格里莫港内分布有宽窄不一的水渠,较窄水渠旁房屋较矮,较宽水渠侧则较高,城镇各处都会有良好的视野;在整体设计中,避免了相邻建筑拥有相同的高度或面宽,塑就了一幅生动的景象。"整体景观框架下的差异性"——这一设计法则正是格里莫港、雷斯顿或者其他新区成功的秘密——而非古普罗旺斯式的屋瓦或仿地中海式的立面。此类差异性游戏需要一个共同的形态秩序框架(Ordnung)。这一原则既可在序列规划中,也可在街道空间比例和建筑立面序列中加以应用。就像在建筑中,阳光与阴影借助丰富的入射角和反射角,通过立面上不断被打断的平行透视灭线(Fluchtlinie)——它们彼此也形成错落与扭转的动态关系,从而塑造出丰富的光影效果;同样在一排建筑中,各建筑间不同的立面分区方式、不同的色调与材料、不同的建筑宽度、檐口高、屋顶坡度和屋顶形式,正是营造生动的临街立面序列的秘密。

城市设计的规划原则
Stadtgestalterisches Planungsprinzip

时至今日,不论是在城市扩张还是城市更新中,如何塑造出生动的多样性,都是一个重要议题。如果某区域因其历史元素成了标志区域及城市吸引力来源,那么由此而来的问题就是,未来应以何种形式在其内发展建设,以及如何对建设行为加以管理和调控。当下而言,出于历史文物保护和城市景观的理由,各城市多划定了系列具有保护价值的历史建筑群体。对于非保护建筑,则依据相应的城市设计纲领对其加以约束,这一纲领或多或少被写入了法定的修建规划中,其中给出了建筑应符合的标准,此外也可通过地方风貌保护条例(Gestaltungssatzung)对其加以补充。这一方式却违反了城市发展的实际过程:在一城市区域内,各建筑原则上并非由同一建筑师同时设计,而是在不同的时间段内被建成、修缮、翻新,或被毁坏、重建和改建。通过这一城市发展历程,将形成这样一种状态:建筑将获得各自特色,拥有不同的面宽、屋顶形式、屋顶坡度、立面分区、色彩和材料,而这种多样性又享有共同的框架,如建筑类型、层数或屋顶形式。据此,规划内容须符合城市发展的实际过程,不应强制要求所有的新建或改建建筑都使用相同的模式,如同样的屋顶形式、坡度、相同的檐高、间距甚至雷同的立面。应该避免制定一种只考虑短期需要、僵固的城市设计任务书。**城市设计需在共有框架内保证多样性和建设的自由度。**在不同的城市和区域中,这一框架可各不

相同，可为建筑层数上限，也可为屋顶形式，如平屋顶或坡屋顶。在这一框架之内，其形态塑造原则（Gestaltungsprinzipien）则须尊重个体的利益，允许其拥有尽可能大的自由设计权，促成差异，规避重复，甚至可以强制要求差异性的营造。

人们不应只是保护一座城市或某区域，还应在其已有特性上加以发展——如沿街建筑不应固守式样，应保证建筑可在未来得以渐进地变化或更新，通过各异的建筑宽度、高度、屋顶形式和坡度、退让距离、立面构成以及不同的色彩材料来构成多样性。无论是用地方案，还是立足于个体需要的建筑方案，抑或是某区域时代特征的营造，都应在规划中获得一席之地。这里所谓符合时代的发展，意味着在一个共同的框架内——如共同的屋顶形式、层高区间，或建筑面宽上限，只要其服务于共同的区域未来特征，就应努力促成其符合时代要求的建筑个性。借助对欧洲或国际的街道空间加以系统性分析，可以看到，这一原则对于那些风格独立的城市分区（Stadtteil）未来发展的综合管控，应当同样有效，它不只作用于城市更新，还适用于新区建设。

一个案例：雷昂拜格 [1]
Ein Beispiel: Leonberg

为了对这一形态原则加以说明，这里以德国雷昂拜格市的城市设计为例。通过雷昂拜格古城的街道立面，来对典型的立面规则加以说明。图示街道立面展示了古城典型的面貌特征 [2]：

这一立面序列由古城中一系列不同的现有建筑立面组成，但并非按原有的顺序排列，以表述典型的立面序列规则——它也代表了雷昂拜格古城的街道风格。一般而言，在古城中如果只是通过一般的法定修建规划，而非进一步通过风貌保护条例对建设加以引导控制，那么在未来可能会促成一种重复单调的建成环境 [3]。针对业主和建筑师的强制规定或在十几年内尚

图 47　以无规律（Unregelmäßigkeit）作为法律：共同框架下的差异性
图片来源：K. Lehnartz 摄，柏林

---

1 雷昂拜格（Leonberg）：德国巴登 - 符腾堡州的一个市镇。总面积 48.74km²，总人口 47930 人（2017 年）。——译注
2 见 M. Trieb, J. Veil 前述著作。
3 D Wildemann. Erneuerung denkmalswerter Altstädte. München, 1967.

图 48　斯特拉斯堡、柏林和施瓦泽根（Schwetzingen）三座城市，规划与建成环境中的多样性

图片来源：Stadtbildpflege Berlin; Behauungsplanentwurf Schloßplatz Schwetzingen (Architekten Lutz & Wick, Kramer, Neuppert, Trosdorff), DB H. 12, 1973

且有效，但也可能在其作用之际业已过时。另一方面，来自现状的要求未必适用于未来。而这里所选立面呈现出的形态规则却是清晰可读且与时间无涉的，它不只是现有街道和广场良好特性的来源，也是古城未来面貌吸引力的保证。

图 49　从 1630 年到 1945 年间某街道的变化

图片来源：H. Pieper, Lübeck, Städtebauliche Studien zum Wiederaufbau einer historischen deutschen Stadt, Namburg, 1946

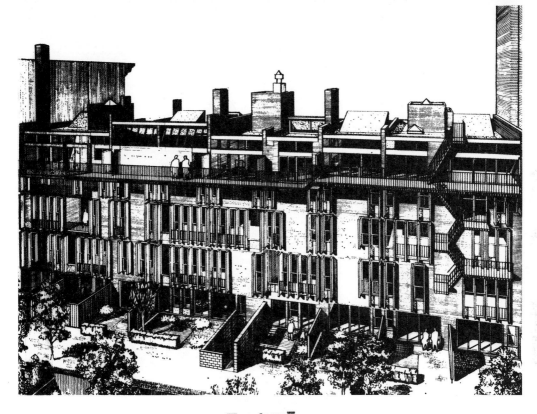

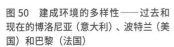

图 50 建成环境的多样性——过去和现在的博洛尼亚(意大利)、波特兰(美国)和巴黎(法国)
图片来源:Paris Project Nr. 6, Foto CSENA, New York, Paris Project Nr. 1

建筑宽度的分析表明，在雷昂拜格室内，建筑面宽 5.4～12.9m，由此可以提炼出三种典型的建筑宽度：建筑宽度 a（4～6m），建筑宽度 b（6～9m），建筑宽度 c（9～13m）。这里的规律是：最多只有两座相邻建筑拥有相同的面宽。

对建筑檐高的分析表明，古城内建筑之间的檐高各不相同，一般相差 1.2m，最大可至 3m。在七座建筑内，只有两座建筑檐高近似。

能够体现街道空间典型特征的立面序列
ABWICKLUNG EINER TYPISCHEN FASSADE, DIE DEN CHARAKTER EINER STRASSE BESTIMMT

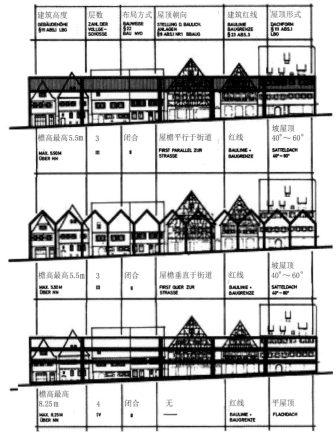

建筑高度 GEBÄUDEHÖHE §11 ABS.1 LBO	层数 ZAHL. DER VOLLGE-SCHOSSE	布局方式 BAUWEISE §22 BAU NVO	屋顶朝向 STELLUNG D. BAULICH. ANLAGEN §9 ABS.1 NR1 BBAUG	建筑红线 BAULINIE BAUGRENZE §23 ABS.3	屋顶形式 DACHFORM §111 ABS.1 LBO
檐高最高5.5m MAX. 5.50M ÜBER NN	3 III	闭合 g	屋檐平行于街道 FIRST PARALLEL ZUR STRASSE	红线 BAULINIE・BAUGRENZE	坡屋顶 40°～60° SATTELDACH 40°-60°
檐高最高5.5m MAX. 5.50 M ÜBER NN	3 III	闭合 g	屋檐垂直于街道 FIRST QUER ZUR STRASSE	红线 BAULINIE・BAUGRENZE	坡屋顶 40°～60° SATTELDACH 40°-60°
檐高最高 8.25 m MAX. 8.25M ÜBER NN	4 IV	闭合 g	无 —	红线 BAULINIE・BAUGRENZE	平屋顶 FLACHDACH

a

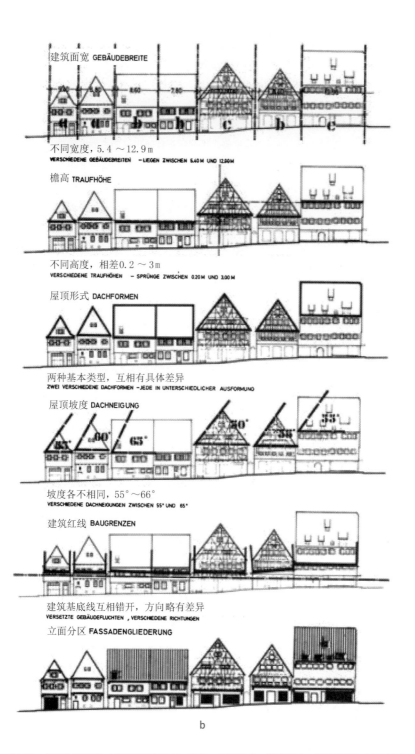

b

图 51 立面序列规则：不同的建筑宽度、檐高、屋顶形式、屋顶坡度、建筑界面和立面分区
图片来源：M. Trieb, J. Veil, Rahmenplan und Satzung zur Stadtgestalt Leonberg, Leonberg, 1973

通过对屋顶形式和坡度的分析可发现，临街建筑的屋顶形式在山墙屋顶和坡屋顶之间交替，仅山墙屋顶就有四种不同的变体。在七座建筑中有两种屋顶形式，各自又有所变化。山墙屋顶的坡度在 53°到 60°之间，坡屋顶的坡度则在 55°到 65°之间。同时所有的屋顶坡度都在 50°到 65°这个区间内，而只有两座建筑的屋顶坡度相同，同为 55°，屋顶形式又各不相同。对于建筑红线界面（Baugrenze）来说，也存在这种特定区间内的多样性。建筑的实际界面和整体红线界面之间往往互相错开，且呈现不同的角度；相较于建筑平面，这些元素的差异性在更大程度上决定了街道空间的特征。

对建筑的立面分区来说，差异性原则在一个共有的框架内得到了延续。不论是山墙顶还是坡屋顶建筑，虽然建筑立面类似，但细部却大不相同，相同元素如门、窗等，一旦配以不同的布置就可产生各不相同的特征。此外建筑的色彩材料也各有变化。

从以上分析可以得出，雷昂拜格或其他城市特色街道的基本形态规则：建筑之间绝不会完全相同，而是在以上提及的一项或多项形态元素上彼此殊异。倘若人们不只是想单纯保持已有特征，而是想利用现代建筑设计对其加以发展，那么以下的规划原则便是有效的：

须在一个给定的区间或选择域内，通过不同的建筑面宽、檐高、屋顶形式和坡度、立面分区、立面开窗序列以及色彩和材料，来营造一种同一框架下的复杂性和丰富性。

作为风貌保护条例基础的设计原则
Gestaltungs prinzip als Grundlage einer Gestaltungssatzung

基于分析，以下条例提及的规划原则被用于雷昂拜格市风貌保护条例，成为基本原则 [1]。

——空间划分
Räumliche Gliederung

在条例中，第五条规定了空间划分的结构性规则，并且在条例中进行了详述：一个街道立面序列须在给定的框架内，通过不同的立面宽度、屋顶形式、屋顶坡度、檐高、屋顶方向以及建筑的前突被划分成不同的序列段落。

——立面宽度
Fassadenbreite

在第六条第一、二款中规定了古城的建筑，哪些立面宽度是许可的，以及何种情况下，相同宽度可重复出现在相邻建筑上。

---

1 参见本书文末案例：雷昂拜格市风貌保护条例。

——檐口高度

Traufhöhe

在第九条中规定了相邻建筑檐高的最大高差。它的排列规则基于对相邻建筑高差的控制，对于层数相同的相邻建筑来说，最大高差为 1.2m。

——**屋顶形式和屋顶坡度**

Dachformen- und Dachneigungen

在第七、八条中定义了可能的屋顶形式及其坡度。其中规定坡屋顶为一般性的屋顶类型，而针对特殊的屋顶类型，如错开式的单坡屋顶应对其加以变化。在一般类型的基础上，通过形式变体可丰富屋顶形式，如错开式的坡

1. 建筑面宽
GEBÄUDEBREITE

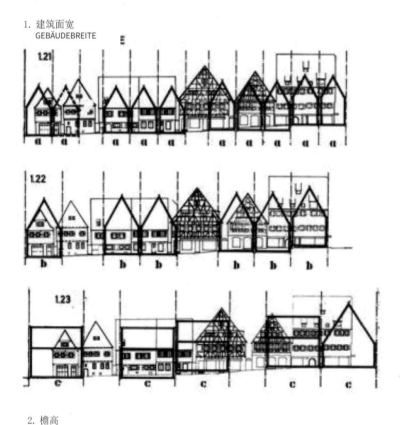

2. 檐高
TRAUFHÖHE

a

3. 屋顶形式 DACHFORM
4. 屋顶坡度 DACHNEIGUNG

5. 建筑红线 BAUGRENZE

6. 立面分区 FASSADENGLIEDERUNG

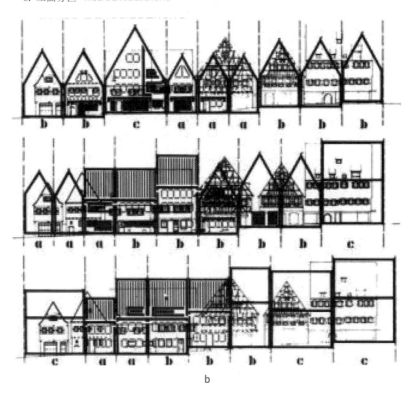

b

图 52　城市风貌导则的范型（Muster）：通过建筑面宽、檐高、屋顶形式和屋顶坡度、建筑界面及立面分区对建筑加以规定和影响

图片来源：M. Trieb, J. Veil, Rahmenplan und Satzung zur Stadtgestalt Leonberg, Leonberg, 1973

图 53　如果能始终努力保持同等品质，即便没有风貌保护条例也能获得好的效果
图片来源：建筑师：Prof. Dipl.-Ing. Ilarald Deilmann

屋顶等特殊屋顶类型。此外，作为一般性的要求，屋顶坡度规定为 50°以上，只有在特殊地区得到特殊许可的特殊屋顶形式方可超出此要求。

　　——建筑线条透视灭线

Gebäudefluchten

　　第十一条规定了立面窗户所在的横向序列须在建筑之间互相错开，并规定了错开的高差范围。

　　——立面分区

Fassadengliederung

　　在第十二条中，规定了立面分区应以古城中现存的特色建筑为标准；其也可具备现代的形式，并利用新式材料。此外，还对底层区的设计加以特别规定。

有代表性的沿街立面现状　　　　　　　　　屋顶切割

山墙临街　　　　　　　　　　　　　　　　　特殊屋顶形式

檐口临街　　　　　　　　　　　　　　　　　单坡顶预制单元

首层后退　　　　　　　　　　　　　　　　　预制单元

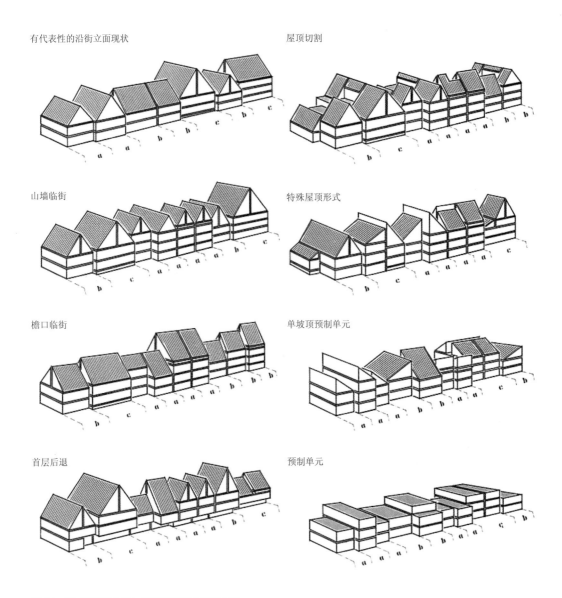

图 54　在"变化性"这一风貌原则下的多种方案
图片来源：M. Trieb, J. Veil, Rahmenplan und Satzung zur Stadtgestalt Leonberg, Leonberg, 1973.

不同的应用可能性

Unterschiedliche Anwendungsmöglichkeiten

这个风貌保护条例的成果可以在不同的应用实例中加以落实。图54中第一个序列为现状，之后的序列则表明了在层数两到三层这一共同的前提框架下，基于多样性的原则，能够发展出何种方案。依据给定前提的不同，如坡屋顶式立面、山墙式立面或二者混合、底层后退、屋顶内凹或特殊屋顶形式，可在更新过程产生各不相同的街道特征。而即使是针对同一前提条件（如最高三层、坡屋顶、山墙式立面）也可产生众多方案，这里只展示了其中一个。

根据不同的建筑面宽、檐高、屋顶坡度和加建、屋顶形式、开窗序列以及立面分区，配合以不同的色彩材料，这里的每个例子都可衍生出不可计数的可能性。给定的框架条件以及附加条件共同限定了建筑的面宽、屋檐高差、屋顶坡度、开窗序列，塑造了城市更新中建筑的一般性特征以及体量尺度。而相邻建筑在面宽、檐高、屋顶形式和屋顶坡度、开窗序列和立面分区上的差异性要求则保证了必要的多样性，并预留丰富的方案可能性。

这一风貌原则不只对历史街区的更新建设有效，也对新区规划有效，如也可应用于由平顶联排别墅组成的立面序列。图中也给出了单坡屋顶或平屋顶建筑的例子。

4.4 城市设计的要素目录
Repertoire der Stadtgestaltung

环境元素的种类、布局以及相互之间的关系决定了环境。以下提供了一个环境元素的要素目录，这些元素的具体应用、规划任务，目标设定以及其他相关可行性。

——地貌

Topographie

地貌涵盖了土壤类型、地形特征（如形式、坡度），以及现有的水系（如溪流、池塘、湖泊和河流）。将中心区的坡地用作观景平台，可算是对地形的主动式利用；而保证中心区和景观坡地间的视线通畅，是一种被动式的利用，例如，在斯图加特火车站的站前广场，可以看到布满了葡萄园的山坡。对已有山体特征的延续属于保护性的举措（如巴黎蒙马特高地），山顶的标志性建筑可以强化现有的地貌特征，山脚建筑则会减弱山体和周边的高度对比；类似德国慕尼黑的奥林匹克公园，通过对原有机场地形的改造获得了具有高低起伏的地形，则属于对地貌的改变。

图 55　提升地貌，加以主动式利用

图片来源：Blume 摄，柏林

在主动和被动意义上，均可对地貌加以利用，可以保留、强调、减弱或改变地貌的原有特征。对规划区地貌的分析应该包含地貌的类型，如陡崖、山丘、平原等，也应包括地形的起伏坡度，在地形起伏之间的视线关系，以及土壤的类型和水系[1]。

——绿植　Vegetation

每个设计分析都应包含现有植物特征的分析，特别是其形式、轮廓、结构（如通透的、密集的、平整的或参差的）、大小、气候条件和养护的实用性，以及一年四季中的变化（如常绿树和常绿灌木）。绿植是环境设计中的重要工具，比如类似柏树形态优雅且枝叶密集的树种，可在街道的西侧起到遮荫和界定空间的作用；而多枝薄叶的树木则可在夏日成为广场遮荫的最佳选择。对城市设计来说，采用的树种、草种或灌木应已存于当地，或至少是适应当地。

绿植同样可以主动和被动的方式被加以运用，根据情况不同可分为保护、改变、强化或减弱这四种情况[2]。

——气侯　Klima

气候因素包括气温、光照、平均降雨量、日照时间以及风向，也应是一个重要考量因素。可依据某区域内各项指标的强度，对其进行进一步的分区。每个区域都会有一般性的气候特征，其对周边各区域也同样有效，而此区域

1　见：K Lynch. Site Planning. Cambridge, Mass, 1962: pp14, 16.

2　见 K. Lynch, 同书 , 72 页起 ; L. Halprin, Cities, New York 1968, 176 页起 ; R. L. Zion, Trees for Architecture and Landscape, New York 1973; A. Bernatzky, Baum und Mensch, Frankfurt 1973。

**图 56　有意识地依据气候条件
进行设计**
图片来源：A. D. Tzveten 摄，纽约

内又会有自身特殊的气候特征，亦即自然和人工元素造就的"微气候"。地形、用地朝向、地表（森林、农田或建筑）、地上植物、建筑及水域的类型和大小都会对微气候构成显著影响。

　　在城市设计的方法中，需要考虑这一方面。通过较小的高差可形成较大的温差，如斯图加特丘陵环绕的区域与丘陵外侧存在显著温差，并可由此制定相应的措施，在谷地内多植树以降低过高的温度，且在步行区内种植可遮荫的树木。平均降雨量的多寡则决定了在商业街需要布置多少顶篷系统，而风向也对建筑的位置有所影响——谷地需留有风道，拱廊也需考虑通风[1]。依据气候条件不同，需要有意识地在规划中对其作出反应：气候的重要性在于其构成了一种持续的感知影响因子。穿越于不同地域间可感受到形形色色的光影关系；某地一年中的降雨天数亦可影响城市的色彩。由地中海到斯堪的纳维亚，建筑的立面颜色越来越丰富，而且色调越来越浓烈，这并非偶然。

——路面　Straßenoberfläche

　　在空间的水平向表面，也即路面上，通过色彩、材料及人、车通道的划分可对环境动态体验造成影响。而对行人的感知来说，其频繁使用的路面尤为重要，人行道的品质，会影响行人的视觉经验和行为，铺地品质亦会影响人的使用。铺地材料可影响使用者的行为，如阻碍行人进入某个区域，抑或降低其行进的速度，例如，平整的路面是易行的，反之则会阻碍行人。根据活动的不同，如购物、散步、小憩，铺地的材料也可不同。铺地可选择的材

1 K. Lynch, 同书, 19 页起和 101 页起 ; D. Olgyay, Design with Climate, New York 1969。

图 57　利用铺地控制行车速度
图片来源：K . Lehnartz 摄，柏林

图 58　街道立面的分区、材质、雕塑性和多样性
图片来源：Schnabel 绘稿，自：Victor Grün, Das Herz unserer Städte, Stuttgart, 1973.

料丰富多样：柏油、水泥、路砖、水洗石，以及各式自然石料，如花岗石、玄武石、页岩等。

——街道立面 Straßenwände

针对一座即将落成的高层，可通过规划对建筑的外轮廓进行控制。新建的高层成为一个"粗笨的木块"或是"精巧构筑物"，首先并不取决于具体的立面细节。在环境构成中，垂直面的作用至为关键；通过墙体或建筑立面，可有多种多样的构成方式。对于城市景观来说，立面的分区、材质、雕塑性[1]及色彩尤为重要。倘若一个垂直面起到了环境构成的作用，且在城市空间序列中有所作用，那么就需在具体情况下对其加以审视，考察这一元素的应用是否得当[2]。

——街道照明 Straßenbeleuchtung

照明系统涉及灯具的数量、灯光的色彩和类型，包括直接、间接、遮挡的灯光效果。沿需要照明的空间，可在其一侧、两侧或中央采用立式或者悬挂式的照明。灯具的选择及其和街道空间的关系尤其重要。通过夜间照明，可将环境内的各种关系或形式加以刻画、强调、淡化或遮蔽。在制定照明规划时，需综合多方面的因素考虑，同时整合照明技术、交通技术以及城市景观的要求。比如从交通和照明技术的角度来看，一般倾向于探向车道的灯

图 59　多样的街道照明元素
图片来源：Daldrop 摄，斯图加特

---

1 这里雕塑性德语为 Plastizität，实指建筑立面凹凸以及线脚和门窗等元素构成的体量和光影效果。——译注
2 K. Lynch, 前述著作, 69 页起；L. Halprin, 前述著作；R. Grebe, H. Wolff, Straße und Platz als städtebauliches Element, Nürnberg 1967; G. Cullen, Townscape, London 1961。

具；而在透视的角度来看，柱式的灯具却可自成一体，在夜间塑造出独立于原有空间的第二层级的空间层次。灯具的形式及单位距离内的数量决定了其在视觉上的连续性。通过对特定建筑的照明，可塑造出特殊的夜间效果，也可通过对灯具位置的经营来实现空间序列特征的刻画。通过照明角度（如中央较亮四周较暗）和灯光色彩（如对建筑立面和步行区采用暖色调的灯光）可对环境效果加以设定；此外还可通过统一的灯具形式和色彩，对重要的空间序列加以强调：赋予"路径"以个性，对"区域"的边界加以刻画，强调"节点"，并突显"地标（Merkzeichnen）"[1]。

——街道家具　Straßenmöblierung

座椅、花池、红绿灯、旗杆、火警器、电话亭、街道橱窗，以及树木等街道家具元素，对环境动态体验的作用与空间本身同等重要，特别对环境的长期使用者来说尤其如此。这类对象的设计和布置往往流于随意，仅对技术性要求加以考虑。然而街道家具的布置也是城市设计的重要任务，迄今为止亦缺少这方面的标准。比如电话亭应该位于"区域"的"节点"内，可用作标志物且应易于寻找；公共雕塑应该在色彩和材料上与背景有所区分，喷泉应可让行人接触，并且提供相应的休憩空间，街道橱窗不应阻挡主要的行人路线等。此外还有一系列其他的街道家具元素，因缺少相应的标准而被加以随意布置，比如

图 60　街道家具布置后愉快地就座

1 见：A　Mander. Gestaltungsprobleme der Stadtbeleuchtung, München 1967; B. Ibusza, Eclairage Public et la Signalisation, Paris 1972.

图 62　公共空间中的活动
图片来源：K. Lehnartz 摄，柏林

落叶收集箱、变电箱、消防栓和移动公厕等 [1]。一些图案性信息也对城市的环境构成了很大的影响。交通指示、方向标牌、广告柱以及如旅店招牌、路标、广告标牌、霓虹文字等标识构成了一个图像信息场域。这个信息场所处于持续的变化中，如日夜更替及入驻公司的更迭等都可对其构成影响。

　　不论是城市干道上的交通指示，还是商业街上的各式广告，标识的大小都会影响城市环境的面貌；这些广告和指示标牌也构成了一类城市形态元素，能提供多样的设计可能性。并非必须通过独特的形式才能塑就环境的个性，通过标识设计也可实现这一点 [2]。街道家具可对于人感知中的体验空间及环境表象造成很大的影响，在这一情况下，对街道家具的选择和布置就有着重要的作用。

图 61　内城中的路标
图片来源：Paris Project Nr. 3

1　以下为部分街道家具的列表。街道照明：闸盒、变电箱、灯具及光源。供电设施：变电箱、明线、架空线路。交通设施：交通标牌、方向指示、信号灯、候车亭、自动扶梯、地铁出入口、护栏、通风设施、停车计时器、停车场门卫亭。邮电设施：信箱、电话亭、信筒、电信配电箱。消防设施：消防栓、火警器。临时设施：落叶收集箱、施工围栏、告示栏、彩票亭、抽奖亭、横幅。其他街道家具设施：垃圾箱、座椅、移动公厕、垃圾桶、树、绿地（见绿植一段）、街道橱窗、自动售卖机、书报亭、喷泉、雕塑、旗杆。

2　街道家具相关著作：E. Beazly, Design and Detail of the Space between Buildings, London 1967; H. L. Malt, Furnishing of Cities, New York 1970; L. Halprin, Cities, New York 1968; A. Mander, Stadtdetails und Stadtgestaltung, Deutsche Bauzeitschrift, 1968(3); K. Lynch, Site Planning, Cambridge, Mass. 1962.

——功能和活动　Nutzungen und Aktivitäten

此外，环境的功能及相应的活动也算作城市设计元素之一，"区域""路径""边界"等意象元素和其上用地功能的类别、位置、大小及密度密切相关。人的活动可以影响某街道或广场的体验品质，也是城市设计中的另一重要领域，这就是所谓的活动规划。这一规划可在前期针对公共街道空间中的活动类型、活动时间、持续时间加以规划布置。通过对用地功能的规划布置，可实现对行人密度及活动时间等参数的先期控制[1]。

参考文献

高度规划以及建筑体量规划

Aregger, H.; Claus, O.: Hochhaus und Stadtplanung, Zürich 1967
City of Detroit, City Plan Commission: An Urban Design Concept for the Inner City
Kutcher, A.: The New Jerusalem – Planning and Policies, London 1973
San Francisko Planning Dept.: Urban Design Plan, San Francisko 1971
Southworth, M. u. S.: Environmental Quality in Cities and Regions, in: Town Planning Rewiew Vol. 44, Nr. 3/1973
Stadtplanungsamt Hannover: Zur Diskussion: Innenstadt Hannover 1970

负相空间结构

Bacon, E. N.: Stadtplanung von Athen bis Brasilia, Zürich 1967
Crawford, D.: Straitjacket, in: Architectural Review 1973/1
Domenig, G.: Weg – Ort – Raum, in: Bauen und Wohnen 1968/9
Engel, D.; Jagals, R. u. V.: Netzstruktur und Raumstruktur, in: Stadtbauwelt 1966/12
Essex County Council: A Design Guide for Residential Areas 1973
Fehl, G.: Eine Stadtbild-Untersuchung, in: Stadtbauwelt 1968/18
Holschneider, J.: Begrenzung und Bezugspunkt, in: Baumeister 1971/4
Joedicke, J.: Vorbemerkungen zu einer Theorie des architektonischen Raumes, in: Bauen und Wohnen 1968/9
Leonard, M.: Humanizing Space, in: Progressive Architecture 1969/4
Otto, W. F.: Der Raumsatz, Stuttgart 1969
Jagals, R.; Jagals, U.; Engel, D.: Raumstruktur in Stadtbereichen, in: Stadtbauwelt 1966, 12

立面序列

Buttlar, A.; Wetzig, A.: Die Schönheit der Stadt – berechnet in: Süddeutsche Zeitung 1973/Nr. 103, S. 151
Kiemle, M.: Ästhetische Probleme der Architektur unter dem Aspekt der Informationstheorie, Berlin 1967
Pieper, H.: Lübeck – städtebauliche Studien zum Wiederaufbau, Hamburg 1946
Trieb, M.; Veil, J.: Rahmenplan und Gestaltungssatzung zur Stadtgestalt, Leonberg 1973
Wildemann, D.: Erneuerung denkmalwerter Altstädte, Münster 1971 (s. Sonderheft des Lippischen Heimatbundes)

---

1 见 D. Dellemann 等人著作，Burano - eine Stadtbeobachtungsmethode zur Beurteilung als Lebensqualität, Bonn 1972; C. Steinitz, Meaning and the Congruence of Urban Form and Activity, 刊于 Journal of the American Institute of Planners, 1968(7)。

静态城市设计元素

Appleyard, D.; Lynch, K.: Sign in the City, Cambridge/Mass. 1963
Baumann, A.: Neues Planen und Gestalten, Münsingen (CH) 1953
Beazly, E.: Design and Detail of the Space between Buildings, London 1967
Bernatzky, A.: Baum und Mensch, Frankfurt a. M. 1973
Council of Industrial Design: Street furniture index 1972/73, London 1972
Cullen, G.: Townscape, London 1961
Dellemann, D. u.a.: Burano – Eine Stadtbeobachtungsmethode zur Beurteilung der Lebensqualität, Bonn 1972
Genzmer, F.: Die Ausstattung von Straßen- und Platzräumen, Berlin 1910
Halprin, L.: Cities, New York 1968
Halprin, L.: New York, New York, New York 1968 (Dept. of Housing and Development)
Ibusza, B.: L'éclairage public et la signalisation, Paris 1972
Lynch, K.: Site planning, Cambridge, Mass. 1962
Malt, H. L.: Furnishing our cities, New York 1970
Mander, A.: Stadtdetails und Stadtgestaltung, in: Deutsche Bauzeitschrift 1968/3
Mander, A.: Gestaltungsprobleme der Stadtbeleuchtung, München 1967 (Institut für Städtebau und Wohnungswesen)
Mander, A.: Gestaltung, Dekor und Kunst in der Stadt, in: Deutsche Bauzeitschrift 1972/1
Olgyay, D.: Design with Climate, New York 1969
Sieverts, T.: Information einer Geschäftsstraße, in: Stadtbauwelt 1968/20
Spreiregen, P. D.: Urban Design: The Architecture of Towns and Cities
Steinitz, C.: Meaning and the Congruence of Urban Form and Activity, in: Journal of the American Institute of Planners 1968/7
Stübben, D.: Der Städtebau, Leipzig 1924
Zion, R. L.: Trees for Architecture and Landscape, New York 1973

5. 城市设计的规划流程
Plannungsprozeß der Stadtgestaltung

5.1 规划流程的组成元素
Elemente der Plannungsprozesse

规划问题的定义
Problemstellung

　　城市设计的任务可涉及街道家具设计、将新建建筑与现状整合在一起的城市街区更新（Erneuerung）、新区规划、一个大都市城市发展规划中的城市设计工作纲要，以及确定某个区域的城市意象的构成元素。通过对规划问题的定义，可引出城市设计的具体任务所在。比如针对一个现状城区，需要进行分析，指出改善的必要性之所在；当然针对某新区，规划工作也可是制定相应的城市设计工作纲要（Stadtgestaltersch Programm）。

价值观
Wertvorstellung

　　这里价值指一个社会背景下的整体需求状况的反映，也就是一个集体期望从城市环境学习的过程（Lernprozesse）。如果考虑人们"尽可能学习新知"的需求，那么某街道空间的价值一方面可与其固有功能相关——这可直接或间接满足人们的需求，而另一方面则取决于来访者是否会对街道产生积极的印象，进而对街道空间有进一步了解和介入的愿望。价值观中的"观"即观念，指主体期待的理想状况在意识上形成的投影。

目标预设
Zielvorstellungen

　　基于对未来可能和期望状况的评估，可通过目标预设确定未来的行动目标。这里目标是指对未来期望状况的概括化描述；目标预设背后涉及对诸多价值的选择，价值观由此也构成了对目标的解释。为了实现目标预设中的预期，需要对多种可能目标进行甄选，完成目标的确立，而目标的确立会涉及价值观，价值观构成了行动目标的解释。

规划分析的目标
Analytische Zielsetzung

举例而言，如果导向性被确立为重要目标，那么在城市意象层面，针对某城区的分析应给出其中涉及导向性的消极和积极因素。在城市设计的流程中，目标是一个决定性的参数，决定了分析的形式和范围。如果目标为导向性，那么在现状分析中，应当调查所有和行人导向相关的重要元素。

城市意象、动态城市设计和静态城市设计的现状调查
Bestandsaufnahme, Stadtbild, Staderscheinung, Stadtgestalt

城市意象的现状调查涉及意象元素以及相应的观感品质，这一考察需要遵循规划目标的要求，比如查明哪些"区域"对于城市环境的导向性来说是重要的。

在动态城市设计的现状调查中，需要依据目标，针对环境的动态体验品质、序列品质、关联品质或效用品质展开调查工作，如回答哪些动态体验品质对于导向性来说尤为重要的问题。

静态城市设计的现状调查则需在特定的目标下，对环境构成、环境形态、空间界定、环境元素、功能和感知条件加以考察，如查明哪些环境功能对导向性来说富有意义。

城市意象、动态城市设计和静态城市设计的分析
Analyse des Stadtbildes, der Stadterscheinung und der Stadtgestalt

这里需要对环境的意象元素和相应的观感品质进行考察，探明在特定的目标预设下，其体现出正面或负面作用的原因。如一个节点的导向性为什么良好或不足？

而在动态城市设计分析中，则需要考察环境的动态体验品质、序列品质、关联品质或者效用品质，寻找其对导向性重要的因素。如在某节点处，存在着良好的感知联系，但没有功能联系，这一关联品质却可对导向性产生作用。

静态城市设计分析则试图弄清，在何种情况下以及为什么，环境形态、环境构成以及环境元素或功能对导向性的作用是正面或负面的。

未来影响因素
Veränderungsfaktoren

未来影响因素是指会对分析对象发生影响的规划或计划，无论其是否直

接涉及城市景观。这些因素可为街道中不断增加的空置建筑、未来即将实施的交通规划以及业已审批通过的建筑方案等。

对城市意象、动态城市设计和静态城市设计的预测
Prognose Stadtbild, Stadterscheinung, Stadtgestalt

城市意象的预测指，在城市设计未予干预的情况下，对观感品质的评估以及城市意象元素、表象品质未来发展的预测。比如：一条将被拓宽的街道，可能由此丧失自身识别性。同样，动态城市设计的预测包含对动态体验品质、关联品质以及效用品质在未来发展情况的推测，比如，在没有城市设计干涉的情况下，在人行道和水体间新增的绿篱会导致感知和功能联系的破坏。而静态城市设计的预测则试图给出，在特定的目标预设下，相关城市形态因素在未来的发展情况。比如，计划中的街道拓宽影响了原有环境中具备的"突变效果（Hervorhebung）"，及这一环境效果在空间序列中作为突变性元素的导向性作用。

对城市意象、动态城市设计以及静态城市设计的评估
Bewertung Stadtbild, Stadterscheinung, Stadtgestalt

依据规划目标，可对重要的意象元素进行评估，并且指出其在未来发展的问题。比如，某个"区域"的导向性不够明确，却有着良好的美学素质，但是未来的交通规划措施会对其造成消极的影响。动态城市设计评估则在给定的目标预设下，对动态城市设计中与目标相关的因素进行评估。举例而言，某"区域"的动态体验特征不够明确，与相邻的"区域"缺少区分，从而导致其导向性较差。静态城市设计评估则在预设的目标和价值下，对城市形态中的相应因素加以评判。比如某"区域"的序列品质和相邻"区域"过于相似，难以形成充足的导向性。

规划流程中的相应参数
Planungsparameter des Planungsprozesses

评估参数是在特定的目标预设下针对特定问题制定的决策参数，其在城市设计的分析及方案阶段都发挥着关键性作用。目的是给出在规划和实施过程中起重要作用的评估标准；此外在方案制定阶段，需要对不同的可能方案进行甄选，这里评估参数也起到了决策依据的作用。

外部要求
Externe Forderungen

外部要求指在城市设计工作纲要中必须考虑的外部因素，其可为经济、社会或者功能方面的因素，并为规划工作纲要提供框架性条件，如通过不同类别和强度的用地实现社会阶层在空间分布上的混合。

城市意象、动态城市设计以及静态城市设计工作纲要
Programm auf der Stadtbild-, der Stadterscheinungs- und Stadtgestaltebene

在以上内容的基础上，城市意象工作纲要（Stadtbild-Programm）要对城市设计的基本内容进行规定。在工作纲要中，依据目标预设的要求，对城市意象应有的特征加以定义。比如，在规划区内应对功能和活动加以安排，使得规划区获得一个平衡、明确、等级清晰，包含"区域""路径"和"节点"的系统。这个系统应该具备相应的效用品质，来保证系统的导向性及可以激发人们的兴趣。动态城市设计工作纲要（Stadterscheinungsprogramm）需落实城市意象工作纲要的内容。环境需要呈现出特定的动态体验品质、关联品质、序列品质及效用品质，来促进导向性和激发行人兴趣与新鲜感（Anregung）的能力，如利用良好的感知和功能联系，或通过联系具备可记忆性和独特性的元素来实现这一点。

静态城市设计工作纲要（Stadtgestaltprogramm）则直接涉及具体的实施措施，对某空间段落的环境形态、应用的环境要素目录的类别及环境功能加以定义。

城市意象、动态城市设计及静态城市设计的对比方案
Alternativen für Stadtbild, Staderscheinung und Stadtgestalt

在城市意象工作纲要的基础上，城市意象的对比方案展示了多种落实的可能性。依照前面的例子，城市意象的对比方案需满足导向性和新鲜感的要求，制定出带有相应系统的可能方案。

针对选定的意象（Bild）对比方案，动态城市设计的对比方案进一步加以深入，通过结合各式序列品质和动态体验品质，营造出独特、清晰且令人印象深刻的动态体验元素。

在选定动态城市设计的对比方案后，静态城市设计的对比方案则会利用各种可能方式来尝试对其加以落实。如可通过环境功能、引人注目的立面色

彩及富有个性的空间形式来塑造街道空间，使其让人印象深刻。

对比方案的影响预测
Prognose aufgrund der Planungsalternativen

通过对对比方案的可能影响加以模拟，可以获得相应的影响预测。对于给定的对比方案，需要推测现有的意象系统将会发生怎样的改变。动态城市设计的预测也采用相同的方式，对各种对比方案对现状的改变进行考察，如哪个方案在最大程度上利用了现状的特征。而静态城市设计层面上的影响评估则分析前二者的对比方案对城市形态的影响，如某城市意象的对比方案将会对现有的城市形态系统带来何种影响。

不同发展可能性的综合评估
Bewertung unterschiedlicher Entwicklungsmöglichkeiten

在城市意象的对比方案评估中，将依照重要的目标对各方案进行权重排序：某方案可能很好地满足了导向性的要求，而另一方案则能满足新鲜感这一要求，第三方案则能较好地同时满足这两方面的要求。在评估之后，依照选定的城市意象对比方案，在动态城市设计层面对对比方案加以评估择优，比如选取同时满足导向性和新鲜感要求的方案。而在城市形态层面，则会选取能够最优实现动态城市设计对比方案的做法，选定符合要求的形态元素组合。

城市意象、动态城市设计和静态城市设计层面的方案设计
Entwurf auf der Ebene des Stadtbildes, der Stadterscheinung und der Stadtgestalt

在选定的对比方案的基础上，城市意象方案需要对意象元素加以定义，给出具有效用品质的元素类型及其所处位置。类似地，动态城市设计方案需要规定城市动态体验元素、动态体验品质和序列品质的类别及位置。静态城市设计方案需确定各环境形态的类型和位置、序列品质、环境构成、形态特征、环境元素及功能。

这样城市设计的任务可最终由包含三个子方案的综合方案来解决：城市意象方案、动态城市设计方案、静态城市设计方案。如果一个规划任务是为某街区更新制定城市设计方案，那么这里不应先从用地类别和开发强度着手，而应着手发展一个包含各城市意象元素的复合系统，为未来居民理清城市景观风貌相关的问题。城市意象系统确定后，就可规划设计街区的感知环境系

统，完成动态城市设计方案，实现城市意象元素的诸诉求。之后可由此发展静态城市设计系统，其中将融合源自城市意象系统的用地分布、类别以及开发强度 [1]。

5.2 城市设计的流程模型
Modell des Planungsprozesses

规划流程模型展示了城市设计中的各步骤及其相互间的关系，如同城市设计的理论模型，它包括下述工作领域：项目规划（Projektplanung）、片区规划（Bereichsplanung）及系统／专项规划和战略情境规划研究以及这些规划形式的整合。

城市设计规划工作的流程图式
Flußdiagramm des Planungsablaufes

在问题定义的阶段，需要确定**规划问题的所在**，这也和项目规划、片区规划、系统／专项规划以及战略情境规划研究方面的相关**规划任务内容**有关。对问题的研究将建立在**特定价值观**的基础上，基于价值观可发展出**目标预设**，从而划定现状**调查的范围**——首先在城市意象层面上，之后则在动态城市设计层面和静态城市设计层面上重复这一原则。

在城市意象及随后的动态城市设计和静态城市设计分析中，对调查结果背后的原因进行**分析研究**。之后应该结合可能的**影响参数**，通过城市意象、动态城市设计和静态城市设计进行**预测**；设想没有城市设计干涉的情况下，未来的发展情况的模拟结果；并且依照规划目标预设对结果加以**评估**。在目标预设以及外部要求的基础上，按照评估结果可制定城市意象、动态城市设计和静态城市设计的**规划工作纲要**。

遵循规划工作纲要，可制定城市意象的**初步方案**，同样的情况也适用于动态城市设计和静态城市设计的初步方案。后需依照规划目标及方案影响预测，对各方案加以**评估甄选**，然后确定适用的初步方案，在城市意象、动态城市设计和静态城市设计层面上对其各加深化，从而形成**最终方案**。

---

1 当然，这里用地方面的内容不会等同于街区更新中用地规划的最终内容。用地规划涵盖更多的因素，城市设计只是城市规划中的一部分，但其可以影响城市用地规划。

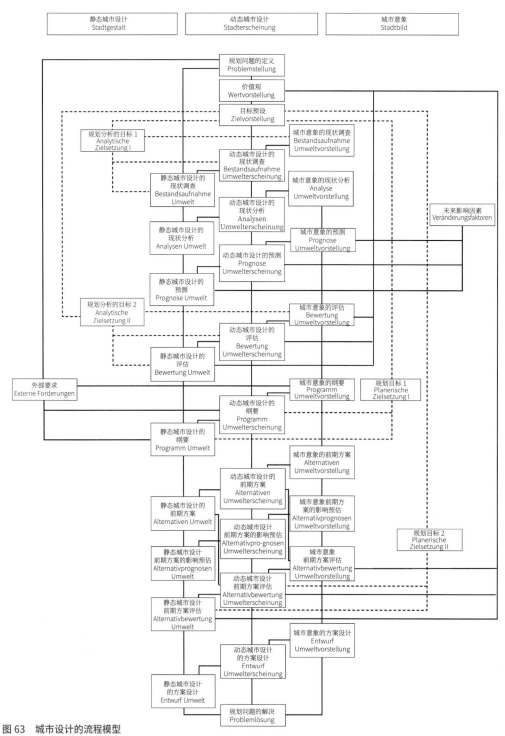

图 63　城市设计的流程模型

Modell des stadtgestalterischen Planungsprozesses

城市设计中的不同流程模型

Unterschiedliche Planungsaläufe in der Stadtgestaltung

以上流程模型展示了一般性的规划流程。依据规划层面及工作领域的不同，这一理想化的综合模型框架可变化重组，从而生成一个符合实际情况的流程。在涉及城市更新与重新开发（Sanierung）的项目规划中，这一流程模型将会达到最大的复杂度，规划流程需要提供静态城市设计层面（Stadtgestalt）的观点给予的实施建议（Handlungsanweisung），以便最终落实到详细修建规划，那么这一规划流程将以**静态城市设计层级的具体设计**（Entwurf）**为终点**。而片区规划（Bereichplanung）则在城市管理层面工作，需要结合控制性规划（Rahmensplanug），制定其中城市设计方面的内容，这里会只涉及城市意象和动态城市设计的规划，规划流程将以控制性规划中的**动态城市设计方案为终点**。在城市扩张中的新区规划中——如为一个新区规划设计"路径"和"节点"系统，则需要制定一个整体的城市景观要素发展计划。这里规划流程将结束于意象层级方案的确定，并通过示例，对动态城市设计和静态城市设计层面的设想和措施加以解释，比如"路径"的动态体验特性、序列品质以及效用品质等。在城市管理中，会涉及**战略情境规划研究**，为某大城市发展一整套的城市意象元素系统，在分析和规划的过程当中，通过系列城市意象层级的设计方案（的检验）逐步确定。这里有意识放弃了动态城市设计和静态城市设计层面的要求，而是将其留待下一实施层面再行制定。

以上可看出，城市设计的规划流程内容，会按照在城市管理、城市扩张以及城市更新中涉及的项目规划、片区规划、系统／专项规划和战略情境规划研究的不同背景而变化。当然，出于经济和时间的理由，这里所示的流程有时难以完全且连续地被执行。故而，重要的规划步骤应被特别重视，而且也应容许一些步骤的省略。

5.3 城市更新中的城市设计流程
Planungsprozeß in der Stadterneuerung

以下将在城市更新中，在规划模型的基础上，对完整的城市设计流程加以讲解。当然，在规划实践中，某些分析或规划步骤不会被严格执行——这也并非完全必要。按照实地情况、规划任务，以及政治、经济和时间上框架条件的差异，所执行的部分也会不同。此外，人们须在一个交互性的流程中工作，在最初面对问题时，不只是调查分析，也要同时尝试制定草案：调查分析及规划设计间的交互工作必会富有成效。这里并不讲解具体的规划方法，而只是描述一个系统化流程中的各个步骤。

规划目标
Zielformulierung

居民所持有的关乎城市景观的价值观总结，比如希望生活在多样、富有变化和新鲜感的"区域"，其中人们可不断经历新鲜的体验，获得积极的情绪；塑造一个便于来访者定位和寻找方向，同时又具备特定的美学素质的城区，使人能在其中感受到关怀。对于规划师来说，需要把这些要求转译为专业的术语表述，以符合相应的价值需求。比如规划目标可表述为，规划一个包含有"路径"的意象元素系统，"路径"应具备良好的导向性和新鲜感。

现状调查
Bestandsaufnahme

规划分析的目标会对现状调查的内容提出要求，比如需调查涉及新鲜感和导向性的城市意象要素。相应地就需在导向性的目标下去考察现有的效用品质、表象元素及其品质，同时也需在新鲜感这一目标下审视以上特性。重要的是先对如"路径""区域"或者"边界"等意象元素加以调查，探明其在城市居民意识中的状况，然后调查和目标相关的观感品质：如某"区域"可在一定程度上激发观察者的新鲜感，但是可读性较差，虽与富有趣味的"路径"相邻，但是与其缺乏良好的联系。这些特性塑就了城市意象，并且也是感知品质的基础，比如"独特的"或是"让人印象深刻的"。之后则调查构成"路径""区域""边界"等城市意象元素的动态城市设计，对现有的动态体验和效用品质加以调查，比如环境动态体验的强度及环境功能。最后需要调查重要的静态城市设计因素，如环境构成、环境中各项功能的布局、界定和强度等。

现状分析
Bestandsanalyse

在现状调查的基础上，依据目标预设，比如新鲜感和导向性，对调查结果背后的因素加以分析。在城市意象层面，将效用品质组成元素的类别和构成方式加以分析。同样地，也对构成城市意象元素的表象品质加以分析。在动态城市设计的层面，则需对动态体验和效用品质的类别和构成加以分析，如动态体验的强度（Intensität）、功能的独特性等。相应地，在静态城市设计层面，则应对重要的环境构成元素加以分析，如环境功能缺乏可读性、街道空间单调重复等。

现状预测

Bestandsprognose

之后，会以现状为基础，在没有城市设计干预的预设前提下，对未来的发展状况加以模拟。在城市意象层面可为预测城市意象元素、效用品质及表象品质的变化。这种变化可能来自于交通规划，如通过街道拓宽工程，原有作为"路径"的街道会变成带有隔离性质的"边界"，并且丧失掉显著的特性。同样在动态城市设计和静态城市设计层面也会对未来情况加以预测，在这个例子里，可能意味着街道将丧失掉特定的动态体验和序列品质。

现状评估

Bestandsbewertung

在相同的目标下，对现状调查和现状预测的结果加以评估。比如现有的发展趋势会意味着城市导向性的改良，但是城市环境给人带来的新鲜感却会减弱。同样也需在特定目标下，对城市意象和动态体验以及城市形态的相关因子加以评估；评估结果可为：意外性元素的减少将导致导向性的改良，但是由于重复性元素的增多、效用品质的减弱以及环境元素的简化，将会导致环境的新鲜感变弱。

规划工作纲要

Planungsprogramm

基于规划目标、现状评估以及如改善交通等外部要求，可在规划工作纲要中对预期的城市意象特征加以规定。比如按照激发新鲜感这一目标，需要观察者对效用品质作出积极反应。这就意味着需要通过"区域""路径"和"边界"组成特定的**城市意象系统**，这一系统需要兼具个性、可读性和可记忆性等特性。比如其中的"路径"需要具备足够的连续性，以同时保证环境的新鲜感和导向性。通过意象工作纲要可引出**动态城市设计工作纲要**，其中可规定各环境片段需要具备的动态体验品质，如独特性、强度以及支配性等，并结合感知和功能关联来强化这些特性。在**静态城市设计工作纲要**中，需要进一步规定功能和活动的类别及其位置，以及决定静态城市设计在三维层面上的构成。举例而言，如果需要通过某空间序列来塑造环境的新鲜感，那么可以尝试通过优越位置的营造来塑造意外性元素；通过良好的感知和功能关联，可由此赋予环境以独特性、强度和支配性等动态体验特性，并且使得"路径"这一意象元素获得个性和可记忆性。类似的做法也适用于序列品质，如可以要求将环境元素中的某一项如树木作为重复性元素加以运用，塑造出连续的表象品质，帮助行人定位，同时又不应损害环境的新鲜感。

规划对比方案
Planungsalternative

在规划工作纲要的指导下，首先需要在城市意象、动态城市设计和静态城市设计层面制定规划对比方案。这意味着尝试**以多种不同的方式构筑城市意象系统，以及个性、可读性和可忆性这些表象品质**。某方案可能落足于环境动态体验的视觉特征，而在另一方案则可建构于环境的功能和意义。这样，"区域"和"路径"等特性有可能通过环境功能的独特性和可读性获得其特征，而只需在个别位置出现特殊功能、动态体验和意义的完整融合。同样诸如独特性、强度以及支配性这些动态体验品质也可通过体验过程，通过功能的强度，通过意义体系来营造。同样，虽然某些或多个效用品质，可以带来意外性元素性质的作用——例如优越位置、突显或者支配性等方式，但调用一些环境要素也可以起到类似的作用，如通过色彩和材料以及结构来塑造意外性。这些都属于对比方案中的可用元素，并且还可以互相组合。

对比方案影响预测
Alternativprognosen

在对比方案影响预测这一步中，**将依据目标设定和外部要求对每个方案的可能效果加以预测**。在城市意象层面，可能一个方案表现出多样的意象元素结构，具有互相叠加和多样的各种"区域"，并基于交通规划的要求，具有简洁的路径系统；而另一对比方案的"区域"系统相对单一，但其间穿梭有多样的"路径"系统，同时"路径"系统和交通规划却构成了矛盾，并且导向性较差。同样，在动态城市设计和静态城市设计层面，也会对对比方案进行类似的影响预测。

对比方案评估
Alternativbewertung

伴随对比方案评估这一阶段，城市设计的初步规划阶段接近了尾声。在城市意象层面，将依据外部要求以及如新鲜感和导向性等规划目标，对不同对比方案的预测结果进行比较和选择。选择的方案结果会进一步对动态城市设计的对比方案选择构成影响，并进一步对静态城市设计层面的对比方案选择构成约束。

规划方案
Planungsentwurf

　　以上步骤构成了城市意象、动态城市设计和静态城市设计方案的基础。例如在城市更新中，应先完成城市意象层面的方案，比如设计一个复合的城市意象元素系统，将"区域"规划为含有各种功能强度和动态体验强度的区域，其间穿插等级明确的路径系统，而主次节点又进一步对路径构成了划分。在动态城市设计层面，通过对动态体验品质和效用品质的布局塑造，可落实上一层面的内容，并且构成静态城市设计方案的基础——不仅通过环境功能，还通过环境形态来对"区域"加以塑造，利用特殊的建筑形态和立面塑造出建筑特征，通过空间比例塑造出城市空间的特征。节点可被用作意外性元素，并且需要承担指引方向以及成为地标的作用，具体到静态城市设计层面，其可为一个独特的广场空间，具备令人印象深刻的空间特征和空间元素。通过独特且统一的道路、人行道铺地、立面、灯具，以及树种和树群的布置、屋顶的朝向，可以塑造出独特的空间。在静态城市设计层面，可以通过一个或

图 64　城市更新中的环境元素
图片来源：K. Lehnartz 摄，柏林

者多个城市形态元素来构成重复性元素，如利用树木、立面色彩、立面材料、人行道的铺地纹样、统一的灯具等来实现这一点。

5.4 城市设计的工作范畴
Arbeitsfelder der Stadtgestaltung

城市设计的工作范畴可从城市意象一直延伸到街道家具设计。在任一规划区，无论是整个城市或某一街区，都应先在城市意象层面进行考察，决定规划区呈现了哪些特征。之后可发展城市意象初步方案（Konzept）；它决定了城市设计应当满足哪些要求。然后编制工作纲要——规划区应具备哪些意象元素，如"区域""路径"和"节点"等。城市意象方案就此成型。在动态城市设计层面，进一步确定城市景观元素应具有什么特征，展现出何种效果，并将这些要求落实入序列规划（Sequenzplanung）和片区规划中，在部分情况下，也可结合活动规划（Aktivitätenplanung）加以确定。在城市形态层面，需要通过用地和交通规划、建筑体量控制方案（Baumassenkonzept）、负相空间结构和各式环境要素目录来营造最终效果。从城市意象到静态城市设计，或在方向相反的链条中，隐含着多种解决问题的可能性。

从城市意象到静态城市设计
Vom Stadtbild zur Stadtgestalt

一方面，同一"理想城市意象（Soll-Image）"需要通过城市设计的系列不同目标达成。通过不同的动态体验要素可以达到城市设计的同一目标。同一动态体验要素可以通过不同的感知效用（Wirkung）来塑造，同一感知方式也可以通过不同的静态城市设计元素来达成。

从静态城市设计到城市意象
Von der Stadtgestalt zum Stadtbild

反向，通过如地貌、绿植和公共艺术等城市形态元素可以获得诸如"围合"等效果。而通过在某地应用特定的"围合"效果，可以塑成"区域"这一城市意象元素的部分特性；富有趣味的"区域"可落实城市设计的目标，并且可以对理想城市意象予以积极性的塑造。在这一关系链条中隐含了学术、艺术和政治方面的成分。逻辑性链条的构建来自于城市设计的科学维度，而对比方案的制定则需要城市设计的艺术维度，在不同对比方案之间的决策，在科学与艺术维度之外，则涉及政治的维度。

城市意象方案
Konzept des Stadtimages

　　城市意象方案建立在对现状意象（Ist-Image）分析和评估的基础上，提出未来理想的城市意象。城市意象规划，先分析评估城市以及其局部的意象现状，之后提出理想的城市意象，以及其应具备怎样的特征赋予整体区域，以及相关的城市局部应当赋予的次级意象（Unterimage）及其相应特质。城市意象在不同层级的方案成果应该被整合入城市战略规划的城市发展目标中。

城市设计的目标
Ziele der Stadtgestaltung

　　城市设计的目标系统由高级、中级和低级目标组成，需要根据具体规划任务来加以制定。针对整个城市，还是局部地区——这些目标也应有所不同，可各自针对城市、区域、区域的部分要素或者具体项目加以制定。目标的等级体系（Zielhierarchien），应对应城市意象、动态城市设计和静态城市设计层面进行设定：由此构成一个由表象品质一直到效用品质的环境品质链条。这些目标一方面可融合入城市发展目标，另一方面会被整合进城市战略规划工作纲要中。

城市意象规划
Stadtbildkonzept[1]

　　在城市意象方案中，将对现有的城市意象元素如"区域""路径"和"边界"加以调查、评估，在考虑了未来变化的情况下，对城市意象元素加以规划。方案需要定义意象元素的位置、大小、等级以及特性，也应确定意象元素的基本特征和表象品质。城市意象方案应被结合入城市发展战略规划和城市用地规划中。

---

1 德语中 Konzept 是一个较为复合的概念。就城市规划专业而言，专有名词 +Konzept 带有专项规划图纸的含义，例如 Vekehrskonzept，是指交通规划理念，属于总体规划中的相关内容的图纸。但 Vekehrsplanung 则代表独立专项交通规划的整体工作与全部内容。Sequenzplanung 与 Sequenzkonzept 的差异与其相似，前者指这一规划工作，后者指整体城市设计工作成果中，序列规划的成果图纸。——译注

空间序列规划
Sequenzkonzept

在空间序列方案中，需沿某空间序列设置不同的元素，使其符合城市设计的目标以及城市意象方案的要求。这里可能同时涉及"区域""边界"和"节点"等元素的处理，并且可对公共空间中活动的出现时间、持续时间和强度加以考虑。空间序列规划应被整合入城市控制性规划或结构规划中。

建筑高度和体量控制规划
Höhen- und Baumassenkonzept

通过建筑高度和体量控制方案可对整个城市或城区的建筑高度、体量及其分布加以控制。按照规划区大小的不同，方案的深入程度也不同，其可成为城市战略规划、城市框架或结构规划以及多个详细修建规划的一部分。视域控制规划（Sichtflächenpläne）可成为此类规划方案的一种补充。

负相空间规划
Negativraumkonzept

通过空间结构，比如空间的曲直及空间等级，可以构建出规划区的空间序列系统。由连续、半开敞或者开敞的空间序列可塑造负相空间结构，并塑成三维的公共空间网络。负相空间方案可对城市控制性规划（Rahmenplan）或结构规划（Strukturplan）及详细修建规划形成影响。

立面序列规划
Fassadenabwicklung

立面分区（Fassadegliederung）和立面序列的规划细化了负相空间内的空间序列。在立面序列方案中，将对立面分区、色彩结构和材料结构，以及立面序列的具体方式（Fassadefolgen）加以确立。这种序列规划可用作城市控制性规划或结构规划的设计导则（Gestaltungsrichitlinie），或者对法定修建规划加以补充，又或可成为地方风貌保护条例的一部分。

街道家具设计
Straßenraummöblierung

为街道空间，如步行街、住区街道、游戏街道（Spielstraße）[1] 等制定街道家具方案，这里也包括为城区或者整个城市制定的照明规划方案，对城市广告标示系统的控制导则也在此列；这些对细部加以考虑的规划方案可成为多个规划层面的组成部分。

参考文献

现状调查和现状评估

Agrittolis, G.; Fehlemann, K.; Nibbes, C.; Puffert, A.: Stadtbilduntersuchung – ein Aspekt der Stadterneuerung, in: Neue Heimat 1972/11

Albers, G.: Entwurf zur Stadtbild-Bestandsaufnahme, München 1971 (vervielfältigtes Manuskript)

Albers, G.; Bühler, F.; Kolb, M.; Wiesmaier, R.; Werner, A.: Stadtkern Rottweil, München 1973 (Forschungen und Berichte der Bau- und Kunstdenkmalpflege Baden-Württemberg, Bd. 3)

Albers, G.; Breitling, P.; Bühler, F.: Stadterneuerung und Entwicklungsplanung Beispiel Altstadt Ulm, Stuttgart 1972

Bortz, J.: Erkundungsexperiment zur Beziehung zwischen Fassadengestaltung und ihrer Wirkung auf den Beobachter, Nürnberg, o. J. (vervielfältigtes Manuskript)

Buttlar, A.; Wetzig, A.: Die Schönheit der Stadt – berechnet, in: Süddeutsche Zeitung 1973/103

Craik, K. H.: The Comprehension of the everyday physical environment, in: Journal of the American Institut of Planners 1968/1

Franke, J.: Zum Erleben der Wohnumgebung, in: Stadtbauwelt 1969/24

Franke, J.; Bortz, J.: Der Städtebau als psychologisches Problem, in: Zeitschrift für experimentelle und angewandte Psychologie, Bd. XIX, 1972/1

Halprin, L.: Motation, in: Progressive Architektur 1965/7, Berlin 1965

Kossak, E.; Sieverts, T.; Zimmermann, H.: Beratende Planung für kleine Städte, in: Stadtbauwelt 1968/17

Krampen, M.: Das Messen von Bedeutung, in: Werk 1971/1

Lynch, K.: Das Bild der Stadt, Berlin 1965

Porteous, J. D.: Design with People, in: Environment and Behavior 1971/5

Schmidt, H.; Linke, R.; Wessel, G.: Gestaltung und Umgestaltung der Stadt, Berlin 1970

San Francisco Planning Dept.: Urban Design Plan, San Francisco 1971

Seitz, P., Nicolovius, M.: Neue Heimat (Hrsg.) Informationsreihe Stadtbilduntersuchungen, Hamburg 1973

Sieverts, T.: Entwurf zur Stadtbild-Bestandsaufnahme, Berlin 1970 (vervielfältigtes Manuskript)

Sieverts, T.: Stadtvorstellungen, in: Stadtbauwelt 1966/5

Sieverts, T.; Trieb, M.; Hamann, U.: Der Stuttgarter Westen als Erlebnisraum, Stuttgart 1974, Stadtplanungsamt Stuttgart

Soutworth, M. u. S.: Environmental Quality in Cities and Regions, in: Town Planning Review 1973/Nr. 3

Thiel, P.: La Notation de l'espace, du mouvement et de l'orientation, in: Architecture d'Aujourd'hui 1969/9

Trieb, M.: Urbane Korrelationen, Stuttgart 1969 (vervielfältigtes Manuskript)

Trieb, M.: Bestandsaufnahme in der Stadtgestaltung, Stuttgart 1971 (vervielfältigtes Manuskript)

---

1 德国交通类型中，有安静居住区域（verkehrsberuhigter Bereich）的专属类型，Spielstraße 是这一类型街道的日常称谓。允许儿童游戏、汽车交通、行人步道各种职能的混合使用。该类型街道中，行人绝对优先，汽车需负全责避让人群，车行速度虽然不做明确规定，但通常会低于 15km/h（参见：https://www.bussgeldkatalog.org/）。——译注

空间序列模拟和谱记法

Auger, B.: Der Architekt und der Computer, Stuttgart 1972

Campion, D.: Computer in Architectural Design, London 1968

Freie Planungsgruppe Berlin: Gutachten für Helmstedt, Lippstadt, Ansbach, Hamburg u. a.

Halprin, L.: Motation, in: Progressive Architecture 1965/7

Levasseur, C.: Approches théoriques sur l'utilisation des perspectives sur ordinateurs en architecture, in: Techniques et Architecture, 1971/5

Negroponte, N., Regent Advances in Sketch Recognition in: National Computer Conference, Boston 1973

Thiel, P.: La Notation de l'espace, du mouvement et de l'orientation, in: Architecture d'Aujourd'hui 1969/9

Trieb, M.: Simulation de l'espace urbain, in: AIPA-Journal, Paris 1970

城市设计的实施措施

Conrads, U.: Architektur S Spielraum für Leben, Gütersloh 1972

Erdmannsdorffer, K.: Die Ortssatzung – ein Mittel zur Rettung unserer Altstädte, in: Der Bauberater 1971/3

Jesberg, P.: Stadtgestaltung – Stadtbildplanung, Deutsche Architektur und Ingenieurzeitschrift, 1973/3

Peschke, U. K.: Die Idee des Stadtdenkmals, Nürnberg 1972

Planungsstab der Stadt Reutlingen: Entwurf einer Altstadtsatzung, Reutlingen 1973

Schmidt-Brümmer, H.; Lee, F.: Die bemalte Stadt, Köln 1973

Sieverts, T.: Erneuern ohne zu zerstören, in: Die Zeit 1973/36

Sieverts, T.; Trieb, M.; Hamann, U.: Der Stuttgarter Westen als Erlebnisraum, Stuttgart 1974

Stadt Bietigheim: Altstadtsatzung, Bietigheim 1970

Stadt Dinkelsbühl: Dinkelsbühler Baugestaltungsverordnung, Dinkelsbühl 1967

Stadt Duderstadt: Ortssatzung über Baugestaltung, Duderstadt 1961

Stadt Goslar: Ortssatzung über Baugestaltung, Goslar 1964

Stadt Hameln: Ortsstatut zur Erhaltung des historischen Orts- und Straßenbildes, Hameln 1968

Stadt Nördlingen: Gemeindeverordnung über besondere Anforderungen an die äußere Gestaltung baulicher Anlagen, Nördlingen o.J.

Stadt Münstereifel: Satzung der Stadt Münstereifel über die Baugestaltung und Pflege der Eigenart der Ortsbilder, Münstereifel 1966

Stadt Rothenburg: Ortssatzung über die Baugestaltung in der Stadt Rothenburg o.d.T., Rothenburg 1952

Stadt Rüsselsheim: Bausatzung Rüsselsheim, Rüsselsheim 1963

Verordnung der Salzburger Landesregierung: Bestimmung über die Erhaltung der äußeren Gestalt der Bauten in der Altstadt, Salzburg 1968

Trieb, M.; Veil, J.: Rahmenplan und Gestaltungssatzung Leonberg, Leonberg 1973

6. 城市设计的方法
Methoden der Stadtgestaltung

6.1 现状调查和现状评估
Bestandsaufnahme und Bestandsbewertung

依据城市设计流程中层面和阶段的不同，可区分多种现状调查类型。调查既可能针对现状的城市意象（Ist-Image）展开，也可能围绕街区的垃圾桶类型来研究；依据规划问题的需要，可确定不同的调查对象和范围。时至今日，已有大量城市设计调查的案例[1]。

调查可以涉及地貌、绿植及气候，也可以针对某个街道或广场的环境形态，城市的负相空间结构及其空间界面，城市建筑的高度和体量，或为某个特色建筑的视域分析，以及针对环境心理特性的调查——比如对某环境片段的效用品质与体验品质的调查。此外还可针对如"区域""路径"或者其他意象元素进行调查，或依据市民问卷调查对城市设计的目标加以分析评估，对公共空间中市民活动的时间、地点以及持续长短进行考察。在静态城市设计层面，针对建筑的立面分区、立面序列（Abwicklung）的规则、色彩和材料以及街道家具都可进行相应的调查。

依据城市设计的目标和价值设定，可以生成明确的评价标准，各式调查结果需要依此进行评估。不论是地貌还是城市的天际线，如果不能通过评估成果给下一步工作带来指引，那么现状调查也就失去了意义。而依据评价标准的不同，同一个现状情况可判定为积极的，也可被看作是消极的。

例子：城市意象元素的现状调查和评估
Beispiel: Bestandsaufnahme und Bestandsbewertung der Stadt-bildelemente

利用凯文·林奇的访谈调查法，针对城市意象元素或表象元素的调查已然众多[2]。原则上这类调查方法需要一个熟练的专业调查者，对调查区域的城市意象进行分析，制作一个意象地图；同时选取有代表性的人群，通过

---

1 以下为城市设计现状调查的例子：F. Bühler, M. Kolb, R. Wiesmaier, Stadtbilduntersuchung und Stadtbildkernerneuerung - Beispiel Rottweil, Stadtbauwelt, 1972(35); E. Kossak, T. Sieverts, H. Zimmermann, Beratende Planung für kleine Städte, Stadtbauwelt, 1968(17); San Francisco Planning Dept., Urban Design Plan, San Francisco 1971; M. Trieb, J. Veil, Rahmenplan und Satzung zur Stadtgestalt Leonberg, Leonberg 1973; T. Sieverts, M. Trieb, U. Hamann, Der Stuttgarter Westen als Erlebnisraum, Stuttgart 1974.

2 K Lynch. Das Bild der Stadt. Berlin, 1965.

访谈获取其对城市意象元素的看法以及评价。之后将专业调查者和被访谈者的地图加以叠加，对"区域""路径""边界"以及"节点"的表象品质构成，以及动态城市设计和静态城市设计背后的元素进行研究[1]。然而，依照这一城市设计理论模型制定的城市意象调查，并不同于凯文·林奇的调查，林奇的调查着眼于获取一种无关目标预设、价值中立、关乎人类普遍环境体验的"现象原型（Urphänomen）"。而这里的调查则着眼于对城市意象的主观评估，除了涉及意象元素的构成还涉及观察者在特定价值观和目标预设下，对城市景观要素（Stadtbild elemente）的主观感受。在心理学中，发展出了一系列的方法对这些主观评估进行调查[2]。如前所述，观感品质为观察者针对城市意象的评价，应用语义分化法或极性侧写（Polaritätsprofil）[3]，可对其进行调查[4]。在这一调查方法中，需要将一对意义相反的形容词，如美丽—丑陋，分置于一个表格的左右两极，在二者间标上刻度用于表示程度。被访问者可在刻度上表达其主观评价。通过这一方法，可对特定的对象，如立面、建筑或街道空间、"区域"加以评判。这种方法可以图表的形式显示出对象在两极间的位置及程度，可呈现被访者对某区域的评价，并可将此区域与其他区域进行直观比较[5]。这种研究承认依据价值和目标的不同，同一对象可能获得不同的评价。所以，有必要依据目标的不同，如新鲜感、导向性，甚至美学 (Schönheit)，来制定不同的表格。

城市层面上的关联性体系
Urbane Korrelationen

利用信息美学中量化美学的方法，可对街道建筑立面进行数量化分析，

---

1 此类调查可以参见以下例子： R. Linke, H. Schmidt, G. Wessel, Gestaltung und Umgestaltung der Stadt, Berlin 1970; J. D. Porteous, Design with People, Environment and Behavior, 1971(5); T. Sieverts, Stadt-Vorstellungen, Stadtbauwelt, 1966(5).

2 见： K H Craik. The Comprehension of the everyday physical Environment. Journal of Planners, 1968(1).

3 语义差异量法（Semantische Differential）是描述法的一种。让被访者对句子的意义进行解释，从而投射出其消费心理。之后介绍的工作方法，为语义分化表的典型描述，20 世纪 50 年代出现后成为心理学的一种调查方法。
  根据德语百科（https://www.godic.net/），Polaritätsprofil 与其同义，这里尊重原著的表述方式，给予字面翻译。——译注

4 针对环境经验引发的情感反应，目前发展出了语义差异量表的方法，对复合环境刺激以测度表的形式进行调查和记录。由此也可对城市意象元素引起的情感反应加以记录和比较。在城市设计领域对其可操作性进行了成功尝试后，今天多采纳一种复合的测度量表，可由其记录八种不同的体验维度。这一城市环境（städtische Umwelt）现象的情感分析工具来自纽伦堡大学 Prof. Dr. J. Franke 领导的经济和社会心理学研究所。可见： J. Franke, Der Städtebau als psychologisches Problem, Zeitschrift für experimentelle und angewandte Psychologie, 1972(1); J. Franke, Zum Erleben der Wohnumgebung, Stadtbauwelt, 1969(24)。

5 见： M Krampen. Das Messen von Bedeutung, Architektur, Stadtplanung und Design. Werk, 1971(1).

但分析本身并不能说明立面序列对街道品质的意义。而应用语义差异量表对立面进行质量性分析，并未纳入环境元素的种类、数量和秩序等方面的客观信息——虽然它们才是真正参与决定了城市意象。惟有把序列的定性和定量分析结合起来，才能建立起立面在城市层面的关联性体系，对其中的规律、交互关系加以研究，并且在发展预测中加以应用。这一关联性体系研究方法的思路出现后[1]，按照信息理论的模式，被应用到了一些城市景观的维护工作（Stadtbildpflege）中[2]。对于城市设计来说，信息理论式的分析结果必须同质量性分析研究在同等地位上并置，才能对规划实践产生良好的指导意义[3]。

6.2 空间序列模拟和谱记法
Sequenzsimulation und Notierungsverfahren

空间序列模拟
Sequenzsimulation

如果序列谱记法（Sequenzchoreoprahie）可等同于某城市区域的"乐章总谱（Partitur）"，那么在城市设计中，也缺乏让一个城市设计方案得以试演的可能性。只有在概念设计阶段就对方案的可能效果进行推演和模拟，才能真正在居民的日常视角下深化和评估方案。这就有必要对方案进行模拟。我们可以设定一个目标：将一个城市扩展新区，所有可能性的整体道路序列，以三维的方式去模拟。

——计算机模拟
Computersimulation

计算机技术提供了模拟的可能性。近年来，利用计算机已经可以制作出合适的透视图，在一个街道空间内，沿着序列空间内的行进路线可对动

图 65 空间序列的谱记

1 见：J. Bortz, Erkundungsexperiment zur Beziehung zwischen Fassadengestaltung und ihrer Wirkung auf den Betrachter, 多部打字稿，无年份和地点；M. Trieb, Urbane Korrelationen, 多部打字稿, Stuttgart 1969。
2 见：A Buttlar, A Wetzig. Die Schönheit der Stadt berechnet, Süddeutsche Zeitung, 1973(103).
3 在针对斯图加特城区的居民问卷调查中首次发展出了综合的评估方法。见：T. Sieverts, M. Trieb, U. Hamann, Der Stuttgarter Westen als Erlebnisraum, Stuttgart 1974.

态城市设计制作多张透视图。这项技术要求将空间比、空间进深以及重要的细部，如立面结构和街道家具等，输入计算机内。这些数据具备后，计算机程序可以提供在任意视角和距离下的透视图[1]，透视图可呈现于显示器上，或由输出设备在纸质媒介上完成绘制。而通过模拟动画，可在一秒钟内呈现 20 张以上的连续图片，从而以电影的形式对一个规划的街道空间进行模拟。这样我们就有了一种技术可能性，在任意可能的视点处对规划的街道空间序列加以控制和修改，比如改动街道空间的比例，然后以行人或者汽车的视角对整个空间序列加以模拟。而技术的进步将进一步改良这一方法的实用性。新式的扫描输入设备可以将一个草图数字化，通过特定的感应设备也可将一个现状的街道图像转化为三维的街道空间数据。结合这两种方法，可以对一个现有的街道空间结合规划方案进行快速的模拟。如可以考察新建建筑对现状街道立面的影响，或者考察将某建筑地块替换为广场空间的效果等。

　　——**全息模拟法**

Holographische Simulation

　　时至今日，随着全息技术的系统应用，通过立体投影原理也可进行模拟。结合这种技术，未来在城市规划中，一个新区的路径序列有可能以三维的形

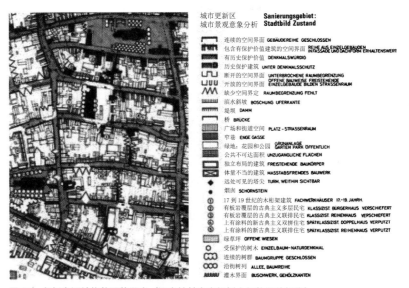

图 66　负相空间结构的现状调查（源自柏林自由规划小组的评估报告）
图片来源：Freie Planungsgruppe Berlin, Gutachten Lippstadt

---

1 M Krampen. Computer im Design, Kunst aus dem Computer. Stuttgart, 1967.

式，被双向地投射到一个虚拟空间内，使得这个空间以接近实际的效果被模拟出来，人可以在虚拟空间内自由选择视点，能够以行人或者汽车的视角对该空间的动态体验进行检验[1]。

如果对这些技术加以应用，那么现有的城市设计工具可能会发生大的转变。即便是现有的规划流程原则上仍可保留，但是具体的方案设计过程，特别是效用品质、动态体验品质以及序列品质的设计可以三维化，在三维立体图像上进行直接的、可塑的方案设计[2]。

——谱记法

Notierungsverfahren

目前已存在多种谱记法，也即通过符号对环境体验进行一种现象式

图 67　城市意象方案的谱记符号（汉堡阿勒米俄新区的规划方案，作者：柏林自由规划小组）
图片来源：Freie Planungsgruppe Berlin, Gutachten Hamburg

---

1 M Trieb. Simulation de l'Espace Urbain. AIPA - Journal, Paris, 1970.

2 见：D. Campion, Computer in Architectural Design, London 1968; C. Levasseur, Approches theoriques sur l'Utilisation de Perspectives sur Ordinateurs en Architecture, Techniques et Architecture, 1971(5); B. Auger, Der Architekt und der Computer, Stuttgart 1972.

的标注，劳伦斯·哈普林、菲利普·泰尔以及柏林自由规划小组（Freien Planungsgruppe Berlin）都有此尝试[1]。如果这种谱记法难以得到应用，这并非是缺少成熟的方法，而是缺少统一模式之故：需要确定在现状调查和规划中，哪些内容需要通过符号记录和表达。时下适用的谱记法多来自柏林自由规划小组，其他规划组织常对其加以引用。自然，如果出现了新的分析需要或者规划内容，应对其加以补充。谱记法的适用性取决于其是否能够针对规划内容提供凝练的记录方法，以便现状调查和规划设计之用。对可与之类比的五线谱、舞谱或速记法，也有类似要求。附图中展示的一些符号和序列规则被用在动态城市设计层面的规划中，虽说这些符号并不符合常见的规划需要。

6.3 城市设计的实施措施
Stadtgestalterische Realisierungsmaßnahmen

规划法和建筑法的起草
Ausschöpfung des Planungs- und Bauordnungsrechtes

城市设计方案的实施应该得到规划法和建筑法的支持[2]。在法律层面上，不应只是在框架规划和由此产生的法定规划中考虑城市的风貌景观，还要在建筑方案审批中，不论是新建或者改造建筑，都应对其加以要求。以德国巴登－符腾堡州为例，不应只是依照联邦颁发的规划法，即建设法典的第一条第五款（建设引导规划应考虑……地方景观保护风貌的诉求）以及第九条第二款（州政府可以通过法规决定……是否地方可在修建规划中对建筑的外形设计加以规定）中给出的基本原则展开工作，也应考虑州建筑规范（LBO）中的要求，如州建筑规范第十六条和十七条（建筑应该和周围达成和谐，不损害街道景观和地方风貌；另见第十六条第二款）。这样就不只是在控制性规划中的空间方案中考虑建筑的外形和外部空间，必要的话还应该依据州建筑规范的第一百一十一条第一款第二项以及第二款第二项，在地方建设法规中对建筑进行规定，甚至通过地方风貌保护条例对其加以规定，以求在对建筑方案进行审批的时候，可对此加以评判。此外，如果依据城市设计，建筑

---

1 见：P. Thiel, La Notation de l'Espace, du Mouvement et de l'Orientation, in : Architecture d'aujourd'hui, 1969(9); L. Halprin, Motation, Progressive Architecture, 1965(7); E. Kossak, T. Sieverts, H. Zimmermann, Beratende Planung für kleine Städte, Stadtbauwelt, 1968(17).
2 见 T. Sieverts, M. Trieb, U. Hamann 的前述文献。

方案对地方景观风貌作出了积极贡献，则可减免一些来自法定规划的要求。这里可依据联邦建设法典（Bundesbaugesetz）的第三十一条第二和第三项，将其算作对公共福祉方面的贡献。这个法条可被援引入城市设计的落实中，使其成为有力的法律依据。在这一意义上，有必要对联邦建设法典和城市建设促进法典加以更新。如果我们看一下如阿斯菲尔德（Alsfeld）和不莱梅-斯诺（Bremen-Schnorr）等城市的案例，不难发现完备的法律工具将是成功的重要缘由。

作为实施手段的地方风貌保护条例
Gestaltungssatzung als Durchsetzungsinstrument

尽管地方风貌保护条例的法律地位有所争议，而且颁发的前提在各州和地方议会也不尽相同，但是从石勒苏益格-荷尔斯泰因州 (Schleswig-Holstein) 到巴伐利亚州，已有许多城市颁发了地方风貌保护条例[1]。当然这种条例很多时候是以一种被动的姿态来保护现有的城市景观风貌；但是如前所提，至少在部分联邦州内，这一工具也可用于街道景观方案和城市设计方案的实施。这就需要在制定地方风貌保护条例时，对法律赋予的可能性和边界加以审视，从而了解控制的方式和范围。按照已有的情况，可涵盖的内容实则丰富。这就要求一个城市或者区域的建筑物在新建和改建中，对周边环境的特性特征做出相应的适应，可约束的内容包括带有面宽要求的立面序列规则、屋顶形式和坡度、檐高、脊高、开窗序列、立面分区、立面材料和结构、色彩以及广告标示等[2]。同样，也可针对建筑底层和顶层以及诸如入口和凸窗[3]等细部加以要求，并融合来自历史建筑保护的要求[4]。此外针对街道告示、方向标识、屋瓦排列方式、屋顶加建、门窗、遮阳篷、街道橱窗、阳台以及栏杆、栅栏都可加以引导控制[5]。还可对电线、天线和加油站加以要求，诸如垃圾桶的位置亦可加以影响[6]。

1 以下文献针对地方风貌保护条例的内容和问题提供了概述：: V. K. Paschke, Die Idee des Stadt-
denkmals, Nürnberg 1972; D. Wildemann, Erneuerung denkmalswerter Altstädte, Detmold
1971 ;K. Erdmannsdorffer, Die Ortssatzung - ein Mittel zur Rettung unserer Altstädte, Der Bau-
berater, 1971(3).

2 作为范例，可参见：M. Trieb, J. Veil, Satzung zur Stadtgestalt Leonberg, Leonberg 1973（附
录案例）。

3 参见：Stadt Reutlingen (Planungsstab). Entwurf einer Altstadtsatzung Reutlingen. Reutlingen, 1973。

4 参见：Stadt Bietigheim, Altstadtsatzung. Bietigheim, 1970.

5 参见 K. Erdmannsdorffer 的前述文献。

6 参见：Stadt Rüsselsheim, Besatzung Rüsselsheim. Rüsselsheim, 1963.

公共财政的资助
System öffentlicher Zuschüsse

　　城市景观层面的一些必要的措施，对于私人业主来说，在经济上往往难以承担和实施。出于这个原因，市政府有必要制定相关的资助名目，对立面照明、建筑现代化等给予资助，或是对单体和街区的更新修缮给予补贴。这一资助名目不应只包含来自地方政府的项目，还可涵盖州和联邦层面的财政支持及贷款项目。比如在伦敦市，按照目的不同，可给予低息贷款和无偿补贴的资助。例如，伦敦市将这些资助名目以简单易懂的形式印刷成册，发放给了相关利益群体。通过公共关系方面的工作，如利用出版物及日报宣传资助名目，使得相关群体能够获悉这些政策。

城市设计措施的实施
Realisierung stadtgestalterischer Maßnahmen

　　城市景观的改善工作应在地方行政中，作为独立的工作领域加以操作。如果已确立下了城市视觉面貌的相关改善措施，比如保留和修缮街道和广场空间上的立面，或者对街道空间的环境品质加以改善，则需要专门的一个行政管理小组，管理从方案的设计到实施的各项事宜。现有经验表明，涉及中长期的城市景观改善措施，需在政府部门中设立一个专门的行政管理小组或部门乃至机构对其负责。出于这个原因，汉诺威、不伦瑞克或弗莱堡市已为城市景观设立了专门的行政管理小组进行运作。而汉堡早已设立了城市景观部门，柏林甚至为城市景观风貌的维护，设立了专属局委。这里重要的是这些行政组织应有能力独立制定城市设计方案，或对竞赛及专业评估结果进行甄选，可能的话还可拥有独立预算。他们需要通过与相关行政单位的协调，特别是交通、地下设施部门以及建设局和私人团体，基于实际状况，对方案加以落实。如柏林建设厅下的城市景观风貌局业已成立十年，其划定了部分城区的 19 世纪街道，保证街道的保留和更新工作，并给予业主以财政资助。景观风貌局自行委托施工单位，依据构想对建筑立面进行更新。业主也由此受益，并需要承担相应的费用，交付一定的款项给市政府。类似街道立面序列的更新和改善、街道广场空间的更新改造工作也需要一个单独负责的行政管理组织才能成功，其需要挑选得体的街灯、垃圾箱、绿植、铺地，监管立面改造，负责协调和实施工作，至少需在艺术和技术层面上，在政府和市民间进行联系协调工作[1]。

1　参见：P Jesberg. Stadtgestaltung - Stadtbildplanung. Deutsche Architekten- und Ingenie urzeitschrift, 1973(3).

对物业业主的资助
Förderung der Eigeninitiativen

在国内外很多城市中，都涌现出了自发的建设行为，并且地方政府对此也加以支持。公共空间内的自发行为多具备社会心理学意义的考察价值。其中的反面例子又可让人对公共空间内的自发行为望而生畏，比如由于缺乏表达和沟通的渠道，某城区内的街道犯罪和抗议可能呈现出增长趋势。自发的建设行为可包括建筑的现代化和修缮工作、自家花园的改善、街道和广场建设的参与[1]。这里不只需要参与者和城市环境有着紧密的联系，还需对这些自发的动机加以协调和促进，比如相较于地方政府的独立行事，利用城区规划组织人将公私双方联系在一起，则可以获得更好的参与多样性，并能以更快的速度对环境品质进行改良。由此看来，对于地方政府来说，有必要在每个建设活动中，从控制性规划层面开始，就为市民提供一个可自发参与的公共平台；这里需要对市民自发动机的形式和范围加以调查，并且通过公共关系方面的工作，使得市民知晓这一可能性。

临时性用地功能 [2]
Nutzung auf Zeit

出于提升城市质量的考虑，对于高密度的城区来说，为居民和职员提供充分的广场、游戏场地、小型公园是必要的，而为市民活动、民间俱乐部、社会组织和兴趣团体提供活动场所也属必需。然而公有土地往往捉襟见肘，难以满足所有需要。按照乌尔利希·孔拉德（Ulrich Conrads）的建议，在这一情况下，可赋予部分用地临时性的功能。在业主同意下，将置或尚未批准使用的地块及空置建筑的使用权转予地方政府，将其用作临时性的游戏场地、小型公园、公共会所、俱乐部、工作室、展览或集会空间。建设和维护工作可视情况由政府或者私人团体、各式组织完成，地方政府需要准备好可移动的轻型建筑、自我搭建设施，游戏场地的建设材料等。这种做法的前提是市政府手中没有其他相关可用地块或建筑设施，而业主可从政府获得租金、免税政策或其他收益，且自身利益不能由此受到侵犯。此外如果业主获得了建设许可，或者对地块和建筑有其他需要，比如售卖，那么使用权的转移须马上终止。按照尚在更改中的联邦建设法典，这种临时性的使用权转移可由地方议会通过决议施行，比如通过地方条例的形式加以落实。

---

1 参见：H Schmidt-Brummer, F Lee. Die bemalte Stadt. Köln, 1973.
2 这一实施措施的建议由乌尔利希·孔拉德提出，并在法律上加以细化。参见：U Conrads. Architektur - Spielraum für Leben. Gütersloh, 1972.

城区规划组织人 [1]
Stadtteilbeauftragter

很多地方都意识到了城区规划组织人的必要性，借此来推动城市设计方案的制定和实施。通过负责人在公私间进行协调工作，使工作朝计划的方向进行。目前为止，德国境内外很多城市都会设立一个城区规划组织人，在不同的兴趣群体之间进行协调，推动工作开展。负责人不应只是发言人，还应对工作的落实确切负责 [2]。重要的是，他必须对控制性规划中的规划目标有所理解，并且按照公共机构及市民在经济、技术、社会、法律和政治层面的要求对规划加以细化和协调。如此方能给参与方提供相应的解决方案，协调和联系各方利益，对实际的行动加以支持，并将市民的参与行为制度化。在各式任务中，负责人应把工作的重心放在规划措施的实施上，而不是制定和控制规划方案，当然这一工作原则上是城区行政长官的职责。

---

1 Stadtteilbeauftragter 直译为地方（规划）委托者，就含义而言，应指规划系统中专职负责城市设计工作的高级负责人。这一职责在德国一些城市目前仍有专职，偏重于城市建设领域的相关公共活动组织。但亦有城市由地方专业规划师与建筑师，甚至多人工作组，专项承担城市设计质量控制这一职责。——译注

2 见：T Sieverts. Erneuern, ohne zu zerstören. Die Zeit, 1973(36).

图 68　城市景观 – 仅仅是装饰，或利益攸关？这不言而喻！
图片来源：Baureferat der Stadt München, Fußgängerbereiche in der Altstadt

附录

案例：某市地方风貌保护条例
Beispiel einer Gestaltungssatzung

本地方风貌保护条例由以下各部分组成：

- 整体风貌导则
- 补充性的区域导则
- 导则说明图纸

整体风貌导则
Allegemeine stadtgestalterische Richtlinien（ASR）

整体风貌导则确定了本条例适用对象的范围、对建设措施的要求以及两者间的对应关系。其基于以下基本原则：每一座建筑都应在街道空间的整体框架下，通过多样和富有变化的建筑元素来营造出独具个性且独一无二的环境特质。除此之外，整体风貌导则定义了建筑方案额外报审的适用范围，以及违反本条例的后果，适用范围也包括了一些小型建设活动。

根据州建筑规范 (LBO, 1972 年 6 月 20 日版) 的第一百一十一条第一款第二项以及巴登－符腾堡州的地方政府法（Gemeindeordnung, 1955 年 7 月 25 日版）的第四法条，为了保护雷昂拜格市富有特殊历史、艺术和城市建设意义的城区，本地方议会颁发以下地方风貌保护条例。

第一章
第一条　规划范围

第一款　条例的适用范围为图中划定的雷昂拜格市老城区和艾尔廷根区内区域。

第二款　雷昂拜格市老城的边界定义如下：

Graben 街西侧，1 号地块和 19 号地块之间；从 Graf-Eberhard 街 2 号地块东侧、3 号地块东南侧开始，沿城墙南侧直到与 Zwerch 街交接处；沿着城墙的西南侧直到地块 86-1 所在转折处；沿城墙西侧直至 O.W 街的 5 号地块；沿着 102 号地块西北侧到 Spitalhof 街的 1-7 号地块外侧；沿着城墙北侧 Hintere Zwinger 街 19 号地块处开始，到位于 Spitalhof 街 7 号与 Graf-Ulrich-Straße 街 5-1 号之间的部分；从东北侧一直到东南角的 Ditzinger 街 1 号，其中包括 Graf-Ulrich 街的 7 号地块和 9 号地块。

第三款 艾尔廷根区内适用范围如下：

Leonberger 街西侧，Berg 街 1 号地块与 Carl-Schmincke 街 1 号地块之间；Bruckenbach 街西侧，Carl-Schmincke 街 3 号地块和 Glems 街 1 号地块之间；Glems 街南侧 45m 处，地块 6607/2 与 48/3 之间，并直到 Krichbach 街 27 号地块的南界；沿 Kirchbach 街东侧，Kirchbach 街 27 号和 Carl-Schmincke-Straße 47 号地块之间；沿着 Carl-Schmincke 街 78 号东侧和 Berg 街南侧，Berg 街 47 号地块和 1 号地块之间。

第二条 整体风貌导则的适用对象

第一款 整体风貌导则针对街道空间中的立面序列、建筑或者建筑组团及其具体的建筑元素和屋顶，对其加以约束或规定。

第二款 立面序列指由沿街道或者广场一侧的建筑立面所组成的整体，如果无额外说明，其以两端与其垂直相交的街道或者明显的中断为终点。

第三条 区域导则

第一款 针对导则图中划定的特别地区，将按区域导则对其加以引导。

第二章

第四条 一般性要求

各类建设行为，包括修缮和翻新在内，其材料选择、色彩方案、构造，以及序列结构都要服务于城市风貌的保护和发展。

第五条 序列结构

须通过规定的统一框架对空间序列加以协调和约束，框架内容包括：a. 不同的建筑面宽；b. 不同的屋顶形式；c. 变换的屋顶坡度；d. 不同的檐高、e. 不同的屋顶朝向；f. 错开的建筑基底界面。

第三章

第六条

第一款 立面宽度

1. 沿街道、广场的各建筑立面必须具备明确的垂直向边界，以使其明晰可读。

2. 立面宽度须位于以下标准值区间内：

标准值（a） 4.00-6.00m

标准值（b） 6.00-9.00m

标准值（c） 9.00-13.00m

3. 若在符合标准值（a）的立面后紧跟着出现符合标准值（b）的立面，则二者立面宽度差应至少为 1.5m。相应地，（b）型立面与（c）型立面之间的差距至少要有 2.5m。

4. 超出了标准值（a）、（b）、（c）的立面宽度，应参照第六条第一款第一到三项的模式，相应对其加以约束。

第二款　立面宽度的次序

1. 标准值（a）至多连续相邻出现 3 次，若满足第五条 b.-f. 规定，可至多连续出现 5 次。

2. 标准值（b）至多连续相邻出现 2 次，当满足第五条 b.-f. 规定时，可以至多连续出现 3 次。

3. 如果满足第五条 b.-f. 规定，标准值（c）可连续相邻出现 2 次。

4. 若建筑底层退界达 2m 或以上，则第六条第一款，第二款的第一、二、三项和第十一条不适用。

第七条　屋顶形式

第一款　如在区域导则内无特殊规定，则屋顶形式应为双坡屋顶。

第二款

1. 特殊屋顶形式，比如互相错开的屋顶是被容许的。这里屋脊高差不应该超过 1.5m。

2. 不同屋顶方向或形式间的连接屋顶可忽视上一项要求。

3. 山墙面街的屋顶，山墙面屋顶宽度最多可为 12m。如其为单坡屋顶，则宽度最多为 8m。

4. 屋顶加建，内凹以及顶窗距离面街山墙的最小距离为 2.5m。屋顶加建最大长度不得超过建筑长度的一半，高度不得高于所处屋面 1.2m 以上。

5. 坡屋顶上至少应有三分之二的面积为屋瓦面积，屋瓦应统一。

第八条　屋顶坡度

第一款

1. 屋顶坡度应该大于或等于 50°。

2. 特殊屋顶类型以及互相错开的单坡屋顶，屋顶坡度可最低为 25°。

第二款　同向的屋顶最多可以相同坡度连续相邻出现 3 次。

第三款　在一个立面序列中，屋顶坡度差最小为 3°，最大为 10°（变换的屋顶坡度）。（第八条第一款第二项为例外情况）

第九条　檐高

第一款　在区域导则中可对檐高加以规定。

第二款　如果建筑拥有相同的檐高，则立面宽度为标准值（a）的建筑最多相邻连续出现三次，为（b）和（c）的建筑最多相邻连续出现两次。

第三款　同样层数的建筑，檐高高差应在 0.3～1.3m。

第十条　屋脊方向

第一款　在区域导则中可对檐高加以规定。

第二款　在立面序列中，可对屋脊的方向变换加以规定。

第三款　同一屋脊方向，最少在立面宽度为标准值（a）和（b）的建筑上连续出现两次，在宽度为标准值（c）的建筑上可只出现一次。

第十一条　建筑界面

第一款　一个序列中，建筑界面至少要错开一次。错开的距离应在 0.3～2m。

第二款　超过 20m 的建筑界面必须错开。

第十二条　立面分区

第一款　建筑立面分区应和现有的立面分区特征相协调。

第二款　商业橱窗只可在底层设立，其大小和比例必须和建筑及其体量加以协调。

第四章

第十三条　立面的表面材料

禁止使用光滑反光的表面材料，以及用瓦片和合成板材做立面材料。建筑底层的商业橱窗可例外。

第十四条　色彩

第一款　老城和艾尔廷根区多样的色彩面貌应得到延续和发展。

第二款　产权上由多人共有，建筑学上却为一个整体的建筑应拥有统一的色彩、材料和比例关系。

第十五条　广告标识

第一款　广告标识应该在大小、形式和色彩上和周围环境相协调。

第二款　禁止对象：

第一项　大面积的广告。

第二项　没有考虑周围环境的企业或品牌的系列广告。

第三款　同一建筑上的多个广告应该在形式和大小上互相协调。

第五章

第十六条　额外报审义务（州建筑规范第一百一十一条第二款第一项）

与州建筑规范第八十九条第一款不同的是，第一百一十一条第二款第一项为以下建设方案规定了报审义务：

第一款　对在公共空间内可视的建筑设施的建设和改建活动（比如对门、灯具的安装和修改，以及其他在立面和墙面上的开洞）。

第二款　高于 30cm 的挡土墙。

第三款　在公共空间内可见的栅栏。

第四款　高于或低于地形 50cm 以上的土坡或低地。

第五款　大于 0.2m^2 的广告标识。

第十七条　违反条例的处理办法

如违反本条例的规定内容，依据州建筑规范第一百一十二条第一款第二项，可针对一座建筑最高给予 3 万马克的罚款。如属行为疏忽，则罚款最高额度为 1 万马克。

第十八条　条例的组成部分

本条例包括针对老城区和艾尔廷根区的整体风貌导则、区域导则以及导则说明图纸。

第十九条　生效

本条例于官方宣布通过的当天生效。

补充性的区域导则
Bereichsrichtlinien

在整体风貌导则的基础上，对规划区内的部分细分区域加以补充。其中包括必要的附加内容。这些内容可以使条例更严格，也可以使其更宽松。额外约束，如禁止特定的建筑宽度和屋顶类型，使得条例更加严格；而对例外情形的许可，如针对平屋顶的许可则给予一些区域以更多的自由。这样条例可根据情况或紧或松。

区域导则的第一栏规定了整体风貌导则中哪一部分是有效的。

而第二栏则给出了只对特定空间界面有效的规定。

在区域导则说明图纸中划定了各区域导则的适用范围。通过在图纸上标明特定的空间界面，可以清楚地看到，哪些建筑立面是需要按照整体风貌导则来设计的。通过对空间界面的编号及其长度，可以看到区域导则在何处以及多大范围内生效。

区域 A- 集市广场

针对的整体导则	对应的界面编号	区域导则内容
第七条第二款		- 不容许特殊形式

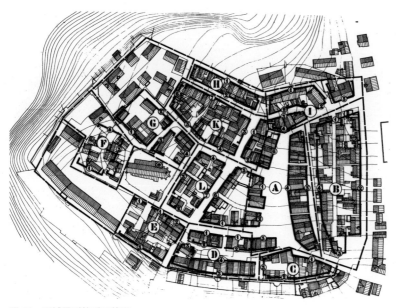

图 69　区域导则的适用范围

	A5	- 特殊屋顶类型可以加建
第八条第一款		- 屋顶坡度为 60°
第九条第一款	A2	- 此处市政厅对面的建筑檐高最高 为 5.5m，Schloss 街对面檐高 最高为 8m
第十条第一款		- 屋脊方向应该垂直于广场方向
第十三条		- 木构建筑原有木结构应该被重新 暴露于立面上，或者被继续保留； 商业橱窗应该与建筑立面的材料 和分区格式相和谐

区域 B- Graben 街

针对的整体导则	对应的界面编码	区域导则内容
第七条第一款	B2	- 此处可出现平屋顶
	B4	- 此处屋脊方向应垂直于 Hintere 街
第十条	B1	- 此处屋脊方向应该平行于 Graf- Ulrich 街

第三部分 城市设计案例
Dreiter Tell
Fälle der Stadtplanung

案例一 汉莎城市施特拉尔松德城市景观风貌规划
Hansestadt Stralsund Stadtbildplanung

　　汉莎城市施特拉尔松德有着美丽的内城。虽然经历了"二战"的破坏和战后改建，但它的城市格局仍然保存了下来。作为世界遗产城市及德国城市更新的典范，它每年迎接着来自世界各地的访客。施特拉尔松德由此表现出了良好的发展潜力。

　　这种历史文化价值不应只被表面化地利用和满足短期的经济收益。同时，住宅供给、工作位置、投资人要求、商业选址、停车系统和交通措施都应在城市景观风貌规划中加以考虑，并在城市设计和建筑设计中加以落实。施特拉尔松德的城市设计和城市建筑学不应只关注历史文化遗产，也应该满足当代生活和经济活动的要求。

　　施特拉尔松德的地理位置独一无二，中世纪的城市平面和独特的天际线塑造出了城市的整体格局，华丽的汉莎式建筑围合出美丽的街道和广场。此外城市中还存在着不少发展和更新的空间。这里应该注意的是，城市的发展和更新应该是一个谨慎的过程，应在延续历史和更新发展间获得平衡：富有价值的遗产寻求一种能与之相和谐的发展方式。在城市填充和更新中，新建建筑需要一套城市设计和建筑设计的导则来保证这一点。这套导则需要在实际的建设活动中具有良好的可实施性。

在这个基础上，施特拉尔松德景观风貌规划的任务应该是为城市发展提供一种城市设计和城市建筑学的范型，其应该能够被每个人理解和落实下去。施特拉尔松德景观风貌规划是和城市框架规划同时进行的。其一方面需要完成城市框架规划中景观风貌方面的内容。另一方面，其需要为地方行政提供一种管理依据，如帮助地方行政机构对建筑方案进行咨询和审批，或是用于制定地方景观风貌条例。

城市框架规划还包括其他四个重点内容：土地利用规划，交通规划，开放空间规划及商业服务业和旅游业的选址研究。城市景观风貌规划由此涉及的功能、交通、生态和经济方面的内容需要在多年的合作对话中得到制定，不是这里讲述的重点。

为了让城市景观风貌规划中的目标、工具和措施能够被理解，这里不只呈现了规划的目标和结果，也讲述了过程和方法。这里展现了重要的工作步骤：城市景观风貌的发展史，城市景观风貌的整体导则，城市景观风貌分析和城市景观风貌规划。另一方面我们还展示了一部分设计测试，其为在景观风貌规划之下进行的初步方案设计，用于检验测试景观风貌规划的可实施性和效果，但并不是具体的建筑方案设计。

这套城市景观风貌规划是 1991 年施特拉尔松德框架规划中景观风貌部分的基础和延伸，也是整个历史城区地方景观风貌条例的基础。对城市景观风貌感兴趣以及负责的人将从此了解这座城市独特的城市建筑学。只有在理解这座汉莎城市独特景观风貌的基础上，才能做出正确的决策。

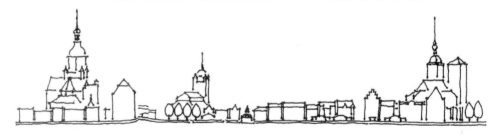

城市历史

阶段一（1200年-1910年）

Phase 1 (12oo-1910)

1715年 从施特拉尔松德海湾(Strelasund)望去的城市立面

1715年 从弗兰肯湖(Frankenteich)望去的城市立面

1200-1910年间的建筑

1715年的城市平面

阶段二（1910年至今）

今天 从施特拉尔松德海湾望去的城市立面

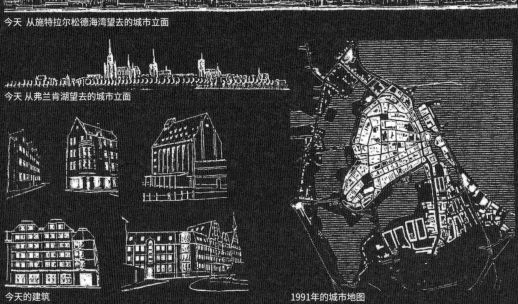

今天 从弗兰肯湖望去的城市立面

今天的建筑

1991年的城市地图

历史 Geschichte

1

1.1 汉莎城市施特拉尔松德的历史发展轨迹
Die evolutive Entwicklung der Hansestadt Stralsund

现在可以确定的是，基于地理、经济和战略的因素，从 13 世纪开始在历史城区的位置有了城市的发端。岛屿的形态以及濒临海湾的位置也让施特拉尔松德成为商路的交集处和良好的天然渔港。

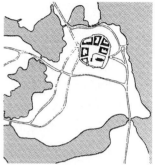

阶段一：汉莎城市时期 (1200-1648 年)

已有证据表明，德国人早在 1209 年就定居于今天的蒙赫路 (Mönchstraße) 和海尔盖斯特路 (Heilgeiststraße) 的西段。在今天的老集市广场区域，慢慢形成了最早的城市核心区。到 1234 年，施特拉尔松德获得了城市级的行政权。

1234 年的城市地图

在西南部与之相接的地方——今天的新集市广场区域，形成了第二个聚落点。这个"新城"(1256 年被命名) 有自己的市政厅、集市广场和教堂 (圣玛利亚教堂， St. Marien)。

到 13 世纪末，通过一些扩展和补充最终形成了包含城墙城门的哥特式城市平面。直到今天，街道和广场的空间结构、街区、教堂和市政厅还部分保有当时的形式。

哥特式的城市结构在其后的几个世纪中不断被改写。在汉莎时期，基于海路上的商业活动，这个城市迎来了第一个绽放期。通过和西斯拉夫城市吕贝克 (Lübeck)、罗斯托克 (Rostock)、威斯玛 (Wismar)、格赖夫斯瓦尔德 (Greifswald) 的联盟，汉莎城市获得了相对于封建领主的独立性。

1250 年的城市地图

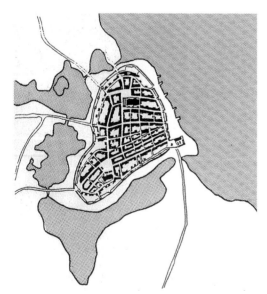

1300 年的城市地图

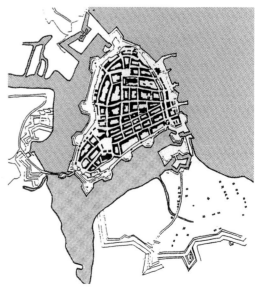

1715 年的城市地图

阶段二：瑞典统治时期 (1648-1815 年)

在三十年战争后，按照威斯特伐利亚和约，施特拉尔松德被瑞典接管。在之后的几个世纪中，这个城市的政治和经济情况不断恶化，商业活动减少，多次的攻城战损毁了相当一部分的城市。

在这个时期，城墙内的街区密度得到了提升。出于战略原因，瑞典国王对原有的城墙和碉堡进行了扩建。

阶段三：普鲁士时期 (1815-1910 年)

19 世纪初期，施特拉尔松德曾有几年位于法国的统治下，1815 年普鲁士王国开始接管这个城市。原有的城墙和碉堡被抹除，在其外形成了一些郊城。当时的工业革命较少地影响了这个城市，但在郊城出现了一些新产业。

阶段四：工业城市时期 (1910-1990 年)

在世纪转折点后，当地的造船业开始发展。由于城市所拥有的岛屿形态和紧凑的城市格局，大尺度的工业设施和道路没有出现在历史城区中。

以上是对四个历史发展阶段的简述，在这个历史框架下，施特拉尔松德的城市形态和城市建筑发生了持续的演化。

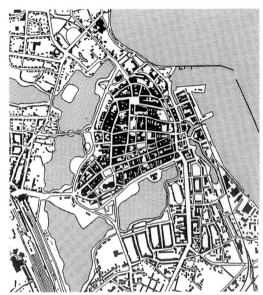

1880 年的城市地图   1990 年的城市地图

1.2 城市格局和城市立面
Stadtbaukörper und Stadtansicht

施特拉尔松德位于一个微微起伏的岛上，它的城市格局和城市体量清晰易读，在城市立面上也可感受到这一点。城市格局有四个发展阶段。

阶段一：汉莎城市时期 (1200-1648 年)

在这个时期，城市立面中醒目的是三个主教堂。在最初的两个世纪中，有着高塔和中殿的教堂逐步建造，高出城墙和其他普通建筑。岛面微微耸起的形态通过广场四周较高的建筑和教堂得到了刻画。出于功能需要，城墙附近的建筑低于城墙的高度。13 世纪末形成的城墙进一步凸显了岛的形态特征。

1300 年的城市格局

1300 年从弗兰肯湖望去的城市立面

1300 年从施特莱拉松德海湾望去的城市立面

阶段二： 瑞典统治时期 (1648-1815 年)

　　到了瑞典统治时期，哥特教堂的塔尖被破坏，替换成巴洛克式塔尖，三座教堂的标志性地位以及城市的格局和体量感却没有改变。扩建的城墙和前置的碉堡改变了从陆地看过去的城市立面。从施特莱拉松德海湾望去，原有的环城城墙前则增加了水城和港口设施。

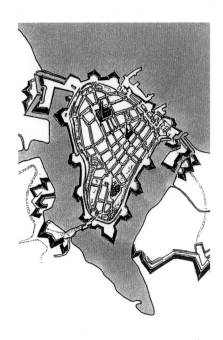

1715 年的城市格局

1715 年从弗兰肯湖望去的城市立面

1715 年从施特莱拉松德海湾望去的城市立面

阶段三：普鲁士时期 (1815-1910 年)

　　教堂和被建筑刻画的地形被延续下来，继续塑造着城市的体量感。城市获得新的城市立面，在陆地一侧望去，原有的碉堡被拆除，新建了滨河漫步道。随着工业的发展，城市在港口处加大了密度和体量。这样形成了由绿景和建筑构成的城市立面。随着陆地和岛屿的连接处被填建以及郊城的形成，城市原有的岛屿形态特征逐步减弱。

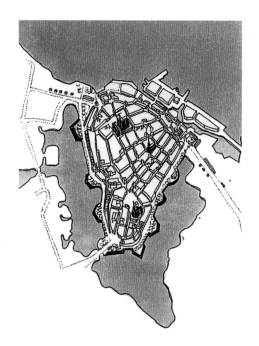

1880年的城市格局

1880年从弗兰肯湖望去的城市立面

1880年从施特莱拉松德海湾望去的城市立面

阶段四：工业城市时期 (1910-1990 年)

教堂和历史城区的建筑尺度继续决定着这个城市的格局。郊城和港口的发展导致城市周边出现了大体量建筑。由于湖滨随意的绿化、填湖、扩坝和新建的桥梁，原有城市立面中显著的岛屿特征已经丧失。在原碉堡处新建的大体量建筑损坏了城市 "绿环" 的特征。

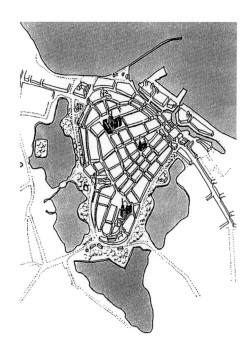

1990年的城市格局

1990年从弗兰肯湖望去的城市立面

1990年从施特莱拉松德海湾望去的城市立面

1.3 城市平面和城市空间结构
Stadtgrundriβ und Stadtraumgefüge

　　施特拉尔松德的城市平面保留了哥特式城市的基本特征。城市的空间结构基于发展设施和功能重点的转移而不断变化。按照城市建设的发展历史将其进行区分。

阶段一：汉莎城市时期 (1200-1648 年)

　　历史城区由两个相对独立的核心发展而来，通过网格式路网完成了进一步的拓展。圣尼科拉教堂和老集市广场，玛利亚教堂和新集市广场，以及雅克布教堂分别是三个区域的重要建筑。

　　路网等级相对平均。一些大街，如蒙赫路、费尔路 (Fährstraße)、森勒沃路 (Semlower Straße)、海尔盖斯特路、朗恩路 (Langenstraße)、弗兰肯路 (Frankenstraße) 都通向港口。没有一条路在功能和景观上表现为主干路。

　　城墙把城市和周边的自然景观区隔起来。几个城门提供了内外的联系。

阶段二：瑞典统治时期 (1648-1815 年)

　　城市平面继续保持着。港口的扩建和海湾旁水城的形成使得大街延伸到了港口区域。它们的重要性也由此增加。被扩建的环城城墙以及碉堡将城市和周围的自然景观区隔开来。城市只有 3 个城门作为出入口。

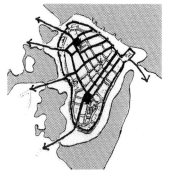

1300 年城市空间结构

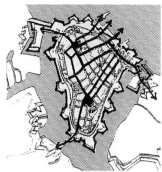

1715 年城市空间结构

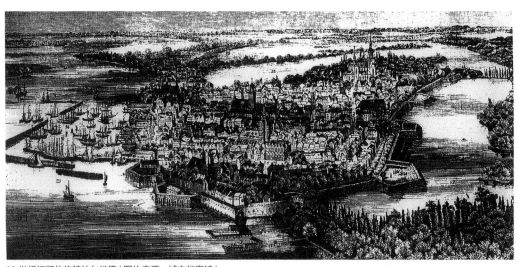

19 世纪初期的施特拉尔松德 (图片来源：城市档案馆)

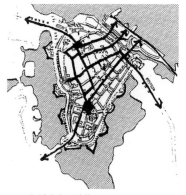

1880 年城市空间结构

阶段三：普鲁士时期 (1815-1910 年)

城市平面系统只有微小的变化。东西向的大街继续向少许扩张的港口延伸。水渠对水城的路网作了进一步的补充，形成了富有特色的空间结构。奥森赫耶路 (Ossenreyerstraße) 在这一时期获得了重要的地位。

城墙和碉堡被拆除，在其上形成了有着滨水漫步道特征的环城路，加强了城市和周边陆地的联系。新形成的郊城部分和历史城区直接交接在一起。

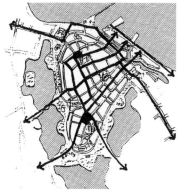

1990 年城市空间结构

阶段四：工业城市时期 (1910-1990 年)

在城市的核心区，原有的城市平面没有改变，通过跨湖的 5 条道路，历史城区和周边的郊城良好地联系起来，形成了一个整体。历史城区更多地和陆地发生交接，渐渐丢失了岛屿的特征。历史城区的港口渐渐丧失了重要性，原有港口设施转移到了南边。

之前港口区域的街道空间也丧失了重要性。奥森赫耶路成为主要的购物街，之后演变为商业步行街。

20 世纪的施特拉尔松德

1.4 街道空间特征
Straβenraumcharakter

历史城区的街道空间在过去的几百年里不断变化，但是整体特征没有大的变化。

阶段一：汉莎城市时期 (1200-1648 年)

这座城市头几个世纪的发展反映在街道空间中。老集市和新集市广场区域的街道有着微微弯曲并且连续的空间界面。与之相接的是后来形成的几乎是笔直的街道形态。

街道空间是当时居民工作和生活的空间，一些行业塑造了特殊的街道景观。在通向港口的街道上，两侧是让人瞩目的商业和办公建筑，山墙式立面富有展示性。这里的地块较大，从而和一些次要街道区分开来。

1300年前后的海尔盖斯特路

1860年前后的费尔路

1715年前后的海尔盖斯特路

1990年前后的海尔盖斯特路

阶段二到四：瑞典统治时期，普鲁士时期和工业城市时期 (1648-1990 年)

在这些阶段，街道有着功能上和社会空间上的根本性变迁：

控制出入的城市入口变成了交通广场，原先并不重要的手工业者街变成了商业步行街。由于港口被荒置，通向港口贸易广场的繁华街道变得次要起来。虽然空间结构被保留了下来，但这些变化在街道景观中还是很明显。

街道空间也有些许变化。显著的是瑞典统治时期，街道的建筑临街线外扩，空间变得比以前狭窄了许多。虽然这个城市的格局并不适合成为交通型的城市，但还是出现过一些尝试。大多数城门和阻碍交通的街角建筑被拆除，部分由此形成的空地被栽植上了树木。

1990年前后的费尔路

1.5 广场空间特征
Platzraumcharakter

广场的空间特征主要由空间尺度以及广场建筑的类型和功能决定。随着周边建筑的改变及背后社会结构的变迁，历史城区的集市广场也经历了空间上的演化。

1230年前后的老集市广场

阶段一：汉莎城市时期 (1200-1648 年)

老集市广场最初位于一片开阔的空地上，市政厅和圣尼科拉教堂互相独立地坐落于其上。之后市政厅被扩建到教堂的主入口前，形成了今天的体量。在这一时期，教堂周围不断被修建起围合式布局的建筑。这样就大致形成了今天老集市广场的格局。

新集市广场作为两个核心城区的中心，最初被考虑为一个市政广场。市政厅独立地坐落于广场上。圣玛利亚教堂自身有一个相对较小的教堂广场，被一排建筑同新集市广场分开。这样就形成了新集市广场的尺度。

两座集市广场本身都是由微微曲折布局的建筑围合起来的，并且由此获得了生动的空间感。这两座广场的公共功能进一步加强了其活性。

1300年前后的新集市广场

1300年前后的新集市广场

1990年前后的老集市广场

1990年前后的新集市广场

阶段二到四：瑞典统治时期，普鲁士时期和工业城市时期 (1648-1990 年)

在老集市广场的森勒沃路和巴登路 (Badenstraße)，有一些围绕圣尼科拉教堂中殿的建筑被拆除。尽管如此，在过去几百年中，老集市广场的整体空间特征总体上并没有变化。

与之不同的是新集市广场发生了显著的变化。原先独立坐落于广场东部的市政厅已经不存在，广场看上去更开阔了。在圣玛利亚教堂前的那一排建筑被拆除，取而代之的是绿地。这样，在这个广场上，圣玛利亚教堂的巨大尺度显得有些突兀。

历史城区的集市广场已经不再是社会和公共活动的中心。广场上缺少能够带来活力的各种活动。

1990年前后的新集市广场

1.6 建筑形制和建筑类型
Gebäudegefüge und Gebäudetypen

　　建筑是一座城市最基本和重要的组成元素，可以表现城市的变迁，人们能够在建筑上看到城市的历史。

1300年左右 影响城市景观风貌的特殊建筑

阶段一：汉莎城市时期 (1200-1648 年)

　　市政厅、教堂、修道院和其他公共建筑基于地形、体量和造型，突显于商人与手工业者建筑之中。

　　在通向港口的大街上，山墙式建筑坐落于狭长地块之上，建筑有着富有展示性的立面。在教堂周围、巷子里和次要街道旁坐落着屋檐式建筑。

　　最初用砖建造起来的山墙式建筑塑造了街道景观，建筑多是由商人修建。这一类型建筑之后的变化只限于建筑立面，建筑的平面则保留不变。

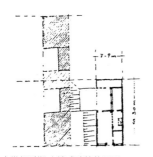

中世纪时期 山墙式建筑的平面

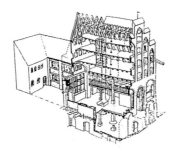

中世纪时期 山墙式建筑

1300年左右 地块划分结构

1400年左右 哥特式山墙立面

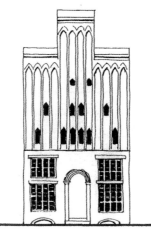

1600年左右 后哥特式山墙立面

1630年左右 后文艺复兴式的山墙立面

阶段二到四：瑞典统治时期，普鲁士时期和工业城市时期 (1648-1990 年)

在原有哥特式特殊建筑的基础上又出现了新的特殊建筑，主要为古典主义风格的宫殿，这些建筑被建造在主要街道上和集市广场旁。另一种经常发生的情况是几个小地块被合并起来，在其上形成整个新建筑。

在这个时期，原有的山墙式和屋檐式建筑被设计上文艺复兴式立面加巴洛克式山墙，或者整个换成古典主义式立面。城市中出现了新式的阁楼式建筑。

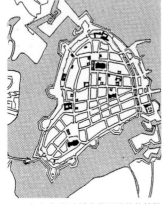

1715年左右 影响城市景观风貌的特殊建筑

1715年左右 地块划分结构

18世纪的资源局

图片来源：Herbert Ewe; Stralsund; Hinstorff Verlag, Rostock,1989

1734年左右 巴洛克式山墙立面

1800年左右 古典主义山墙立面

18世纪的屋檐式建筑

阶段三：普鲁士时期 (1815-1910 年)

　　这一时期的建筑形制发生了变化，一些新的功能建筑出现了，如维特海姆商场 (Kaufhaus Wertheim)、医院、学校。其中一部分是新哥特风格，坐落于城市最古老的哥特式城市平面中。中世纪的地块划分结构在新建筑这里被改变。

　　市民建筑的风格进一步多样化。新的屋顶类型和建筑材料、更高的建筑和更宽的窗户，这些都对街道景观造成了一些变化。

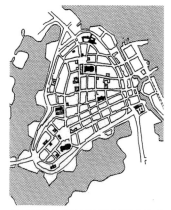

1880年左右 影响城市景观风貌的特殊建筑

维特海姆商场

1880年左右 地块划分结构

19世纪的阁楼式建筑

19世纪的街角建筑

20世纪 新集市广场处的街角建筑

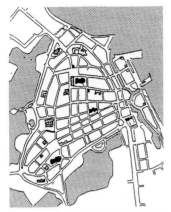

1990年左右 影响城市景观风貌的特殊建筑

1990年左右 地块划分结构

阶段四：工业城市时期 (1910-1990 年)

即便很多新的功能建筑被建造起来，如仓储建筑和工厂建筑，原有的历史建筑如市政厅、三座教堂和修道院，仍然在历史城区保持着标志性地位。

不同时期的风格影响着这个时期的建筑学。从表现主义的砖建筑，理性主义建筑，到工业量产方式建造的集合住宅。

1990年左右 住宅建筑

20世纪的阁楼式建筑

20世纪的仓储建筑

20世纪的办公建筑

1.7 总结
Zusammenfassung

为了呈现历史，重要的是表达刻画出城市景观风貌的变化和不同时期的城市建筑。重要的问题是：

·城市景观风貌的什么特征在历史的变迁中被保留了下来，并且成为城市独一无二的特征？

·城市景观风貌的什么特征在历史中丢失，什么新特征形成，这种转化有着什么样的意义？

1715年左右的城市平面

1715年左右 从弗兰肯湖望去的城市立面

1990年左右 从弗兰肯湖望去的城市立面

城市平面和整体结构

中世纪的城市平面整体上保持了其主要特征，也有着以下的几个变化：
·整体布局结构变得对外开放
·港口处形成了新的城区
·城墙和碉堡变成了绿地

1990年左右的城市平面

城市立面

高耸的教堂塔尖依然是历史城区的标志，并且形成了以下新的景观特征：
·拆除了城墙和碉堡后，在湖的一侧，建成了探过"绿墙"的较高建筑
·港口处较高的仓储建筑成了那里的标志

街道和广场空间

街道和广场的整体空间特征没有变化：
· 闭合连续的的街道空间界面
· 弯曲以及几乎笔直的街道
以下几点发生了变化：
· 以前扩建到街道空间的建筑已经不
存在
· 形成了景观大道和滨水漫步道

1990年左右的费尔路

1860年左右的费尔路

建筑

随着历史中不同建筑风格的出现，城市
的建筑发生了大的变化：
· 在原有的纪念性建筑如教堂、市政厅
和修道院的基础上，形成了新的特殊建
筑如商场和仓储建筑。它们对城市景观
风貌形成了影响。
· 市民建筑的风格变得多样化：出现了
不同立面风格的山墙式建筑，形成了屋
檐式建筑、阁楼式建筑和集合住宅。
· 在合并小地块的基础上，部分狭长建
筑的建筑宽度得到了改变。

1990年左右的建筑形制

1230年左右的建筑形制

223

整体导则

城市景观风貌独特性的延续和发展

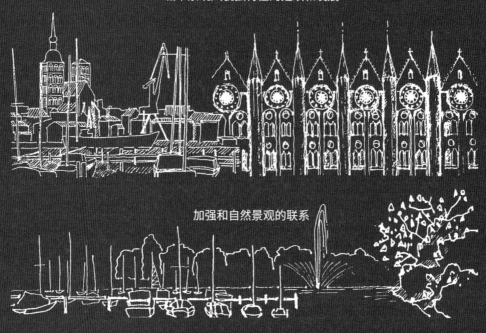

加强和自然景观的联系

提升城市空间质量和生活质量

展现城市的历史并且建立和当下的联系

整体导则 Leitbild

2.1 城市设计的景观风貌导则
Städtebaulich-gestalterisches Leitbild

虽然在"二战"中经历了一些损坏和战后的不合理建设行为。汉莎城市施特拉尔松德的中世纪城区今天还保留着主要的城市设计特征。这些特征清晰可读，这也是这个城市重要的发展潜力，无疑人们可以把这些当做欧洲文化遗产的一部分。

对这种价值不加审慎地利用，在短期经济利益的眼光下任其被破坏，这些都是危险的。在关于交通措施和停车位、购物设施和投资人意愿等讨论中，城市设计的景观风貌导则都应该参与进来。考虑到历史城区作为一个整体艺术品的文化历史价值，在每一个决策中，这个导则都应该享有最高的优先权。

这个导则应该关注城市景观风貌的各个层面，避免作出单一的决定。

城市的特征：城市纹章
摄影:Harry Hardenberg, Stralsund

街道及广场空间

Straßen- und
Platzraum

Stadtansicht

城市立面

建筑类型

Gebäudetyp

城市平面

Stadtgrundriß

建筑立面

...aden

城市景观风貌独特性的延续和发展

　　每个城市都应该有其独一无二的特征。城市的景观风貌是城市可识别性的重要因素。在城市更新的过程中，不应只把功能和实用性放到前台，也应该考虑塑造了城市可识别性的形式和空间。这意味着需要保持现有的特征，并且发展出新的特征。

　　施特拉尔松德的历史城区有着独一无二和令人印象深刻的景观。特殊的自然地理位置、独特的历史、功能混合、富有特色的城市建筑学，这些因素造就了城市的景观风貌。保护以及谨慎地发展城市设计和城市建筑学的特征因素（自然地理位置、城市立面、城市平面、城市空间、建筑类型），使之符合城市景观风貌导则，以及一个新而实用的功能结构是未来历史城区生活质量的基础和保证。

圣尼科拉教堂和市政厅是历史城区重要的
景观风貌元素
图片来源：Stralsund；尼科拉出版社，1990

加强和自然景观的联系

接近自然是人类的一个基本需求也是一种重要体验。城市的生活质量也和自然景观的可达性或者自然景观的比例紧密相关。

自然地理位置和自然景观是施特拉尔松德识别性的重要组成部分。

·内湖、水渠和施特拉尔松德海湾的可感受性需要改善。

·历史城区的绿环—碉堡旧址需要维护。

·历史城区的岛屿特征需要通过和郊城间适当的"中断"得到体现，而不是使其结合在一起。

提升内湖的可体验性
图片来源：Stralsund；尼科拉出版社，1990

提升施特莱拉松德海湾的可体验性
图片来源：Stralsund，尼科拉出版社，1990

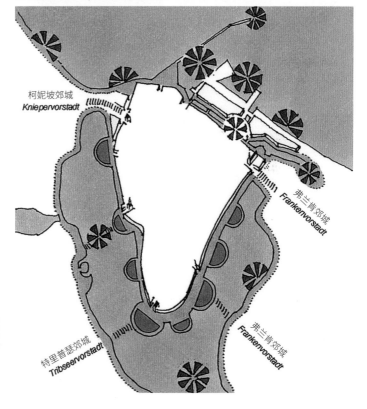

展现城市的历史

一个城市是持续了几个世纪的建设在空间上的结果。各个时期中不同的社会、政治、经济和文化关系塑造了一个城市。这个历史遗存通过对过去的保存和更新建设获得当下的生命力。对历史的回望和对当下需求的考虑给出了未来的方向和识别性。对历史进行精神和文化方面的考量是当下和未来发展的基础。

施特拉尔松德的历史城区包含着许多富有价值的区域，在这里对个别建筑的重建或者重构是必要的。这些措施将改善历史的连续性，满足城市的可识别性要求。

· 不只是具体的单个对象，部分区域作为整体也应该得到重视。

· 现有的历史布局结构和建筑不应只是被保护和修缮，应该通过一些新的补充来加强整体的效果。

· 一些建筑间的空隙应该在现有的布局结构下，通过谨慎的新建建筑得到填充。

港口区域

圣尼科拉教堂

圣玛利亚教堂

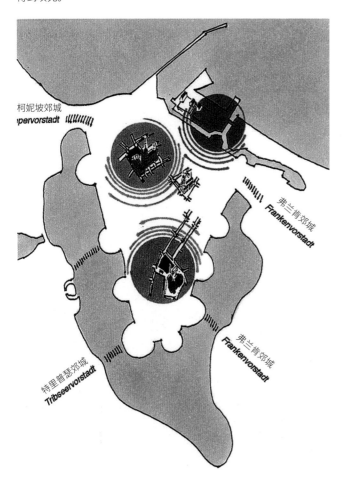

建立和当下的联系

　　城市的发展位于延续和改变之间。作为一个有机体，城市不停留在一个唯一的状态上，而是在持续的变化中。城市不是博物馆，而是活生生的当下。在历史城区，除了历史层面，当下的要求也应该有所体现。

　　在施特拉尔松德，新建建筑必须建立在对历史城市建筑分析的基础上。新的造型设计应该考虑到城市建筑学的所有层面，包括城市立面、城市平面、城市空间、建筑设计，和历史建筑的可类比性和亲缘性保证了城市景观风貌的连续性。这将帮助施特拉尔松德保持其独一无二的景观风貌特征，提升城市对居民和游客的导向性。

　　新建建筑必须考虑历史建筑的设计原则，以获得融合了历史的当代建筑。

　　·在水城区域，新建建筑应有较小的体量尺度，应该作为港口区域和历史城区的过渡部分加以考虑。

　　·在港口区域，应该在原有的布局结构上，通过新的功能结构和建筑设计获得新的特征和活性。

　　·历史城区应该在功能和景观上和整个城市联系在一起，使其和整个城市当下的发展轴线联系在一起，并且获得相应的可识别性。

基本类型

基本类型包含了各个时期城市建筑基本的共有特征。

基本类型是风格变换和设计变体的基础。

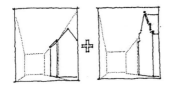

变体和多样性

多样性来自各种设计变体和风格的变换，建立在一个共有的基本类型框架基础上。

通过多样性以及统一性的互相作用，城市获得了个性。

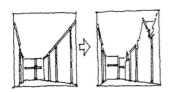

特殊建筑

统一的基本类型下各种变体带来的多样性，但是一些特殊建筑并不属于这些基本类型和相关原则。相对于一般的建筑，这些建筑有着标志性的作用，但是其应该节制地出现。

特殊建筑和普通建筑的对比能为城市带来导向性。

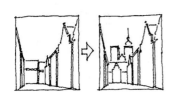

吕贝克市新建的音乐厅建筑，Obertrave路16号
图片来源：Bauwelt杂志 29/30; 1991年8月9号，第82年

提升历史城区的生活质量

城市的活力来自人们的活动。有活力的城市应该由富有个性的区域组成，形成一个复杂的功能结构，在那里各种功能都可以得到发展，并且互相影响。当地的特色文化是其重要的组成部分，这样既可以吸引人们，又可以为社会的创造力提供来源。

施特拉尔松德今天的历史城区仍然保持着富有特色的居住、商业和服务业的功能混合。这种功能混合的方式需要得到保护和促进，这为城市带来丰富性和多样性。

居住区的尺度感应该保持下去，应该在这种历史尺度和布局结构中发展符合当下需要的住宅形式。通过减小机动交通的流量，居住质量将得到进一步提升。

商业区的购物设施需要融入历史城区的尺度和布局结构，应该为整个城市的居民提供高质量的购物环境。

旅游设施应该结合城市的文化潜力发展，并且成为城市和整个地区中的一个功能重点。

通过对半公共空间和公共空间、住宅内院、环绕城市的绿带的改造，外部空间的环境质量将得到提高。

提升生活质量

促进文化活动

提升公共空间的环境质量

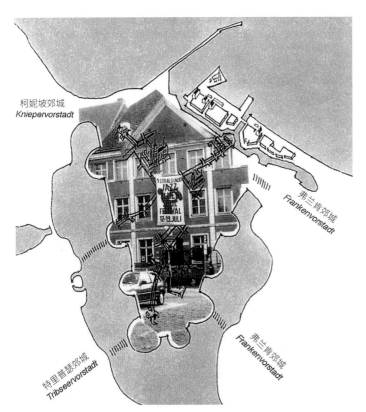

柯妮坡郊城
Kniepervorstadt

弗兰肯郊城
Frankenvorstadt

弗兰肯郊城
Frankenvorstadt

特里普瑟郊城
Tribseervorstadt

塑造城市空间的多样性和可体验性

"在历史的长河中，城市曾是富有吸引力的社会生活汇集点，各种利益冲突和利益平衡的发生地，城市也是一个大橱窗，那里可以看到各色人等施展才能。"(Richard Sennett) 城市的公共空间仿佛城市生活的花蕊，必须提供这种可能性并且为此加以设计。

施特拉尔松德的城市空间结构有着良好的潜力，可以满足人们多样的愿望和需求。城市空间中的各种措施必须符合这个目标。

公共空间的功能混合应该达到提升城市空间活力和吸引力的目的。城市的公共空间应该在功能和设计上互相区分，并且各自富有特色：

· 保留延续城市的历史建筑遗产，保证城市历史街道的可见性和可体验性。

· 在重点地段集中各种公共功能，并且保证良好的建筑设计质量。

· 对居住区的街道，通过保留其街巷的空间特色，发展当地的特色建筑类型来保持其景观风貌特征。

· 对城市的周边地区加以用地转换和改造设计，保证其休闲功能。

城市边缘的绿色空间

滨水城市开放空间

核心地段富有吸引力的城市空间

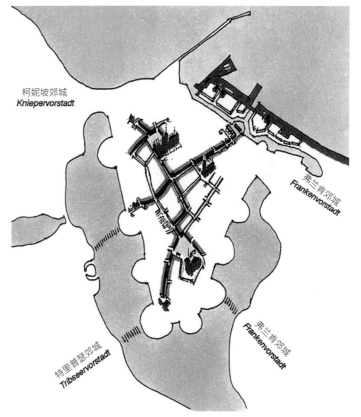

柯妮坡郊城
Kniepervorstadt

弗兰肯郊城
Frankenvorstadt

特里普瑟郊城
Tribseervorstadt

弗兰肯郊城
Frankenvorstadt

2.2 总结
Zusammenfassung

考虑到历史城区作为一个整体艺术品的历史文化价值，未来所有的建设决策都应该考虑到以下长期的愿景目标：

· 城市景观风貌独特性的延续和发展
· 加强和自然景观的联系
· 展现城市的历史，保持历史的可体验性
· 建立和当下的联系
· 提升历史城区的生活质量
· 塑造城市空间的多样性和可体验性

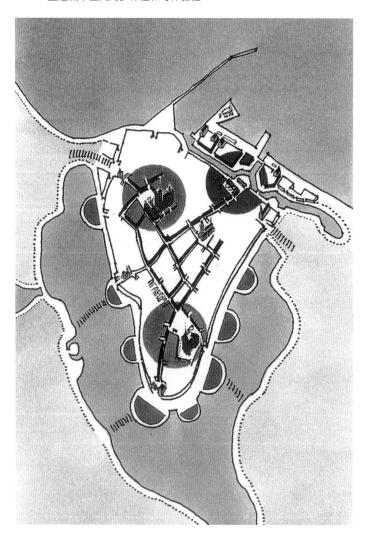

融合历史的生活

当下的生活
图片来源：*Carlsburg-Hochschule in Bremerhaven, Baumeister, 1986(7)*

城市公共空间的生活

绿色景观

施特拉尔松德独一无二的城市立面
摄影：Rolf Reinike, 施特拉尔松德

城市设计和城市建筑学分析

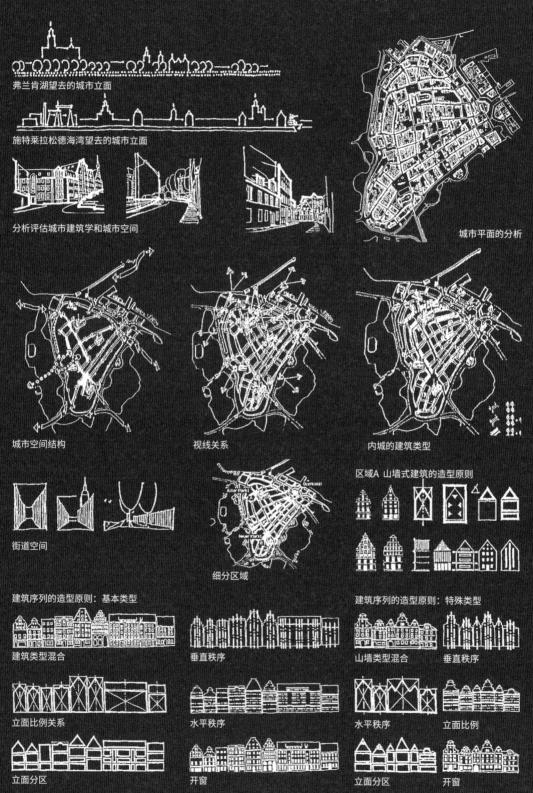

弗兰肯湖望去的城市立面

施特莱拉松德海湾望去的城市立面

分析评估城市建筑学和城市空间

城市平面的分析

城市空间结构

视线关系

内城的建筑类型

区域A 山墙式建筑的造型原则

街道空间

细分区域

建筑序列的造型原则：基本类型

建筑类型混合

垂直秩序

立面比例关系

水平秩序

立面分区

开窗

建筑序列的造型原则：特殊类型

山墙类型混合

垂直秩序

水平秩序

立面比例

立面分区

开窗

分析 Analyse

3

3.1 地形和城市格局
Topographie und Stadtbaukörper

施特拉尔松德的岛屿特征：施特拉尔松德的历史城区被施特拉尔松德海湾、柯妮坡湖以及弗兰肯湖所环绕。水体限定了历史城区的边界，勾画了城市格局的外轮廓，并且为城市提供了滨水岸线。水体是历史城区景观风貌不可或缺的部分。

微微隆起的土地之上的施特拉尔松德：施特拉尔松德坐落在一块微微隆起的岛屿上。老集市广场和圣尼科拉教堂就在这块土地的最高点上。这种地形的起伏给一些街道空间带来了特征，也使内城获得了更好的导向性。到港口的方向，城市的地面标高开始慢慢变低，最后一直过渡入施特拉尔松德海湾。

城市立面

对施特拉尔松德来说，城市立面是重要的景观风貌组成元素。在内城之外可以清楚地看到整个历史城区及其城市立面。

环绕城市的水体、三座教堂（圣尼科拉教堂，圣玛利亚教堂，圣雅克布教堂）、城市边缘的特殊历史建筑、港口处的仓储建筑、滨湖的植被是城市立面的重要组成元素：

城市设计原则

一般性原则
· 城市中心的教堂塔尖高出四周普通建筑的高度，成为城市的标志性建筑

多样性
· 从不同的角度向历史城区望去，可以看到教堂塔尖的不同形象以及不同的城市周边建筑

特殊部分
· 港口处的城市立面由码头和仓储建筑组成，形成相对硬质的界面。

多样性

被水体环绕的施特拉尔松德 1990年 航拍

·港口处的城市立面：教堂的塔尖退到后景，港口的码头和仓储建筑是重要的标志性元素。

·从弗兰肯湖望去的城市立面：高耸的教堂塔尖、在碉堡原址上修建的学校以及滨湖的植被是重要的景观标志。

·从柯妮坡湖望去的城市立面：高耸的教堂建筑、联系内城和郊城的桥梁以及湖滨的植被是重要的景观元素。

从施特拉尔松德海湾望去的城市立面

从弗兰肯湖望去的城市立面

从柯妮坡湖望去的城市立面

 在历史城区和郊城间不清晰的边界

 缺少整体性概念指导的滨水绿植景观

 对碉堡原址可读性的忽视

 影响城市立面的建筑或者空置地

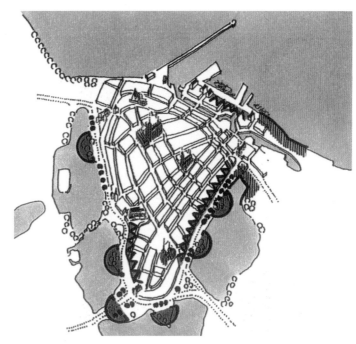

3.2 城市平面
Grundriβ

历史城区的城市平面由四种平面系统组成，其来自历史上的不同时期：
- 在新集市广场和老集市广场处有机形的城市平面
- 沿着朗恩路和弗兰肯路几乎是直角正交的城市平面系统
- 在水城处尺度较小，有着狭长街区和几乎是直角正交的城市平面系统
- 在港口处直角正交的网格式平面系统，在水渠一侧有着和之前碉堡相同的平面形式

城市平面系统和街区

街区形式、街区大小以及街区类型在施特拉尔松德是和城市平面系统以及历史上的不同发展阶段紧密关联的：
- 围绕着新老集市广场发展出了相关的城市平面系统。
- 教堂街区是相对于围合式街区 (Block) 的一个特殊类型，这里教堂坐落在街区的中间，四周有绿植或者小尺度建筑的环绕。圣雅克布教堂是一个例外，四周没有环绕的建筑。
- 街区的大小和形式在历史城区的四个区域中各自不同。
- 地块的大小和道路的等级高低相关联。

基本类型
微微弯曲，几乎是直角正交的街区，混合不同功能

变体
街区的形式或者街区的长度有所变化

特殊类型
集市广场和教堂街区，完全直角正交的港口处街区

平面系统和围合式街区

 老集市广场区域

 新集市广场区域

 港口和水城区域

240

圣雅克布教堂处不清晰的城市平面结构及不连续的空间界面

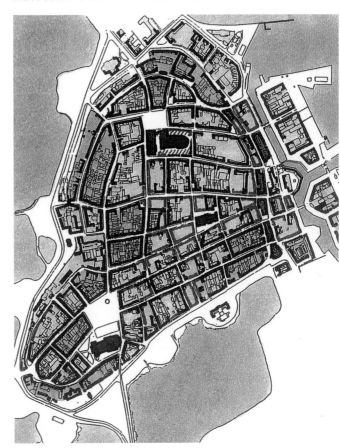

问题

 水城处过于狭窄的街区没有内院空间

 街区密度过高

 围绕圣尼科拉教堂缺少空间界面的建筑

 不连续的空间界面及不清晰的城市平面结构

 过大的街区以及缺失的穿行可能

3.3 城市空间
Stadtraum

历史城区的城市空间是城市景观风貌的重要方面。街道空间特征或者街道景观来自于自然景观、城市平面结构、建筑类型和建筑功能的共同作用。以下将主要提及结构性的特征：城市空间结构、视线关系、广场空间和街道空间结构。建筑类型的造型特征将在历史城区的建筑一章中提及。

作为整体的城市空间：城市空间结构

城市空间结构的特征主要来自于两个新老集市广场和通向港口区域的街道空间，以及南北向轴线和重要的城市出入口。整体上城市空间都导向港口区域。

城市空间结构：1990年航拍

· 老集市广场和圣尼科拉教堂、新集市广场和圣玛利亚教堂出于其功能和体量，是城市的重点地段。由历史建筑围合出的蒙赫路和奥森赫耶路与之相连，其上主要是商业功能。海盖斯特路则与这条南北向轴半相交。

· 费尔路、森勒沃路、巴登路、特里普瑟路 (Tribseerstraße)、朗恩路、弗兰肯路都通向港口，定义了城市空间通向港口的格局。波特彻尔路 (Böttcherstraße) 因为可以看到圣雅克布教堂，可以算作一条重要的路。

· 柯妮坡瓦尔路 (Knieperwall)、弗兰肯瓦尔路 (Frankenwall)、瓦瑟路 (Wasserstraße)、安费史马克特路 (Am Fischmarkt)、费尔瓦尔路 (Fährwall) 共同组成了围绕历史城区的环城道路。

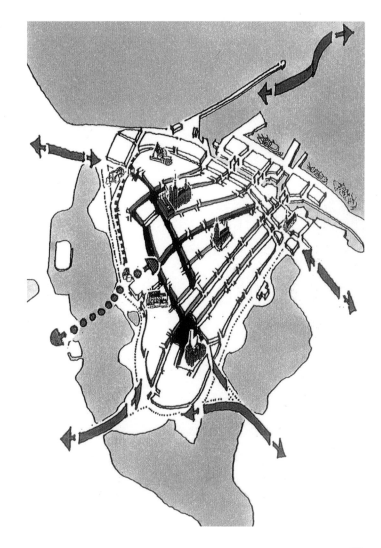

 主要的空间结构

 次要的空间结构

 主要的城市出入口

 步行城市出入口

 桥

·萨诺路 (Sarnowstraße) 和柯妮坡路 (Knieperstraße) 将南北轴线延伸到柯妮坡郊城。通过林荫道和柯妮坡门 (Kniepertor) 形成了一个清楚的城市入口。

·特里普瑟达姆路 (Tribseerdamm) 联系了特里普瑟郊城和历史城区，在这条路上可以看到圣玛利亚教堂和德意志银行。

·弗兰肯达姆路 (Frankendamm) 两侧都有建筑，并没有形成一个到历史城区的城市入口应有的空间效果。

·库特门 (Kütertor) 通过跨越柯妮坡湖的步行桥联系了柯妮坡郊城和历史城区，是行人的重要城市入口。

萨诺路和柯妮坡路的城市入口

特里普瑟达姆路和特里普瑟路的城市入口

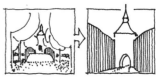

库特门的城市入口

库特门和门楼

图片来源：施特拉尔松德，尼科拉出版社，1990 年

港口水渠一侧缺失的空间界面

问题

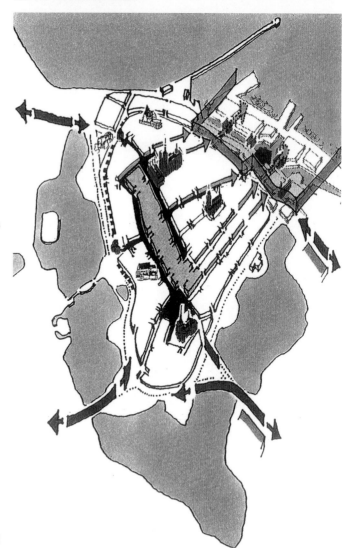

■ 水城区域缺少一个功能重点和中心

▨ 两条主轴线间缺少联系

◩ 不连续的空间界面，缺少吸引力和空间质量影响了城市空间的主要结构

▢ 不清晰的道路联系

▨ 瓦瑟路较大的交通负担和缺失的跨水渠道路联系阻碍了港口区域和其他区域的联系

◪ 缺少设计的桥梁

■ 原有的岛屿特征由于过宽的陆地联系今天已经难以被感受到

▨ 城市出入口处缺少连续的空间界面

历史城区的视线关系

在城市中，针对特殊历史建筑的视线通廊对城市的导向性和历史的展示来说都是重要的。对当地的居民和城市的来访者来说，这也是塑造提升城市可识别性的重要方式。

朝向三座教堂的视线关系引导人们走向内城核心地段，也展示了历史城区的特征。

朝向城门的视线关系提示了人们内城的边界和其所在的轴线。

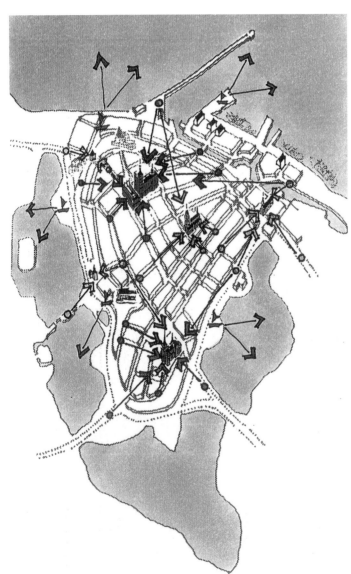

城市设计原则

基本类型
从各个方向都可以看到教堂的塔尖

多样性
由于街道形态，空间界面和标志性的建筑不同，形成不同的视线关系

特殊类型
在一些街道空间上可以看到教堂或者其他的标志性建筑

➡ 朝向圣尼科拉教堂塔尖的视线关系

➡ 朝向圣玛利亚教堂塔尖的视线关系

➡ 朝向圣雅克布教堂塔尖的视线关系

➡ 朝向海尔盖斯特教堂塔尖的视线关系

➡ 朝向城门的视线关系

➡ 朝向水体的视线关系

朝向水体的视线关系因为城市平面和城市空间结构的关系被限制：
　·朝向柯妮坡湖的视线关系被沿着城墙和堤坝修建的道路阻隔。
　·朝向弗兰肯湖的视线关系被互相错开的巷子阻隔。
　·朝向港口的视线关系由于港口上的道路关系也几乎不存在了，那里也缺少标志性的建筑。
　朝向特殊建筑立面的视线关系给街道景观带来了特殊的魅力和良好的导向性。

在海尔盖斯特路和奥森赫耶路交接处看到的圣雅克布教堂塔尖
图片来源：Harry Hardenberg, 施特拉尔松德

广场和街道的空间特征

　　广场空间在施特拉尔松德是和教堂建筑紧密关联的。在老集市广场的圣尼科拉教堂和在新集市广场的圣玛利亚教堂的一侧正好也构成了广场的立面。

　　在老集市广场，圣尼科拉教堂和市政厅的立面塑造了广场，围绕教堂的相对小尺度建筑，一方面和教堂在尺度和设计上形成了对比，另一方面也使广场获得了相对小尺度的统一的建筑立面。在空间上，广场和圣尼科拉教堂是被围绕教堂的建筑隔开的，通过市政厅底层的行人通道两者被联系起来。

老集市广场

新集市广场

新集市广场 航拍 1990年

城市设计原则

基本类型

· 有着微微弯曲或者转折的街道。空间界面相对连续，街道的宽度有着微微的变化，空间比(宽：高)大概为1:1，没有绿植。

· 短而狭窄的巷子，空间比(宽：高)为1:2。

街道 宽：高为1:1　　巷子 宽：高为1:2

变体类型

· 微微变化的街道空间比，多样的建筑功能和建筑序列形成各有特色的空间界面。

· 较长的，几乎是笔直的朗恩路和弗兰肯路。

宽：高为1:0.9　　宽：高为1:1

特殊类型

· 建在原有城墙遗址上，宽阔且滨水的城墙路，以及几乎笔直的港口区域道路。

· 通过广场上教堂四周的绿植或者建筑，围合出了广场空间。

宽：高为2:1　　宽：高为2:1

街道的景观特征是街道的走向、空间界面、建筑序列、街道宽度、街道铺地以及街道家具共同作用的结果。虽然少了一些连续的空间界面和存在一些空置地，历史城区典型的街道空间结构仍然是清晰可辨的。

围合式的街坊生成了街道的空间界面和建筑的临街线，很少有建筑前置于共同的临街线。街道的走向一共有 3 种线形：

· 在新集市广场和老集市广场区域微微弯曲的道路线形

· 在朗恩路、弗兰肯路和水城区域几乎是直线的（有着微微转折的）道路线形

· 港口区域完全是直线式的道路线形

路口的形式主要为十字路口和丁字路口。希尔·菲尔·贸沃路有着唯一的 Y 字形路口。在路口处，街道的空间界面互相微微错开。通向港口的道路如弗兰肯路、巴登路、朗恩路、海尔盖斯特路、森勒沃路则一直连续地通向海边。路口转角处的建筑延续了街区的空间界面，很少有转折。

历史城区的街道空间基本通过建筑形成了连续的空间界面。个别几个街道比邻自然。分为以下 3 个基本类型：

· 通过普通建筑形成的街道空间

· 通过特殊建筑如教室、城门和有着特殊立面的建筑形成的街道空间

· 通过自然景观塑造的街道空间

街道的空间比常常随着街道的延伸而变化，这种变化能够带来空间的活性。整体上，街道可以在空间比上分为以下三类：

· 历史城区核心区街道的空间比 (宽：高) 大致为 1：1

· 巷子的空间比 (宽：高) 大致为 1：2

· 历史城区周边街道的空间比 (宽：高) 大致为 2：1

蒙赫路微微弯曲的道路走向

　　街道的铺地在功能和造型上可以分为五部分：建筑和人行道间的缓冲区、人行道、车行道、人行道、缓冲区。巷子的铺地则分为三部分。

　　对历史城区来说，典型的铺地材料是有着不同大小的天然石材。通过不同的铺装方式和不同的石块大小，形成了铺地的多样性。

　　一般而言在街道空间上没有树木，只有在城市周边的道路上，围绕着圣玛利亚和圣尼科拉教堂或者在空置的地块上有树。

　　路灯也是道路景观的一部分。部分路灯的间距太大，导致夜间有些街道空间过暗。

柯妮坡瓦尔路的树木

街道铺地的铺装方式

朗恩路的五段式铺装方式

安费史马克特路上的空置地块

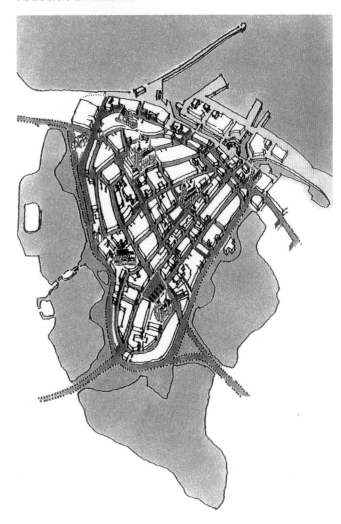

问题

空置地块或者缺失的空间界面

较少使用的水渠

由于不连续的树列，没有形成连续的空间界面

不合适的道路铺地和照明方式

和老集市广场相比，新集市广场的尺度过大

圣玛利亚教堂和新集市广场间的空间界定不清晰

3.4 历史城区的建筑
Gebäude in der Altstadt

历史城区的建筑是城市景观风貌的基本组成部分，有着珍贵的历史价值和良好的设计质量。各种类型的历史建筑应该保存下来，并且应该理解其构成方式而延续。历史建筑及其构成方式组成了街道空间和街道景观，并且能够展示各个历史发展阶段。

普通建筑和特殊建筑的形制

一个富有变化和戏剧性的街道景观来自特殊的纪念性建筑，如市政厅、圣尼科拉教堂、圣玛利亚教堂、华丽的山墙式建筑和普通建筑的共同作用。

有特殊功能的历史性建筑在城市里能够突出出来，不只是因为其造型上的特殊性，也和城市设计上的构思和语境有关系。

城市设计原则

基本类型
· 有着居住或者商住功能的普通建筑

变体类型
· 通过混合三种基本类型获得变体

特殊类型
· 在功能、位置和设计上意义上的特殊建筑，如圣尼科拉教堂，圣玛利亚教堂，市政厅，城门，歌剧院，城市入口处的德意志银行，碉堡原址上修建的学校
· 在功能和设计意义上的特殊建筑：圣雅克布教堂，圣卡塔丽娜教堂和海尔盖斯特修道院
· 有着特殊立面的特殊建筑：山墙式建筑
· 有着特殊的设计和位置的建筑：港口区域的仓储建筑，街角处强调转折的部分建筑

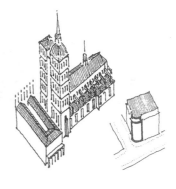

圣玛利亚教堂和普通建筑通过对比形成的戏剧性街道景观

费尔路的山墙式、屋檐式和阁楼式建筑

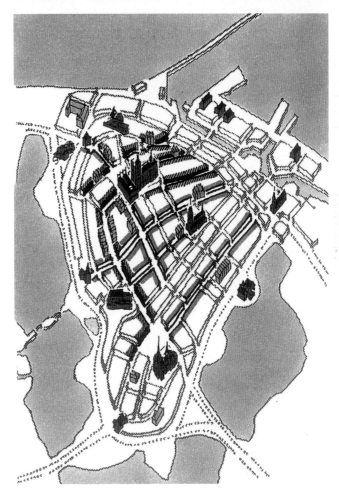

特殊建筑

对街道景观有着重要意义的建筑
或者建筑序列

山墙式建筑出现的频率 级别一

山墙式建筑出现的频率 级别二

山墙式建筑出现的频率 级别三

基本建筑类型

历史城区典型的建筑类型主要为屋檐式、山墙式以及阁楼式建筑。其中屋檐式建筑是比例最高的，在历史更久远的街道上，山墙式建筑出现的频率要高一些。

主要的建筑材料是墙体砖和屋顶砖。外墙面上通常有涂料。例外的是哥特风格的山墙式建筑，外墙面是清水砖墙。门框和窗框一般是木质材料。

立面的颜色多是暖色调的浅棕黄色，个别情况下会出现冷色调的灰绿色。窗框一般是刷成了白色。哥特风格建筑的灰色或者红色的清水砖墙特别引人注目。

费尔路的山墙式建筑

造型原则

山墙式建筑

基本类型	变体类型	特殊类型

比例

· 竖向和对称的立面格式
· 建筑体量：宽：8-10m，高：3层加屋顶的1到2层

· 建筑体量的变体，宽：7-12m，高：1到4层

· 特殊的体量

自有视觉秩序

· 建筑立面有自身的视觉重点

山墙形式

· 山墙开窗

· 不同的山墙形式变体

· 有着特殊尖顶和丰富装饰的山墙

立面分区和屋顶倾斜度

· 分为三段：底层，一般楼层和屋顶楼层
· 对称坡屋顶的屋顶坡度：55°～65°

· 将底层和2层结合为一段
· 分为四段

· 分为两段：底层和2层结合为一段，屋顶楼层和3层结合为一段

形式的多样性和雕塑性

· 丰富的立面雕塑性和造型上的多样性

水平和垂直秩序

· 窗户水平基本对齐，形成水平向的窗带，楼层间有水平向的线脚装饰，底层有水平向的勒脚
· 造型元素在垂直向上对齐
· 重心轴线位于建筑的正中央

· 通过更多的元素来强调水平向或者垂直向的形式秩序

· 立面上半段有着完全的垂直性形式秩序

立面开窗

· 竖向窗作为开窗的形式

· 窗子随着不同的立面分区加以变化

· 从底层一直到二层的开窗

屋檐式建筑

造型原则

基本类型

变体类型

特殊类型

比例

· 垂直向竖立的体量和对称的立面格式
· 建筑体量：宽8-10m，高3层加屋顶的1到2层

· 建筑体量的变体：宽7-13m，高2到4层加屋顶的1-2层

· 横向的体量，建筑宽度为15-25m

自有视觉秩序

· 建筑立面有自身的视觉重点

立面分区和屋顶倾斜度

· 分为三段：底层，一般楼层和屋顶
· 对称坡屋顶的屋顶坡度：45°~65°
· 屋顶老虎窗和立面窗户位于同一垂直向轴线上

· 分为四段：底层为一段，2层，3层，屋顶楼层各为一段

· 对于过长的立面，在垂直向上对立面也加以划分
· 坡屋顶的屋顶坡度：小于45°

形式的多样性和雕塑性

· 丰富的立面雕塑性和造型的多样性

水平和垂直秩序

· 窗户水平基本对齐，形成水平向的窗带，楼层间和檐口下有水平向的线脚装饰，底层有水平向的勒脚
· 造型元素在垂直向上对齐
· 重心轴线位于建筑的正中央

· 通过更多的装饰元素来强调水平或者垂直向的形式秩序

· 打断立面水平向的形式秩序
· 对较长的立面强调部分垂直向的造型元素

立面开窗

· 竖向窗作为开窗的形式

· 窗子随着不同的立面分区加以变化

· 在垂直向对窗子加以分区

造型原则

阁楼式建筑

基本类型	变体类型	特殊类型

比例

- 竖向的建筑体量和对称的立面格式
- 建筑体量：宽8-10m，高3-4层

- 在保持竖向建筑体量的前提下，高和宽有所变化

自有视觉秩序

- 建筑立面有自身的视觉重点

- 非对称的立面秩序

屋顶形式

- 清晰的阁楼层

- 赋予阁楼层特殊的形式

立面分区和屋顶倾斜度

- 分为三段：底层，一般楼层和阁楼层
- 屋顶坡度：小于45°

- 分为四段

- 为了处理较大的建筑体量，在垂直向上也对立面加以分区

形式的多样性和雕塑性

- 丰富的立面雕塑性和造型上的多样性

水平和垂直秩序

- 窗户水平向上对齐，形成水平向的窗带，楼层间和阁楼层有水平向的线脚装饰，底层有水平向的勒脚
- 造型元素在垂直向上对齐
- 重心轴线位于建筑的正中央

- 通过更多的装饰元素来强调水平向的形式秩序

- 通过更多的装饰元素来强调垂直向的形式秩序

立面开窗

- 竖向窗作为开窗的形式

- 窗子随着不同的立面分区加以变化

- 在垂直向对窗子加以分区

3.5 区域的划分
Bereichsabgrenzung

施特拉尔松德的历史城区对外表现出统一和封闭的景观意象，内部则可区分为几个区域。通过历史的、文化的、社会的、经济的因素在时间中的作用，以及不同的建筑和城市设计特征，塑造出了各有特征的区域。这些区域也是城市的生活空间和体验空间，需要认识到其各自的特征，并且在此基础上加以发展。

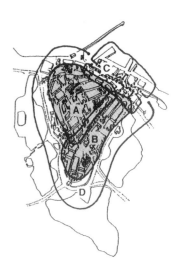

区域 A　老集市广场

区域 A 包括了这个城市最古老和最富有建筑学价值的部分。区域的中心是老集市广场、市政厅和圣尼科拉教堂，区域的东南边缘处坐落着圣雅克布教堂。较高的地势、微微弯曲并通向地势较低的城市边缘的街道、美妙的建筑以及能够同时看到建筑细部和远处的标志性建筑的视线关系，这一切构成了这一城市核心区域的特征。

区域 B　新集市广场

区域 B 的中心是新集市广场和其上的圣玛利亚教堂，从这里其一直向东延伸到区域 C。围绕着新集市广场的部分和沿着朗恩路及弗兰肯路的部分在功能、建筑学和城市设计上有所不同。后者有着较长的，直线形的，一直通向较低的港口区域的街道空间。这一部分有着混杂多样的建筑，工业时期遗留下来的影响依然可见。前者则在城市平面和建筑风格上和老集市广场区域有着诸多的相似。

老集市广场区域
1990年航拍

区域A

费尔路

拜谢麦赫路

蒙赫路

区域B

特里普瑟路

朗恩路

弗兰肯路

区域 C　水城和港口

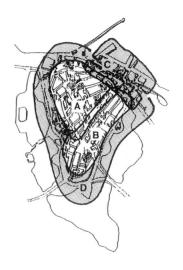

区域 C 和区域 B 类似，有着两种面貌。在水城有着小尺度的建筑布局，在港口则出现了相对大尺度的体量。这种差异展示了历史的发展和不同的功能结构。水渠既分割又联系了这两个部分。当时出于发展需要形成的城市平面结构在水城和港口区域被较好地保留下来，并且塑造了所在地的特征，但是保留下来的有价值的建筑并不多。

区域 D　城墙和碉堡

历史城区的周边地带在不同的部分特征也各不相同，可分为弗兰肯瓦尔路部分、柯妮坡瓦尔路部分和费尔瓦尔路部分。弗兰肯瓦尔路一侧建有历史建筑，柯妮坡瓦尔路则有古代的城墙作为特征，费尔瓦尔路二者兼有之。弗兰肯湖和柯妮坡湖为各自的部分增添了水体景观。

水城和港口区域　航拍 1990

区域C

瓦瑟路

安费史马克特路

港口

区域D

弗兰肯瓦尔路

卡塔丽娜柏格路

安柯妮坡瓦尔路

区域 A-C 建筑序列

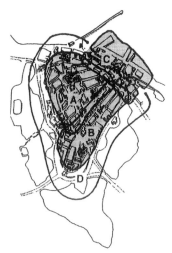

虽然城市平面和建筑布局结构在所有区域基本都被保留了下来,但并不是所有区域中的建筑都富有价值:在弗兰肯瓦尔路和港口一带有着破败的建筑、空置的房屋和地块。考虑到港口区域发生的功能转换,这一带的建筑价值就更低了。出于这些原因,港口和弗兰肯瓦尔路一带在建筑序列分析中不被涉及。

海尔盖尔特路的建筑序列

设计原则 基本类型

不同区域的建筑序列共享了很多组合特征。除了城市平面和城市空间上的区别，各个区域的建筑序列在建筑类型混合规则、地块大小和特殊建筑上有所差异。

- 生动的建筑类型混合
- 相邻建筑的层高不同
- 不同的立面雕塑感

建筑类型混合

- 建筑序列中的建筑单体清晰可辨
- 不同的建筑宽度和高度

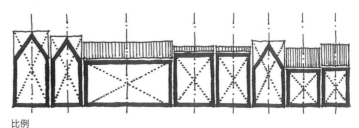

比例

- 微微错开的立面分区和不同的立面顶部处理

立面分区

- 立面窗户垂直向轴线表现出不同的形式节奏

垂直向形式秩序

- 不同高度的线脚、窗带、勒脚、围栏：水平向的形式秩序在不同的建筑间互相错开

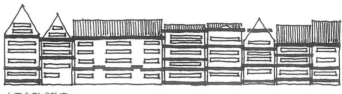

水平向形式秩序

- 不同立面间不同的窗户形式

立面开窗

263

区域A　老集市广场

费尔路透视图

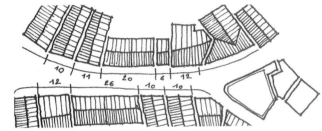

费尔路平面图

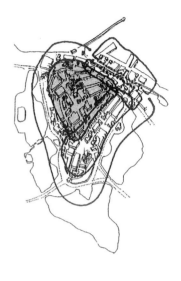

建筑类型混合

设计原则　基本类型

·建筑类型混合：　主要是山墙式和屋檐式建筑

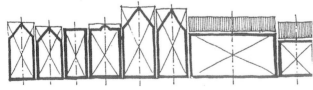

比例

·不同的建筑高度和宽度：宽度8-12m，高度3-4层

立面分区

·互相微微错开的三段式立面分区

微微弯曲，连续的街道空间界面和1：1.2(宽：高)的空间比

通过单体的垂直向轮廓和立面上窗户轴线塑造出的垂直性

通过楼层间的线脚、勒脚和檐口下的线脚以及窗带形成的水平向形式秩序。不同的建筑间，水平向元素的高度互相错开

城市设计原则：特殊类型

建筑类型混合

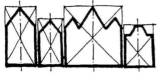

比例

立面分区

区域B　新集市广场

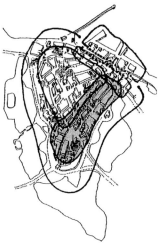

朗恩路：透视图

朗恩路：顶视图

城市设计原则：基本类型

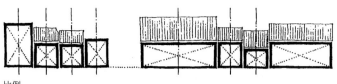

建筑类型混合

・建筑类型混合：主要是屋檐式和阁楼式

比例

・不同的建筑高度和宽度：宽度10-16m，高度2-4层加1-2层屋顶楼层

立面分区

・互相微微错开的二段式或三段式立面分区

较长的几乎是笔直的连续街道空间界面和1：1.2(宽：高)的空间比

通过单体的垂直向轮廓和立面上窗户轴线塑造出的垂直性

城市设计原则：特殊类型

建筑类型混合

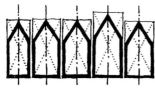

比例

立面分区

通过楼层间的线脚、勒脚和檐口下的线脚以及窗带形成的水平向形式秩序。不同的建筑间，水平向元素高度互相错开

区域C　水城

瓦瑟路：透视图

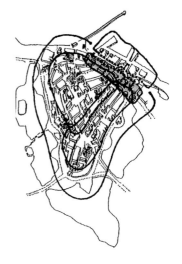

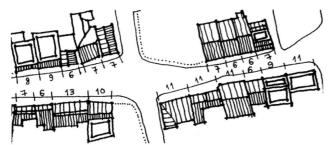

瓦瑟路：顶视图

建筑类型混合

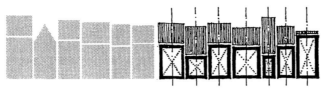

比例

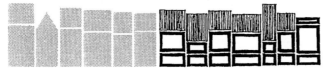

立面分区

城市设计原则：基本类型

· 建筑类型混合：主要是屋檐式和阁楼式建筑

· 不同的建筑高度和宽度：宽度6-10m，高度2-3层加1-2层屋顶楼层

· 互相微微错开的二段式或三段式立面分区

微微转折、连续的道路空间界面，有所变化的街道宽度和街道空间比：1∶1或1.2∶1(宽度∶高度)

通过单体的垂直向轮廓和立面上窗户轴线塑造出的垂直性

城市设计原则：特殊类型

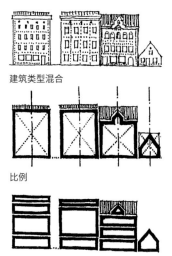

建筑类型混合

比例

立面分区

通过楼层间的线脚、勒脚和檐口下的线脚以及窗带形成的水平向形式秩序。不同的建筑间，水平向元素高度互相错开

3.6 总结
Zusammenfassung

在分析的基础上,这里给出施特拉尔松德典型的景观风貌特征及其不足。

城市的整体和局部区域

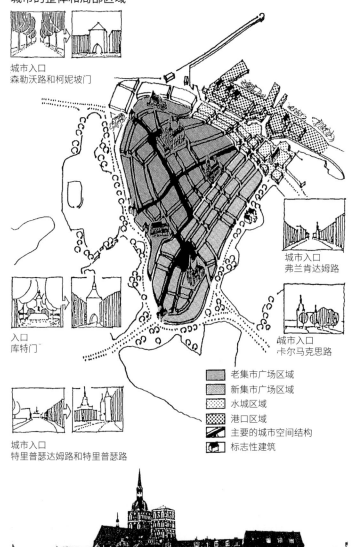

城市入口
森勒沃路和柯妮坡门

入口
库特门

城市入口
特里普瑟达姆路和特里普瑟路

城市入口
弗兰肯达姆路

城市入口
卡尔马克思路

■ 老集市广场区域
■ 新集市广场区域
■ 水城区域
■ 港口区域
■ 主要的城市空间结构
■ 标志性建筑

港口入口处

道路空间和广场空间:基本类型

・临街建筑线:轻轻弯曲或者转折
・道路线形:轻轻弯曲或者转折
・道路空间界面:连续的空间界面
・道路空间比(宽:高):一般道路约为
1:1,巷子约为1:2
・道路空间中没有树

道路 宽:高为
1:1

巷子 宽:高为
1:2

道路空间和广场空间:变体类型

・变化来自不同的空间比和基于功能与
建筑序列形成的不同空间界面

道路空间和广场空间:特殊类型

・广场和教堂广场联系在一起:教堂成
为广场的背景,围绕教堂有一圈小尺度
的建筑或者绿植
・在城市边缘的城墙遗址上修建起来的
道路和港口处笔直正交的道路
・有着前置建筑的街道空间

宽:高为2:1

宽:高为2:1

城市立面:基本类型

・教堂塔尖作为施特拉尔松德的标志建
筑物,高出其他普通建筑物

评估：问题

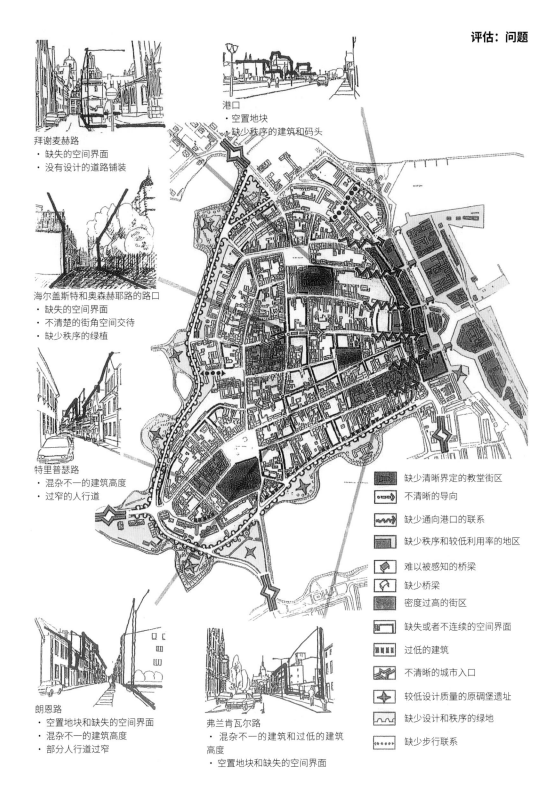

拜谢麦赫路
· 缺失的空间界面
· 没有设计的道路铺装

港口
· 空置地块
· 缺少秩序的建筑和码头

海尔盖斯特和奥森赫耶路的路口
· 缺失的空间界面
· 不清楚的街角空间交待
· 缺少秩序的绿植

特里普瑟路
· 混杂不一的建筑高度
· 过窄的人行道

朗恩路
· 空置地块和缺失的空间界面
· 混杂不一的建筑高度
· 部分人行道过窄

弗兰肯瓦尔路
· 混杂不一的建筑和过低的建筑高度
· 空置地块和缺失的空间界面

缺少清晰界定的教堂街区

不清晰的导向

缺少通向港口的联系

缺少秩序和较低利用率的地区

难以被感知的桥梁

缺少桥梁

密度过高的街区

缺失或者不连续的空间界面

过低的建筑

不清晰的城市入口

较低设计质量的原碉堡遗址

缺少设计和秩序的绿地

缺少步行联系

271

历史城区的建筑

- 建筑序列中的建筑单体清晰可辨
- 不同的建筑宽度和高度

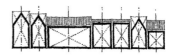

- 建筑类型混合
- 相邻建筑层高不同
- 相邻建筑有着不同的雕塑感

- 微微互相错开的三段式立面分区，立面顶部有着不同的处理

- 窗户垂直向轴线有着不同的韵律节奏

- 通过楼层间的线脚、勒脚和檐口下的线脚以及窗带形成水平向形式秩序。不同的建筑间，水平向元素高度互相错开。

- 立面有着不同的窗户形式

特殊建筑

对街道景观有着重要意义的建筑或者建筑序列

山墙式建筑出现的频率。级别一

山墙式建筑出现的频率。级别二

山墙式建筑出现的频率。级别三

鸟瞰 标志性建筑和建筑的形制

评估：问题

波特路和雅克布图姆路路街角建筑：
- 两座相同的建筑，体量和立面
- 单调的秩序

老集市广场的建筑
- 相同的建筑，体量和立面
- 作为转角处的建筑，其设计是不当的

山墙式建筑：基本类型	屋檐式建筑：基本类型	阁楼式建筑：基本类型

· 竖向和对称的立面格式 建筑宽8-10m，高3层加屋 顶1到2层	· 竖向和对称的立面格式 建筑宽8-10m，高3层加屋 顶1层	· 竖向和对称的立面格式 建筑宽8-10m，高3-4层
· 建筑立面有自身的视觉 重点 · 丰富的立面雕塑感	· 建筑立面有自身的视觉 重点 · 丰富的立面雕塑感	· 建筑立面有自身的视觉 重点 · 丰富的立面雕塑感
· 山墙开窗 · 对称坡屋顶的屋顶坡 度：55°～65°	· 对称坡屋顶的屋顶坡度 ：45°～65° · 屋顶老虎窗和立面窗户 位于同一垂直向轴线上 	
· 竖向窗作为开窗的形式	· 竖向窗作为开窗的形式	· 竖向窗作为开窗的形式
· 立面分为三段：底层、 中间层和屋顶层	· 立面分为三段：底层、 中间层和屋顶层	· 立面分为三段：底层、 中间层和阁楼层
· 水平向的窗带、楼层间 的线脚、底层的勒脚塑造 了建筑水平向的秩序	· 水平向的窗带、楼层间 的线脚、底层的勒脚塑造 了建筑水平向的秩序	· 水平向的窗带、楼层间 的线脚、底层的勒脚塑造 了建筑水平向的秩序
· 造型元素在垂直向上对 齐，重心轴线位于建筑的 正中央	· 造型元素在垂直向上对 齐，重心轴线位于建筑的 正中央	· 造型元素在垂直向上对 齐，重心轴线位于建筑的 正中央

273

城市景观风貌和城市建筑学的规划控制

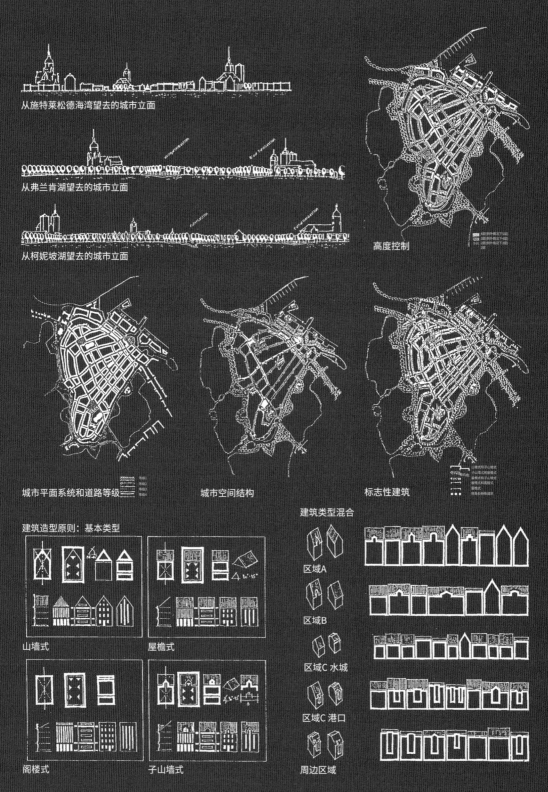

从施特莱松德海湾望去的城市立面

从弗兰肯湖望去的城市立面

从柯妮坡湖望去的城市立面

高度控制

城市平面系统和道路等级

城市空间结构

标志性建筑

建筑造型原则：基本类型

山墙式

屋檐式

阁楼式

子山墙式

建筑类型混合

区域A

区域B

区域C 水城

区域C 港口

周边区域

规划 Planung

4

4.1 地形和城市格局
Topographie und Stadtbaukörper

被水体环绕的地形特征应该得到突出。

对于施特拉尔松德来说，典型的是其坐落在一块微微隆起的土地上。城市的格局应该和地形呼应配合。

城市立面

城市立面对施特拉尔松德这种城市来说，是决定城市景观风貌的重要因素。对城市立面的规划首要的是对历史城区的建筑高度加以控制。

目标

· 对于这座城市独一无二的城市立面来说，重要的是考虑教堂、碉堡和水体这些决定性的因素。

· 从不同的角度望去，城市立面应该各有特色，并且互相区分。

规划基本原则

· 新建建筑，不论是在历史城区的边缘还是中心，其和城市立面以及城市格局的关系都应该加以检验论证。

从柯妮坡湖望去的城市立面
对碉堡遗址的形态加以刻画，并且在柯妮坡瓦尔路上种植树木，形成林荫大道

从弗兰肯湖望去的城市立面
对碉堡遗址的形态加以刻画，并且对弗兰肯瓦尔路一带的绿植加以设计改造

施特莱拉松德海湾望去的城市立面
突出仓储建筑的特殊地位：周围的建筑应该保持相对较低的高度

造型原则
基本类型和变体：从湖一侧望去的城市立面
· 连续的空间界面
· 高出城市周边一般建筑高度的教堂塔尖
· 在建筑之前的树列

从湖一侧望去的城市立面

特殊类型：从港口一侧望去的城市立面
· 码头
· 连续的空间界面
· 高出城市周边一般建筑的教堂塔尖和仓储建筑

从港口一侧望去的城市立面和"硬质界面"

措施

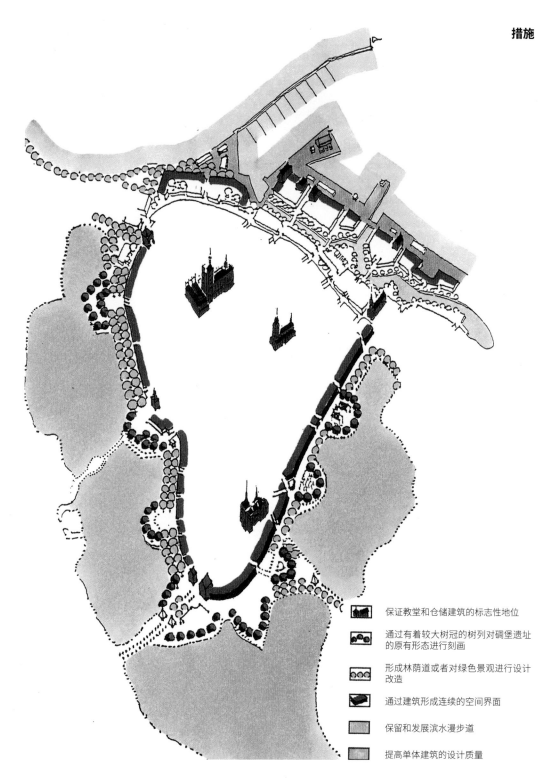

保证教堂和仓储建筑的标志性地位

通过有着较大树冠的树列对碉堡遗址的原有形态进行刻画

形成林荫道或者对绿色景观进行设计改造

通过建筑形成连续的空间界面

保留和发展滨水漫步道

提高单体建筑的设计质量

历史城区的建筑高度控制

建筑天际线和建筑形成的城市体量以及与之形成对比的自然景观在很大程度上影响着城市的景观风貌。所以在考虑现有建筑和地形的基础上，需要对整个历史城区的建筑高度加以引导控制。

目标

· 历史城区的建筑高度应该和周边自然景观环境相和谐。

· 历史城区的自然地形应该可以在城市空间中被感受到，并且通过相应的高度控制加以刻画。

· 标志性历史建筑物四周的建筑高度应该谨慎地加以控制，以保证其凸显的地位。通向教堂塔尖的视线通廊应该被保证。

规划基本原则

· 建筑高度控制应该和空间等级以及功能的重要性相匹配。

· 在城市中间地形隆起处的城市体量也应该相应变高，强调和刻画这种地形特征。

· 教堂和仓储建筑的高度应该高于一般建筑高度。

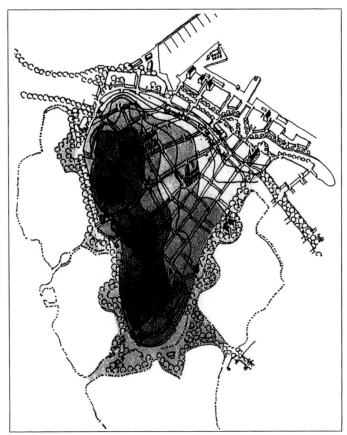

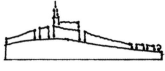

通过建筑高度的变化表现地形的升高与降低

措施

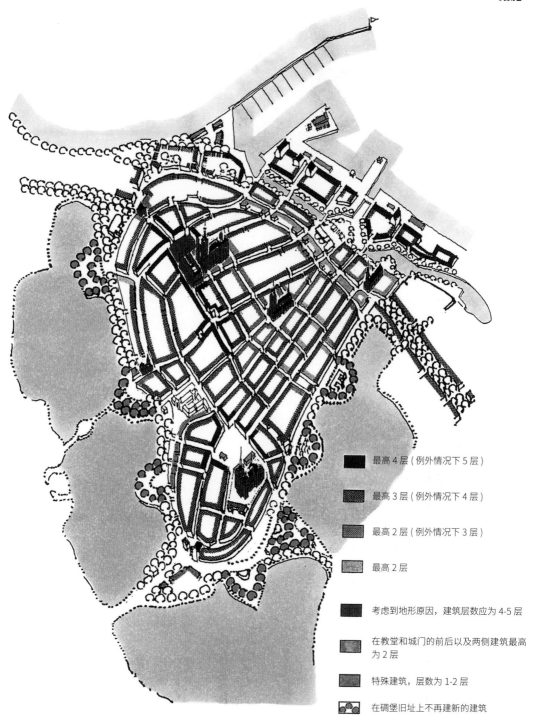

最高 4 层（例外情况下 5 层）

最高 3 层（例外情况下 4 层）

最高 2 层（例外情况下 3 层）

最高 2 层

考虑到地形原因，建筑层数应为 4-5 层

在教堂和城门的前后以及两侧建筑最高为 2 层

特殊建筑，层数为 1-2 层

在碉堡旧址上不再建新的建筑

测试性设计

建筑高度控制

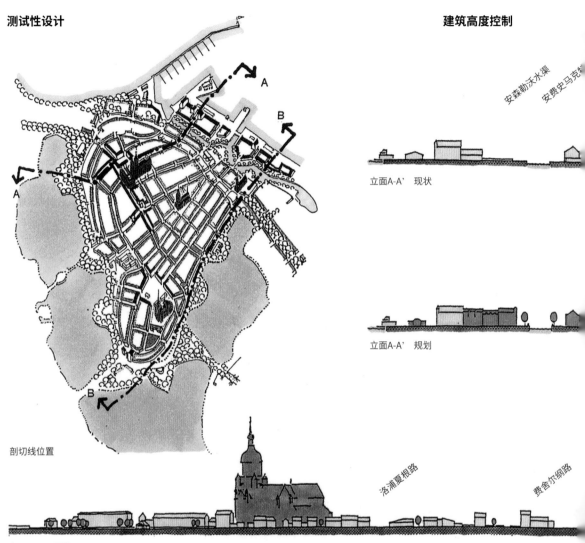

剖切线位置

立面A-A' 现状

立面A-A' 规划

安森勒沃水渠

安费史马克桥

洛浦夏根路

费舍尔缆路

立面B-B' 现状

立面B-B' 规划

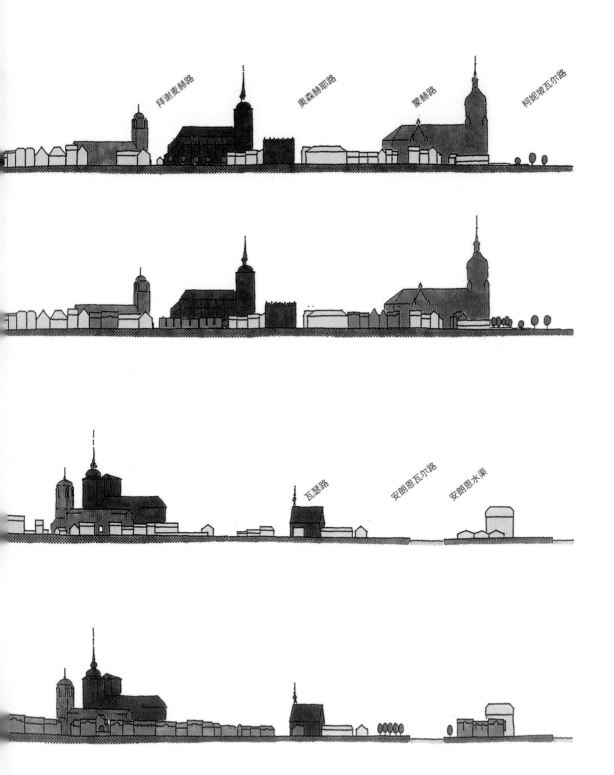

4.2 历史城区和内城
Altstadt und Innenstadt

历史城区是整个城市的一部分,同时应该通过对城市出入口的空间处理,使得其和其他城区区分开来。

历史城区内的各个区域应该发展各自的特色,形成一个多样的城市景观风貌。

城市入口和出口

从四周的郊城进入历史城区的路径是人们获得城区第一印象的地方,所以对城市出入口在一个空间序列中加以考虑是重要的。

目标

· 城市出入口应该有良好的导向性。

· 在城市入口应该形成类似"门"的空间效果,作为郊城和历史城区间的过渡。

· 通过对碉堡旧址和滨水景观的设计改造,使得入口一带"桥"的特征能够被更好地感受到。

规划基本原则

· 在城市入口处应该保证能够看到教堂塔尖、城门、城市边缘地带以及周围的水景,使得入口地带富有特点。

在城市入口处,保证朝向重要建筑物的视线通畅

措施

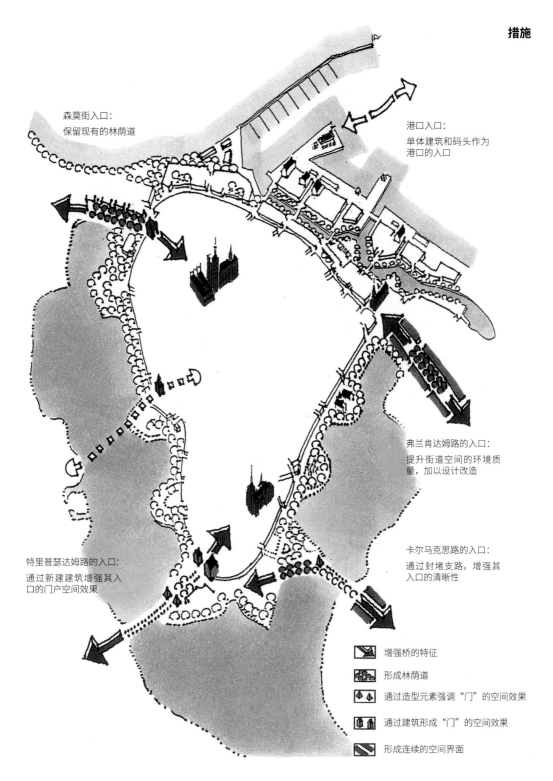

森莫街入口：
保留现有的林荫道

港口入口：
单体建筑和码头作为
港口的入口

弗兰肯达姆路的入口：
提升街道空间的环境质
量，加以设计改造

卡尔马克思路的入口：
通过封堵支路，增强其
入口的清晰性

特里普瑟达姆路的入口：
通过新建建筑增强其入
口的门户空间效果

增强桥的特征

形成林荫道

通过造型元素强调"门"的空间效果

通过建筑形成"门"的空间效果

形成连续的空间界面

历史城区的建筑高度控制

建筑天际线和建筑形成的城市体量以及与之形成对比的自然景观在很大程度上影响着城市的景观风貌。所以在考虑现有建筑和地形的基础上，需要对整个历史城区的建筑高度加以引导控制。

目标

· 历史城区的建筑高度应该和周边自然景观环境相和谐。

· 历史城区的自然地形应该可以在城市空间中被感受到，并且通过相应的高度控制加以刻画。

· 标志性历史建筑物四周的建筑高度应该谨慎地加以控制，以保证其凸显的地位。通向教堂塔尖的视线通廊应该被保证。

规划基本原则

· 建筑高度控制应该和空间等级以及功能的重要性相匹配。

· 在城市中间地形隆起处的城市体量也应该相应变高，使得这种地形特征得到强调和刻画。

· 教堂和仓储建筑的高度应该高于一般建筑高度。

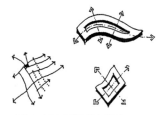

老集市广场区域的基本类型

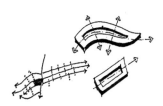

新集市广场区域的基本类型

水城和港口区域的基本类型

通过建筑高度的变化表现地形的升高与降低

措施

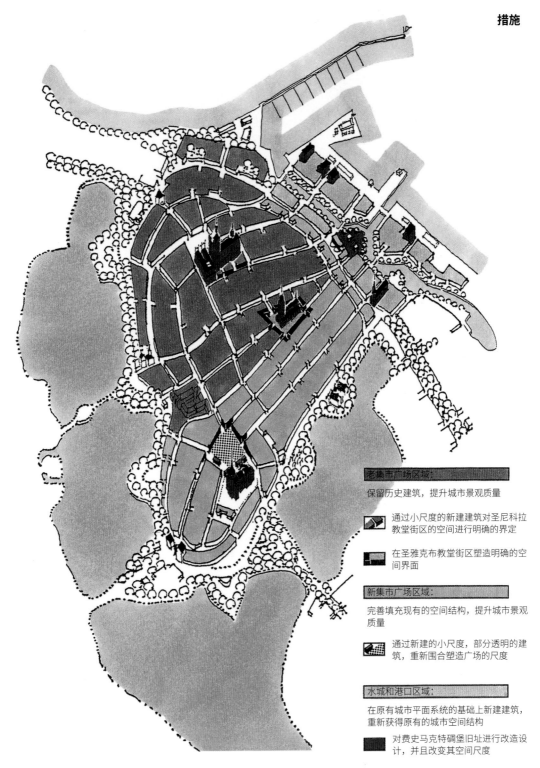

老集市广场区域:

保留历史建筑,提升城市景观质量

通过小尺度的新建建筑对圣尼科拉教堂街区的空间进行明确的界定

在圣雅克布教堂街区塑造明确的空间界面

新集市广场区域:

完善填充现有的空间结构,提升城市景观质量

通过新建的小尺度,部分透明的建筑,重新围合塑造广场的尺度

水城和港口区域:

在原有城市平面系统的基础上新建建筑,重新获得原有的城市空间结构

对费史马克特碉堡旧址进行改造设计,并且改变其空间尺度

测试性设计

雅克布教堂四周

设计概念

通过以下措施重新定义雅克布教堂四周的外部空间：
· 针对教堂四周未建的空地，重新恢复历史上小尺度的街区和空间结构。
· 在教堂正立面前，通过改变临街建筑线，形成小的街道广场。
· 在教堂两侧设置绿地和开敞空间。

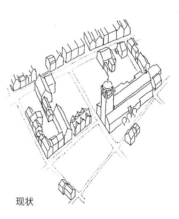

现状

设计测试

现状

设计测试：历史上街道到雅克布教堂的视线关系

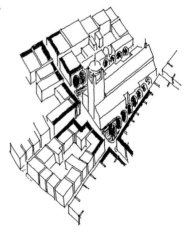

方案：在教堂主立面前围合出小街道广场，通过小广场强调教堂的主立面

新集市广场四周   **测试性设计**

设计概念

通过以下措施提升新集市广场四周的空间环境:

- 通过在圣玛利亚教堂前修建小尺度建筑重新定义广场的尺度。
- 恢复广场四周旧有的连续空间界面。
- 茨坡伦哈根路是步行者从弗兰肯瓦尔路进入城市的入口,需要改善其景观质量。
- 玛利亚科尔路是步行者从弗兰肯郊城进入城市的入口,需要改善其景观质量。
- 改善玛利亚教堂四周的绿色景观。

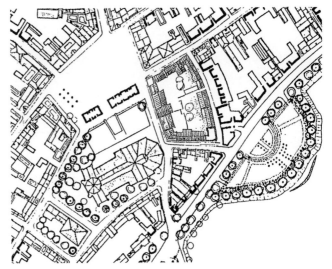

平面图:测试性设计

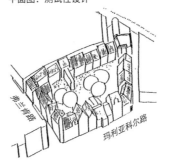 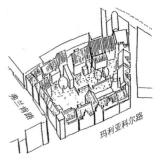

测试性设计:玛利亚科尔路的围合式街区　　方案 1:保留 22 和 22a 号的现状建筑　　方案 2:在 22 和 22a 号处新建建筑

玛利亚科尔路街道立面 方案 1

玛利亚科尔路街道立面 方案 2

4.3 城市空间
Stadtraum

在保证各个区域的个性和功能需要的情况下，需要一个统领历史城区的整体城市空间结构。

在这个整体空间结构下，每个街道和广场空间都应该获得自己的特征。

城市空间结构，街道和广场空间

公共空间是城市空间的一部分，其中街道空间和广场空间在形式和功能上应该互相联系起来。

目标

· 发展出一个整体性的城市空间系统。

· 街道和广场应该互相区分，各有个性。

· 应该通过新建建筑对空间界面加以完善。

· 地块的大小应该和道路等级相匹配，通向港口的街道两侧地块应该较大。

规划基本原则

· 新建和改建建筑应该考虑到街道空间和广场空间的已有特征。

· 造型上的特殊性应该和建筑功能和历史意义相匹配。

蒙赫路 1992 年

设计原则

老集市广场区域的基本类型：

· 微微弯曲或者转折的道路走向，可以看到城门或者教堂

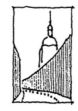 

新集市广场区域的基本类型：

· 较长的，几乎是直的或者折线的道路
· 较短的巷子，到湖景的视线被部分阻隔

水城和港口区域的基本类型：

· 水城有着微微转折的道路和有所变化的街道空间比
· 港口的道路为笔直，可以看到水体

措施

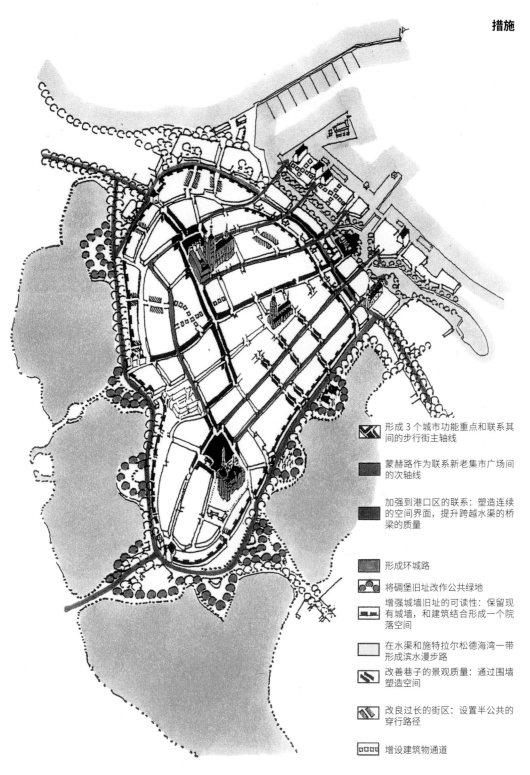

形成 3 个城市功能重点和联系其间的步行街主轴线

蒙赫路作为联系新老集市广场间的次轴线

加强到港口区的联系：塑造连续的空间界面，提升跨越水渠的桥梁的质量

形成环城路

将碉堡旧址改作公共绿地

增强城墙旧址的可读性：保留现有城墙，和建筑结合形成一个院落空间

在水渠和施特拉尔松德海湾一带形成滨水漫步路

改善巷子的景观质量：通过围墙塑造空间

改良过长的街区：设置半公共的穿行路径

增设建筑物通道

测试性设计

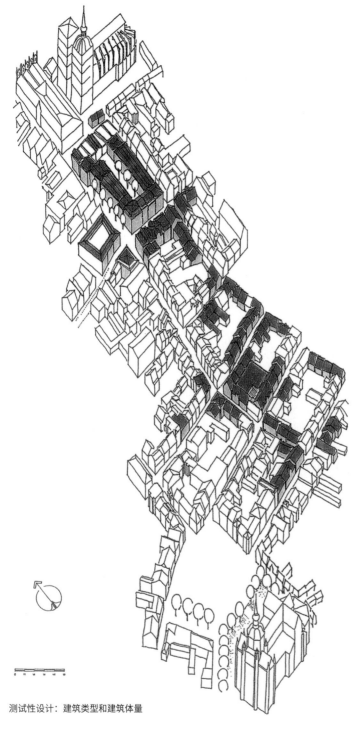

奥森赫耶路地区

设计概念

奥森赫耶路是联系新老集市广场间的主
要商业街道，通过以下措施提升其景观
质量：

· 在历史地块结构的基础上填充空置地
块。
· 新建建筑必须考虑到历史建筑的建筑
类型和立面特征。
· 在设计和功能上强调奥森赫耶路和海
尔盖斯特路的路口空间。
· 通过建筑内和建筑间的功能混合获得
街区的活性和多样性。

图例

 现有建筑

 新建建筑

测试性设计：建筑类型和建筑体量

新集市广场四周   **测试性设计**

设计概念

将拉斯塔迪碉堡旧址设计为一个新的公
共广场，在景观和功能上联系历史城区
和港口区域：

· 谨慎地对现有建筑布局加以改变。
· 开放的滨水空间界面。
· 塑造广场和港口间的视觉联系。
· 改善通向港口的桥梁质量。

现状 平面图

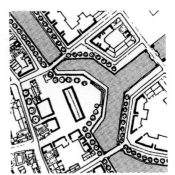
测试性设计 平面图

现状

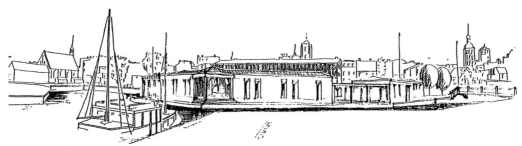
设计测试：方案 1

设计测试：方案 2

临街建筑线

施特拉尔松德历史城区的临街建筑线和路口空间给城市街道空间带来了重要的特征，在将来的建设中应该加以注意。

目标

·历史上的临街建筑线以及相应的空间界面一方面应该保留下来，另一方面应该在考虑街道景观的前提下加以发展和改变。凸显的地位。通向教堂塔尖的视线通廊应该被保证。

规划基本原则

·临街建筑线的形式特征应该被保留下来。

·新的变化只能出现在有城市设计依据的地方。

·路口应该考虑到道路等级和功能的重要性加以相应的设计。

基本类型和变体类型

·微微弯曲或者转折的，通过围合式街区形成的连续的临街建筑线

变体类型

·局部前置的临街建筑线

特殊类型

·笔直的临街建筑线

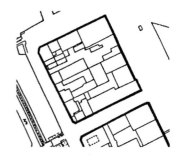

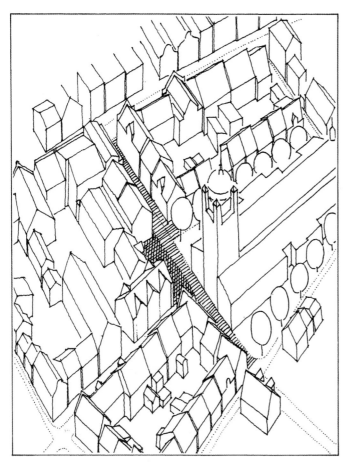

在特殊位置有着转折和前置的临街建筑线：以雅克布图姆路为例

措施

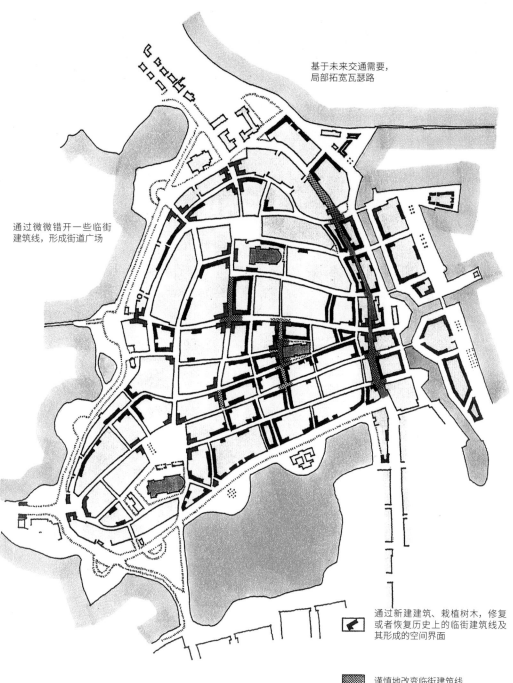

基于未来交通需要，
局部拓宽瓦瑟路

通过微微错开一些临街
建筑线，形成街道广场

通过新建建筑、栽植树木，修复
或者恢复历史上的临街建筑线及
其形成的空间界面

谨慎地改变临街建筑线

对新建建筑加以设计使其获得特
殊的效果

测试性设计

测试性设计：位置 A

测试性设计：位置 B

奥森赫耶路地区

设计概念

奥森赫耶路是联系新老集市广场间的主要商业街道，通过以下措施提升其景观质量：
· 在历史地块结构的基础上填充空置地块。
· 新建筑必须考虑到历史建筑的建筑类型和立面特征。
· 在设计和功能上强调奥森赫耶路和海尔盖斯特路的路口空间。
· 通过建筑内和建筑间的功能混合获得街区的活性和多样性。

现状：位置 A

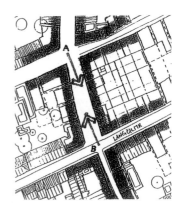

现状：位置 B

海尔盖斯特路

测试性设计

设计概念

在空置地块上新建建筑，形成完整的空间界面：

·在历史地块结构下，在空置地块上新建建筑。将现状建筑扩建至历史建筑临街线。

·在建筑方案中考虑现有的街道特征，如相应的建筑高度和立面形式。

现状

测试性设计

铺地、灯具和绿植

街道和广场空间的特征可以通过铺地、灯具和绿植得到强化。

铺地

目标

· 通过铺地的铺装方式、石块形式、色彩和分区来标识处城市空间结构和等级。

· 街道和广场应该作为混行区域加以铺装。

规划基本原则

· 街道铺地的特征应该加以保持。

· 边缘石应该配合临街建筑线一同"弯曲"或"转折"。

· 在设计路口区域时应该考虑道路等级加以相应的设计。

· 道路边沟、井盖等也应作为造型元素考虑，并且结合在铺地设计中。

· 配合道路走向和广场空间考虑相应的铺装方式。

五段式和三段式的街道断面

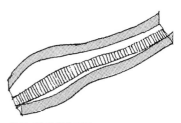

略显对称的道路平面

长方形的花岗石石块

辐射形的花岗石石块

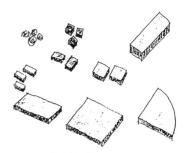

不同形式的自然石块

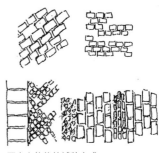

历史上的传统铺装方式

措施

■ 步行区

· 不设置停车带
· 沿建筑临街线采取马赛克式的铺装
· 在入口区采取特殊的设计

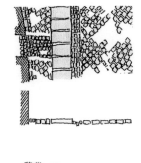

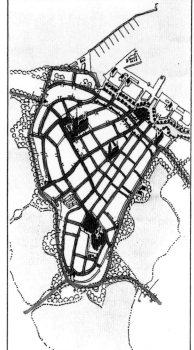

■ 混行路

· 人行道 1.5m 宽，车行道采用 8cm 厚的石块
· 沿建筑临街线采用相对随意的马赛克式铺装方式
· 停车带有良好的设计质量
· 在人行道采用大石块和传统铺装方式

■ 巷子

· 马赛克式的铺装方式
· 在人行道采用大石块和传统铺装方式

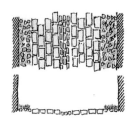

■ 水渠边的滨水漫步道

· 三段式的街道断面
· 在人行道采用大石块和传统铺装方式

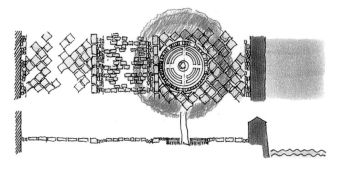

■ 城墙旧址上的道路

· 隔离车行道和人行道
· 对滨水的自行车道加以设计

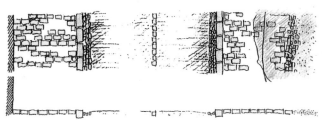

灯具

目标

· 通过照明设计和灯具影响城市的景观风貌，特别是夜景景观。

· 通过照明设计来刻画城市的空间结构和等级。

· 重要的历史建筑和元素应该通过特殊照明加以强调。

规划基本原则

· 历史上的传统灯具应该作为一个原型加以保留和转换，吸收到新的灯具设计中。

· 照明规划设计应该在以下方面加以区分：

　　一灯光的高度

　　一灯光的色彩

　　一灯光的位置和方向

　　一灯光的强度

　　一灯具的形式

　　一灯具的间距

· 橱窗照明作为街道空间的辅助照明手段来考虑。

吸收传统灯具的形式，满足各种需求——置于建筑立面上的壁灯　　　　　　吸收传统灯具的形式，满足各种需求——街灯

措施

 步行街

• 一侧安装街灯或者在道路两侧立面安装壁灯

混行路和瓦瑟路

• 在道路两侧立面安装壁灯

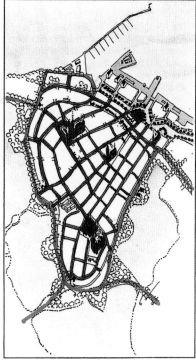

巷子

• 短巷子：在建筑立面或者墙壁上大概40cm 高处安装壁灯
• 长巷子：在立面 3m 高处安装壁灯

滨水漫步道

• 在滨水一侧安装街灯，在建筑一侧安装立面上的壁灯
• 在墙上也安装照明

周边道路：城墙旧址上的道路

• 立面上采用壁灯照明
• 滨水一侧采用街灯照明
• 对滨水的个别建筑采用特殊照明加以强调

港口的滨水漫步道

• 在建筑以及滨水一侧采用街灯照明
• 亭子和棚子的照明作为额外的照明手段

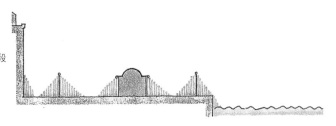

绿植

目标

· 在特殊情况下，历史城区的空间需要树木来围合和定义。

· 在内院和城市周边区域，绿植可被考虑为生态平衡措施。

· 城市周边的自然景观特征应该被加强，以突出历史城区的岛屿特征。

规划基本原则

· 在街道空间和广场，树木是特殊元素。只有在有理由的情况下才栽植树木。

· 树木不应该遮挡和教堂塔尖或者水体以及特殊建筑立面的视线关系。

设计原则

基本类型和变体类型

· 没有树木的街道

特殊类型

· 能够看到树木的街道空间

树木只有在有城市设计理由的情况下才被种植：例如奥森赫耶路和海尔盖斯特路路口

措施

 步行街

· 在墙后种植树木

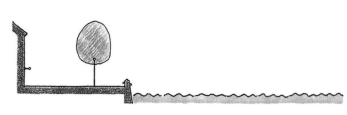 河渠的滨水漫步路

· 滨水处种植树冠较小的树木

 城墙遗址上的道路

· 在柯妮坡瓦尔路处种植树木，形成林荫道
· 在弗兰肯瓦尔路处种植大型的树木
· 通过树木刻画碉堡旧址的形态

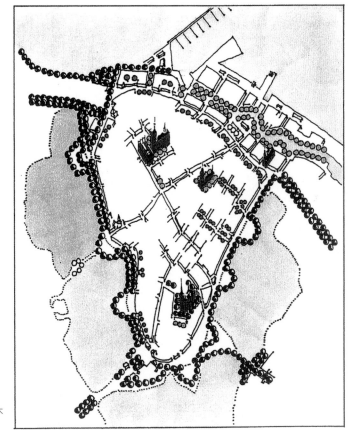

有着围合空间作用的大型树木

有着围合空间作用的小型树木

对街道景观有影响的围墙后的树木

设计测试

测试性设计

实施后

巴登路

设计概念

恢复历史街道景观：
- 采用几乎是对称的五段式街道平面
- 人车混行
- 采用自然石块和传统的铺装方式
- 建筑立面上安装壁灯
- 街道空间不种植树木

现状

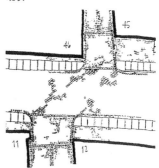

测试性设计：路口铺装设计

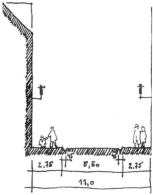

测试性设计：照明设计和道路断面

弗兰肯瓦尔路和奥森赫耶路

测试性设计

设计概念

把弗兰肯瓦尔路作为塑造城市景观风貌
的重要道路:

· 将车行道、人行道和自行车道在路面
上加以清晰的区分。
· 在道路一侧的自行车道和人行道间安
装较高的街灯。
· 在一侧种植树木。

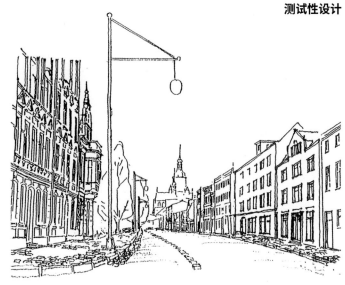

现状

测试性设计

设计概念

提升主要商业街奥森赫耶路的景观
质量:

· 采用利于步行的较大石块。
· 沿临街建筑线采用马赛克式的小石块
铺装,对临街线加以刻画。
· 在商店的入口区采用特殊的铺地
设计。
· 一侧采用建筑立面上的壁灯照明,另
一侧采用街灯照明。
· 只在特殊位置栽植树木。

现状

测试性设计

303

街区内院空间

历史城区的内院空间可以分为以下几类：

· 街区的内院空间有公共用途，如教堂街区、修道院街区和博物馆以及图书馆街区

· 公共或者半公共的内院空间，主要是商业用途，如商业地段

· 半公共的住宅街区内院

街区的内院需要根据其功能加以设计。

目标

· 街区的内院空间在设计时一方面需要考虑美学价值，另一方面需要提升其生态价值：增加植被面积和植物的多样性，结合自然进行景观设计，以及尽可能少地使用硬质地面。

· 有特殊功能的公共和半公共内院空间应该满足较高的美学和功能要求。

· 街区的内院空间应该作为休闲空间和住宅儿童活动场地来处理，加以设计和改善。内部搭建了过多设施和建筑的内院应该进行清理。

· 在半公共和公共的内院中，私人生活和私密性应该通过适当的划分和界限得到保障。

· 在建筑内部空间和外部的内院空间之间应该建立视觉和空间联系：可以利用暖房、阳台、连廊、露台等手段联系二者。

规划基本原则

· 在公共的内院空间可以通过增设顶棚的方式提升空间环境质量。

· 附属建筑是界定私人领域和庭院空间的重要手段。

· 棚子、亭子、低矮的围墙、绿篱和露台等景观元素是区隔庭院空间的重要手段。

建筑内部空间和外部的内院空间之间的视线关系

凉棚作为界定元素

可透水铺地：带有较大间隙的铺装方式

立面绿化

措施

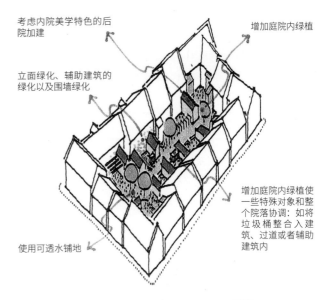

考虑内院美学特色的后院加建

增加庭院内绿植

立面绿化、辅助建筑的绿化以及围墙绿化

增加庭院内绿植使一些特殊对象和整个院落协调：如将垃圾桶整合入建筑、过道或者辅助建筑内

使用可透水铺地

绿色的内院：巴德温普芬的例子

4.4 历史城区的建筑
Gebäude in der Altstadt

历史城区内有汉莎城市风格的建筑应该保留和延续下来。为了维护城市的景观风貌，新建的当代建筑需要和城市相协调。

普通建筑和特殊建筑的形制

城市的特色一方面由各式各样的特殊建筑构成，如市政厅、教堂、城门和商场；另一方面普通建筑也一同决定着城市景观，如市民住宅、手工业者宅等。

目标

· 施特拉尔松德的城市景观风貌应该通过特殊建筑和普通建筑的共同作用来形成。

· 普通建筑应该符合山墙式、子山墙式、屋檐式和阁楼式这四种基本类型之一。

· 各个细分区域和历史发展阶段应该通过建筑和建筑的组合序列得到表达和区分。

规划基本原则

· 对城市景观风貌有着特别影响的特殊建筑应该得到突出，如周边的建筑高度应该得到控制，并且应该符合普通建筑的类型特征。

· 山墙式建筑在历史城区可被看作特殊建筑。

· 子山墙式建筑可以看作山墙式建筑在街道较窄时的替代品。好处是有相对较低的高度和可以更好地利用屋顶空间。

· 对于较大的建筑体量，宜采用屋檐式和阁楼式。

· 路口转角处的建筑原则上采用基本建筑类型，针对道路等级加以相应的立面设计。

· 针对一个建筑类型，建筑的设计特点应和周围的环境及功能相配合。

基本类型和特殊类型

· **四种基本类型：**

山墙式、子山墙式、屋檐式和阁楼式

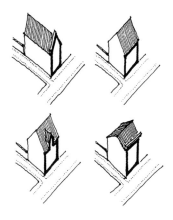

特殊建筑：
· 特殊的历史建筑如教堂、博物馆和市政厅等
· 有着特殊体量以及针对特殊功能的设计，如商场
· 处于路口的位置加以特殊设计的街角建筑

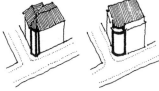

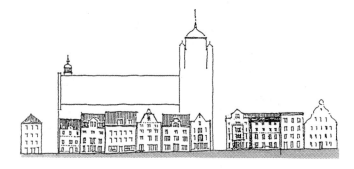

措施

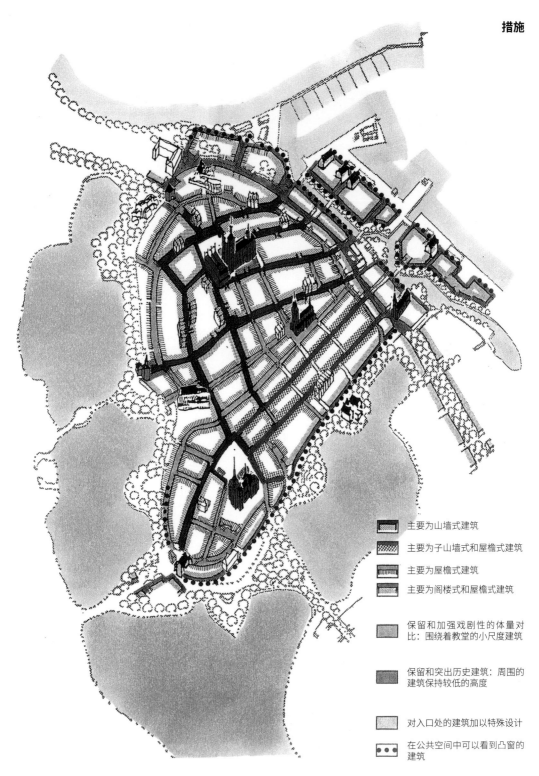

主要为山墙式建筑

主要为子山墙式和屋檐式建筑

主要为屋檐式建筑

主要为阁楼式和屋檐式建筑

保留和加强戏剧性的体量对比：围绕着教堂的小尺度建筑

保留和突出历史建筑：周围的建筑保持较低的高度

对入口处的建筑加以特殊设计

在公共空间中可以看到凸窗的建筑

设计测试

现状

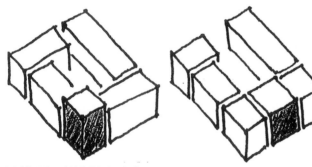

测试性设计：建筑体量和布局概念

历史上的勒文宫殿

特殊建筑

设计概念

在奥森赫耶路和海尔盖斯特路转角处修建一座多功能的特殊建筑
· 使用当下的建筑语言来重构当初的瑞典宫殿
· 塑造富有美感的皇家式建筑体量
· 恢复历史上的临街建筑线

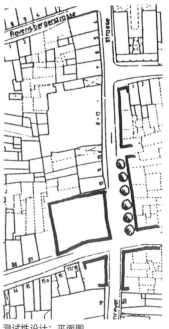

测试性设计：平面图

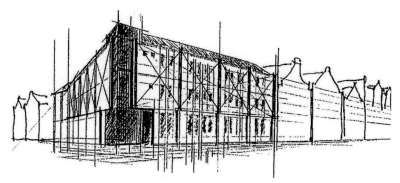

测试性设计 A: 一个相对安静的建筑体量，转角处加以特别处理，对街口的街道空间作出反映。考虑到相邻建筑，对建筑立面在垂直向加以划分，分成几个较小的体量

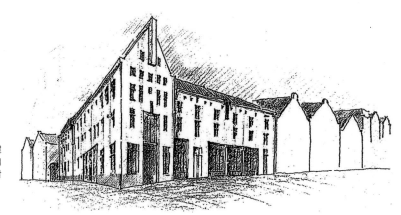

测试性设计 B: 一个由两个建筑体量组成的建筑，在路口转角处使用山墙式立面，对这个位置作出反映

测试性设计 C: 类比历史上勒文宫殿的建筑体量，加以现代的立面设计

建筑类型：山墙式、子山墙式、屋檐式和阁楼式

四个基本建筑类型：山墙式、子山墙式、屋檐式和阁楼式组成了主要的城市建筑。在这些基本类型上出现的变体则提供了多样性。

目标

· 对于建筑的保存不应只考虑建筑保护方面的要求，也应该在城市景观风貌方面来加以考虑。

· 新建建筑应该具备同周边建筑的连续性和对话能力，并且同时具有当下建筑的特点。

规划设计的基本原则

· 在新建和改建活动中，四个基本类型的典型特征应该得到延续。在基本类型的基础上对其加以变化，塑造城市的多样性。

· 现有的地块划分方式和大小应该作为新建活动中的尺度参照加以考虑。

· 材料：

　　—外墙面原则上应该是砖墙加涂料。

　　—清水砖墙可以作为特殊建筑的外墙面。

　　—主建筑的屋顶应该用当地典型的材料。

· 色彩

　　—在历史城区的城市空间中，典型的色彩是暖色调的浅棕黄色。
　　　新建建筑的色彩应该符合这个色系。

　　—清水砖墙的砖红色或者砖棕色只可作为特殊建筑的色彩。

· 屋顶加建和开窗

　　—在街道空间上可见的屋顶开窗应以老虎窗的形式出现。其比
　　　例、尺度以及细部应该和主建筑相协调。

　　—原则上屋顶加建只应以子山墙或老虎窗及延长屋顶的形式出现。

　　—公共空间可见的屋顶在原则上不应直接开屋顶天窗。

· 阳台在原则上只应在内院一侧出现。

· 背侧的建筑立面也应该考虑当地的特征。

· 橱窗和广告标识

　　—橱窗应该延续整个立面的形式、尺度、分区、色彩、材料。

　　—广告标识应该在形式、尺度、位置、材料、色彩上考虑建筑
　　　立面的整体效果和建筑序列的效果。

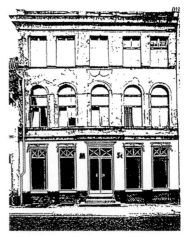

将橱窗作为整个立面的一部分加以设计

通过对建筑色彩和材料的变换获得建筑序列和街道空间的多样性：砖红色的清水砖墙和上了涂料的浅棕黄色立面。

由屋檐式、山墙式、子山墙式建筑形成的建筑序列组合。上了涂料的暖色调外墙面。

山墙式建筑

造型原则

基本类型	变体类型	特殊类型

比例

· 竖向和对称的立面格式
· 建筑体量：宽7-10m，高3层
加屋顶的1到2层

· 建筑体量有所变化，
竖向的立面格式

· 特殊的体量

自有视觉秩序

· 建筑立面有自身的视觉重点

山墙形式

· 山墙开窗

· 不同的山墙形式变体

· 特殊的山墙形式

立面分区和屋顶倾斜度

· 分为三段：底层，一般楼层和
山墙楼层
· 对称坡屋顶的屋顶坡度：
50°~65°

· 将底层和2层结合为
一段
· 分为四段

· 分为两段，底层和2层结合为
一段
· 屋顶楼层和3层结合为一段

形式的多样性和雕塑性

· 丰富的立面雕塑感和造
型上的多样性
· 富有观赏性和展示性的
立面

水平和垂直秩序

· 垂直向的造型秩序强于水平向
的造型秩序
—窗户水平基本对齐，形成水平
向的窗带，楼层间有水平向的线
脚装饰，有水平向勒脚
—造型元素在垂直向上对齐，重
心轴线位于建筑的正中央

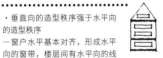

· 通过更多的元素来强调水平向
或者垂直向的形式秩序

· 不太突出的水平向的形式秩序
· 立面上半段有着完全的垂直性
形式秩序

立面开窗

· 竖向窗作为开窗的形式

· 窗子在底层和山墙顶层
有所变化

· 特殊的开窗形式和相应的形式
秩序

造型原则

屋檐式建筑

基本类型	变体类型	特殊类型

比例

· 垂直向竖立的体量和对称的立面格式
· 建筑体量：宽8-12m，高3层加屋顶的1层

· 建筑体量的变体：横向的建筑体量和正方形的建筑体量

· 横向的体量，建筑宽度为15-25m，加以垂直向对建筑体量的划分

自有视觉秩序

· 建筑的立面有着自身的视觉重点和视觉秩序

立面分区和屋顶倾斜度

· 分为三段：底层、一般楼层和屋顶楼层
· 对称坡屋顶的屋顶坡度为45°~55°

· 分为四段
· 屋顶加建作为子山墙或者老虎窗等

· 坡屋顶的屋顶坡度为35°~55°
· 对于过长的立面，在垂直向上对立面也加以划分

形式的多样性和雕塑性

· 丰富的立面雕塑性和造型上的多样性
· 对檐口下的线脚加以精心装饰

· 对立面上特殊的区域加以强调

水平和垂直秩序

· 水平向的形式秩序强于垂直向的形式秩序
—窗户水平基本对齐，形成水平向的窗带，楼层间和檐口下有水平向的线脚装饰，底层有水平向勒脚
—造型元素在垂直向上对齐

· 通过更多的装饰元素来强调水平向或者垂直向的形式秩序

· 打断立面水平向的形式秩序
· 对较长的立面加以垂直向的划分

立面开窗

· 竖向窗作为开窗的形式

· 底层和顶层的窗户采用特殊的形式

· 特殊的开窗形式和相应的形式秩序

阁楼式建筑

基本类型	变体类型	特殊类型

比例

- 竖向和对称的立面格式
- 建筑体量：宽8-12m，高3-4层加带有坡屋顶的阁楼层

- 建筑体量的变体：竖向的、方形的横向建筑体量

- 横向的体量，建筑宽度为15-25m，加以垂直向对建筑体量的划分

自有视觉秩序

- 建筑立面有自身的视觉重点

- 非对称的立面秩序

阁楼形式

- 清晰的阁楼层

- 通过额外的元素对阁楼层加以强调

- 特殊的阁楼形式

立面分区和屋顶倾斜度

- 分为三段：底层、一般楼层和阁楼层
- 屋顶为对称的坡屋顶

- 分为四段

- 为了强调立面上的特殊部分，划分出特殊的垂直向立面分区

形式的多样性和雕塑性

- 丰富的立面雕塑感和造型上的多样性
- 对阁楼层加以精心设计

水平和垂直秩序

- 水平向的秩序强于垂直向的秩序
- 窗户形成水平向的窗带，楼层间和阁楼层有水平向的线脚装饰，有水平向勒脚
- 造型元素在垂直向上对齐

- 通过更多的装饰元素来强调水平向和垂直向的形式秩序

- 打断立面的水平秩序
- 对过长的立面加以垂直向的划分

立面开窗

- 竖向窗作为开窗的形式

- 对底层和顶层立面收尾处的窗子加以变化

- 特殊的开窗形式和相应的立面秩序

造型原则		**子山墙式建筑**

基本类型	变体类型	特殊类型

比例

- 竖向和对称的立面格式
- 建筑体量：宽8-12m，高3层加屋顶的1层

- 建筑体量有所变化，竖向、横向的以及正方形的立面比例

- 横向的体量，建筑宽度为15-25m，加以垂直向对建筑体量的划分

自有视觉秩序

- 建筑立面有自身的视觉重点

山墙形式

- 子山墙最多为建筑长度的三分之一
- 将子山墙设计为富有展示性的部分

- 不同的子山墙形式变体

- 特殊的子山墙形式

立面分区和屋顶倾斜度

- 分为三段：底层，一般楼层和山墙楼层
- 对称坡屋顶的屋顶坡度：45°～55°

- 分为四段

- 对立面的垂直向分区加以特殊的强调

形式的多样性和雕塑性

- 丰富的立面雕塑感和造型上的多样性

- 对檐口下的线脚加以特殊设计
- 对子山墙的部分加以特殊的设计和强调

水平和垂直秩序

- 垂直向的造型秩序强于水平向的造型秩序
- 窗户水平基本对齐，形成水平向的带子，楼层间有水平向的线脚装饰，底层有勒脚
- 造型元素在垂直向上对齐，重心轴线位于建筑的正中央

- 通过更多的元素来强调水平向或者垂直向的形式秩序

- 不太突出的水平向形式秩序
- 立面上半段有着完全垂直性的形式秩序

立面开窗

- 竖向窗作为开窗的形式

- 窗子在底层和山墙层有所变化

- 特殊的开窗形式和相应的形式秩序

区域 A-D 的建筑序列

建筑类型混合的方式是一个重要的因素，其影响了各个街道和区域的特征：

- 区域 A：老集市广场
- 区域 B：新集市广场
- 区域 C：水城和港口
- 区域 D：城墙和碉堡

城墙和碉堡区域由老集市广场和新集市广场区域的边缘建筑及滨水绿地组成。出于这个原因，这个区域将和区域 A 和 B 结合处理。

目标

- 不同区域间应通过各具特色的建筑序列和建筑类型混合来相互区分。
- 建筑类型混合应该在一个共同的框架下形成多样性。

规划设计的基本原则

- 相邻的建筑应该表现出充分的整体性，但是也应该在以下造型特征上表现出差异性和个性：
  - 建筑类型
  - 建筑立面宽度
  - 檐口或者阁楼的高度
  - 立面的形式秩序
  - 开窗面积和立面面积的比例
  - 开窗形式
  - 窗栏高度
  - 建筑立面雕塑感及其程度
  - 材料
  - 色彩方案
- 一个造型特征最多在三座相邻的建筑上重复出现。例外的情况是：相同的檐口高度或者阁楼高度，以及形成水平向秩序的元素最多只能在两座相邻的建筑上重复出现。

柯妮坡路的屋顶景观
图片来源：施特拉尔松德，尼科拉出版社，1990

席勒路

造型原则

以下的造型特征中，相邻的两座建筑至少有三点应该不同，至少有两点应该相同。

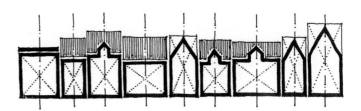

・建筑类型

・建筑宽度和高度

・立面分区和建筑顶部处理

・水平向的立面形式秩序

・垂直向的立面形式秩序

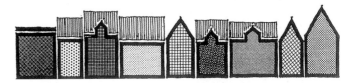

・建筑表面

测试性设计

区域 A　老集市广场区域

· 山墙式是主要的建筑类型
· 通过混合子山墙式和屋檐式建筑塑造城市多样性
· 阁楼式作为特殊的建筑类型
· 只有滨河一带的建筑立面才能设置凸窗

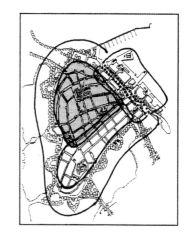

富有活力的建筑类型混合：以山墙式为主

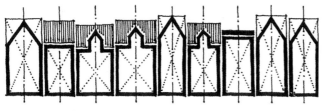

各有特征的建筑立面及主要是竖向和对称的建筑立面

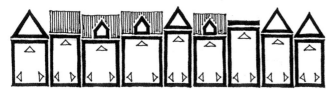

山墙式建筑主要为 7 到 10m 宽，其他类型为 8 到 12m 宽，屋檐高度最高为 13m

立面主要是三段或者四段式分区，立面顶部加以特殊处理

微微错开的水平向元素，不同的层高

海尔盖斯特路的新建建筑

测试性设计

设计概念

在空置的地块上新建建筑，完善街区结构：
· 建筑类型主要为子山墙式和屋檐式，注意保证圣雅克布教堂的主体地位。
· 保持历史上的地块划分结构：海尔盖斯特路和雅克布图姆路处可能考虑建造较大面积的建筑设施。

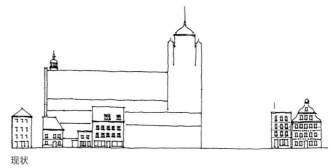

现状

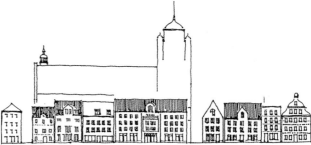

测试性设计

现状

测试性设计

测试性设计

区域 B　新集市广场区域

· 屋檐式和子山墙式建筑作为主要的建筑类型
· 在建筑序列中混合阁楼式，塑造街道空间的多样性
· 山墙式作为特殊的建筑类型
· 只有在滨水路一侧的建筑立面可以设置凸窗

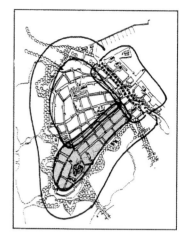

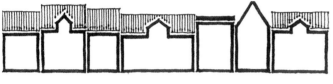

富有活力的建筑类型混合：以屋檐式和子山墙式为主

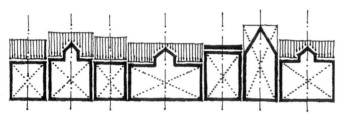

各有特征的建筑立面以及主要是横向和对称的建筑立面格式

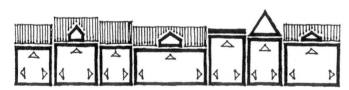

建筑宽度主要为 8 到 12m，屋檐高度最高为 10.5m

立面主要是二段或者三段式分区，立面顶部加以特殊设计

微微错开的水平向元素，以及不同的层高

海尔盖斯特路的新建建筑

设计概念

在空置的地块上新建建筑，完善街区结构：

· 建筑类型主要为子山墙式和屋檐式，注意保证圣雅克布教堂的主体地位。

· 保持历史上的地块划分结构：海尔盖斯特和雅克布图姆路处可能考虑建造较大面积的建筑设施。

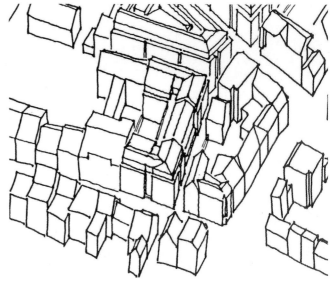

现状　　　　　　　　　　测试性设计

测试性设计：朗恩路和巴德史蒂博路处的街道透视图

测试性设计

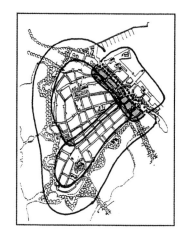

区域 C 水城和港口：水城

· 主要是屋檐式建筑
· 通过加入阁楼式和子山墙式建筑获得建筑序列的多样性
· 山墙式建筑作为特殊类型
· 只有滨临水渠的建筑立面可以设置凸窗

富有活力的建筑类型混合：以屋檐式为主

各有特征的建筑立面以及主要是竖向或者正方形的对称建筑立面格式

建筑宽度主要为 6 到 10m，屋檐高度最高为 9.75m

立面主要是二段式分区，立面顶部加以特殊设计

微微错开的水平向元素，以及不同的层高

水城区域

设计概念

在空置的地块上新建建筑，完善街区结构：
· 建筑类型主要为子山墙式和屋檐式，注意保证圣雅克布教堂的主体地位。
· 保持历史上的地块划分结构：海尔盖斯特路和雅克布图姆路处可能考虑建造较大面积的建筑设施。

现状：瓦瑟路 71-75 号

测试性设计

测试性设计

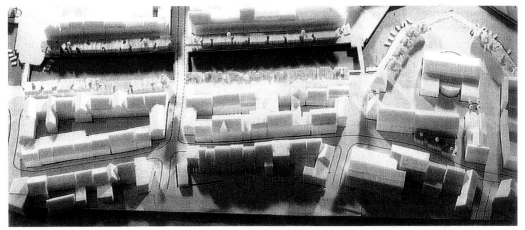

测试性设计

323

测试性设计

区域 C　水城和港口：港口

- 主要是阁楼式建筑
- 通过加入屋檐式建筑获得建筑序列的多样性
- 山墙式建筑作为特殊类型
- 只有滨临水渠和港口一侧的建筑立面可以设置凸窗

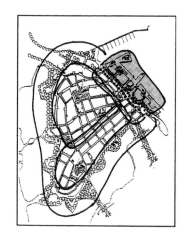

富有活力的建筑类型混合：以阁楼式为主

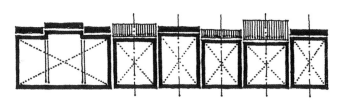

各有特征的建筑立面以及主要是竖向或者正方形的对称建筑立面格式

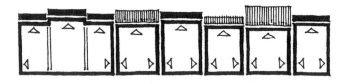

建筑宽度主要为 10 到 30m，屋檐高度滨湖一侧最高为 12m，滨水渠一侧最高为 9.5m

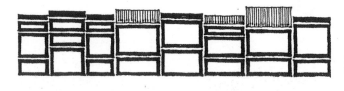

立面主要是二至四段式分区，立面顶部加以特殊设计

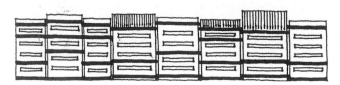

微微错开的水平向元素，以及不同的层高

港口区域

测试性设计

设计概念

通过当下的建筑塑造一个新的城市景观:

· 保留城市平面系统的基本结构
· 注意突出港口区的仓储建筑,新建建筑的高度需要加以控制

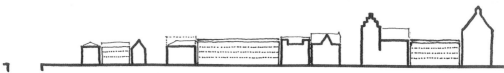

测试性设计:在最高四层阁楼式建筑的条件下,对建筑体量进行研究

测试性设计

4.5 总结
Zusammenfassung

针对历史城区的景观风貌规划延续和改善了城市的景观，修正了目前的问题，并且为城市塑造了新的景观风貌。

城市的整体及局部

目标

· 老集市广场区域：继续保留现存的建筑，并且提升其质量。

· 新集市广场区域：完善现有的空间结构，提升美学质量。

· 水城和港口区域：在原有的城市平面结构的基础上，通过新建建筑恢复其空间结构。

· 城市边缘区域：在原碉堡和城墙的旧址进行新的公共景观设计，使历史在新的城市景观中可以被感受到。

· 城市的出入口：加强其"桥"的特征，在城市出入口塑造类似"门"的空间效应。

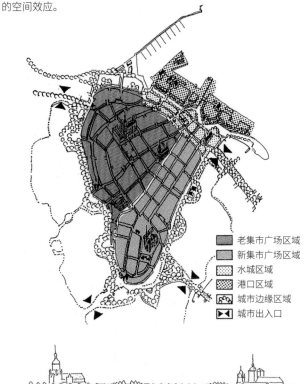

	老集市广场区域
	新集市广场区域
	水城区域
	港口区域
	城市边缘区域
	城市出入口

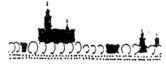

从弗兰肯湖一侧望去的城市立面

城市空间：基本类型

老集市广场区域：
· 微微弯曲的连续的街道空间，能够看到教堂塔尖和城门的视线关系

新集市广场区域：
· 较长的，几乎笔直连续的街道空间
· 较短的巷子，到湖景的视线关系部分被遮挡

水城区域：
· 微微转折的街道空间和有所变化的街道空间比

港口区域：
· 笔直的街道空间，能够看到水景的视线关系

城市立面：基本类型

从湖一侧望去的城市立面
· 连续的空间界面
· 高出四周普通建筑的教堂塔尖
· 遮挡在建筑之前的树木

从湖一侧望去的城市立面

措施

继续发展滨水漫步道

通过小尺度的新建建筑，对圣尼科拉教堂郊区进行清晰的空间界定

通过新建建筑，对雅克布教堂街区进行清晰的空间界定

通过小尺度，部分透明的新建建筑重新塑造新集市广场的尺度

在港口入口处的单体建筑

对费史马克特碉堡旧址进行新的设计，并且定义其尺度感

对街道进行高质量的景观改造设计

形成城市的功能重点和主要的商业步行街

形成新老集市广场间的次联系轴线

加强和港口间的联系
·形成连续的空间界面
·改善架在水渠上的桥梁

使城墙旧址可被感受到：
·保留城墙
·结合城墙形成绿色的庭院

对建筑临街线加以谨慎的改动

通过围墙塑造巷子的空间界面

通过半公共的路径系统对过长的街区加以划分

在围合式街区中增设建筑物通道

绿地设计

更新或者新建的建筑边界线

城墙的空间界面

台阶和坐阶

有透明感的特殊建筑

减少卡尔·马克思路上的岔道，突出城市入口

历史城区的建筑

目标

· 保留对城市景观风貌有影响的特殊建筑。

· 山墙式、子山墙式、屋檐式和阁楼式作为基本的建筑类型。

· 在基本类型的基础上，运用当下的建筑语言对历史建筑进行转型。

· 配合地形和城市天际线对建筑加以高度控制。

· 在标志性历史建筑如教堂和城门四周，将建筑控制为较低的小尺度建筑。

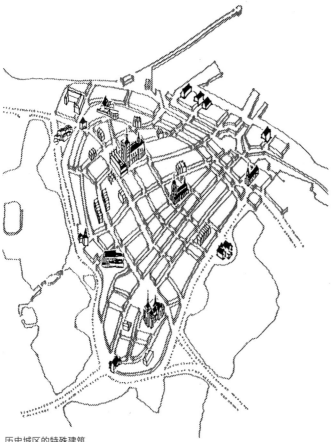

历史城区的特殊建筑

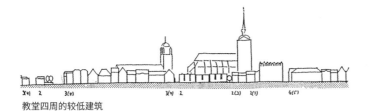

教堂四周的较低建筑

造型原则：基本类型

老集市广场区域：

· 微微弯曲的连续的街道空间，能够看到教堂塔尖和城门的视线关系

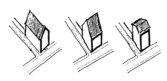

造型原则：特殊类型

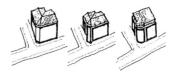

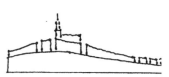

通过建筑高度刻画地形的高度变化

措施

主要为山墙式

主要为子山墙式和屋檐式

主要为屋檐式

主要为阁楼式和屋檐式

新建建筑和更新建筑的空间界面

最高 4 层（例外情况下 5 层）

最高 3 层（例外情况下 4 层）

最高 2 层（例外情况下 3 层）

最高 2 层

山墙式建筑：基本类型	子山墙式建筑：基本类型	屋檐式建筑：基本类型

·竖向和对称的立面格式。建筑宽7-10m，高3层加屋顶的1到2层		·竖向和对称的立面格式。建筑宽8-12，高3层加屋顶的1层		·竖向和对称的立面格式。建筑宽8-12m，高3层加屋顶的1层	
·建筑立面有自身的视觉重点 ·立面富有雕塑性		·建筑立面有自身的视觉重点 ·立面富有雕塑性		·建筑立面有自身的视觉重点 ·立面富有雕塑性	
·山墙开窗，富有展示性 ·对称坡屋顶的屋顶坡度：50°～65°		·子山墙富有展示性，其宽度最多不超过建筑宽度三分之一 ·对称坡屋顶的屋顶坡度：45°～65°		·对称坡屋顶的屋顶坡度：45°-55° ·屋顶老虎窗垂直向轴线和立面窗户垂直向轴线对齐	
·竖向窗为开窗的形式		·竖向窗作为开窗的形式		·竖向窗为开窗的形式	
·分为三段：底层、一般楼层和山墙楼层		·分为三段：底层、一般楼层和屋顶楼层		·分为三段：底层、一般楼层和屋顶楼层	
·垂直向的造型秩序强于水平向的造型秩序 —窗户水平基本对齐，形成水平向的窗带，楼层间有水平向的线脚装饰，底层有水平向的勒脚 —造型元素在垂直向上对齐，重心轴线位于建筑的正中央		·垂直向的造型秩序强于水平向的造型秩序 —窗户形成水平向的窗带，楼层间有水平向的线脚装饰，底层有水平向的勒脚 —造型元素在垂直向上对齐		·垂直向的造型秩序强于水平向的造型秩序 —窗户水平基本对齐，形成水平向的窗带，楼层间有水平向的线脚装饰，底层有水平向的勒脚 —造型元素在垂直向上对齐	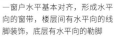

阁楼式建筑

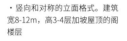

建筑序列：基本类型

以下的造型特征中，相邻的两座建筑至少有三点应该不同，至少两点应该相同。

・竖向和对称的立面格式。建筑宽8-12m，高3-4层加坡屋顶的阁楼层

・建筑立面有自身的视觉重点
・立面富有雕塑性

建筑类型

・阁楼顶为坡屋顶

建筑宽度和高度

・竖向窗作为开窗的形式

立面分区和建筑顶部处理

・分为三段：底层、一般楼层和屋顶楼层

水平向的立面形式秩序

・垂直向的造型秩序强于水平向的造型秩序
一窗户水平基本对齐，形成水平向的窗带，楼层间有水平向的线脚装饰，底层有水平向的勒脚
一造型元素在垂直向上对齐

垂直向的立面形式秩序

建筑表面

am Donnerstag, den 20. Juni 1991 um 10.00 Uhr im Stralsunder Rathaus in der "Alten Wache"

Die auf dem mittelalterlichen Grundriß gewachsene Altstadt Stralsunds hat schwere Einbußen im Stadtbild und in der Qualität der Nutzungsangebote erlitten. Allerdings ist die überkommene Struktur heute noch stark prägend, daß sie Ausgangspunkt aller Neuordnungen, der Sanierung und der Modernisierung sein muß. jedoch zu achten, daß die Altstadt auf neue Bedürfnisse muß, d.h. reflektierter Wiederaufbau - ausgerichtet am vorhandenen Bestand - kann den heutigen Anforderungen nur gerecht werden.

Darüber hinaus städtebauliche Leitbilder, griffen en ist:

Sich erhaltene Strausgebaut der der

Sich privat für für de

Er

Gegenwartsbezug herstellen: Die Architektur von Neubauten muß sich aus der Analyse der Stadtarchitektur ableiten lassen, um eine Verwandtschaft zum historischen Bestand aufzuweisen und Kontinuität in der Veränderung sichtbar zu machen: Die Stadt ist auch ein lebendiges Stü

项目研讨和会议表决，施特拉尔松德市

附录 Anhang

5

城市框架规划：
城市景观风貌规划

最终版本
相关文字
为城市框架规划中
城市景观风貌规划的部分。
其于1991年9月5日
被决议通过。

城市框架规划：城市景观风貌规划
Städtebaulicher Rahmenplan:Stadtbildplanung

地形和城市格局

- 被水体环绕的地形特征应该得到刻画。
- 应该结合内湖和海湾加强内城的城市天际线效果。
- 对于施特拉尔松德来说，典型特征是其坐落在一块微微隆起的土地上。城市的格局应该和其呼应配合。

城市天际线
- 施特拉尔松德独一无二的天际线应该被保护并且谨慎地加以发展。
- 从各个角度望去的历史城区天际线应该富有效果，并且各有特点。
历史城区的建筑高度控制
- 施特拉尔松德历史城区的建筑高度应和周边的自然景观环境相和谐。
- 历史城区的自然地形应可在城市街道空间中被感受到，并通过相应的高度控制加以表现。
- 标志性历史建筑物的四周，应对新建建筑高度加以谨慎控制，以保证其凸显的地位。针对教堂塔尖和特殊建筑的视线通廊应该被保证。
- 历史上的不同城市发展阶段应该通过不同的建筑高度规划控制相应的区域，使其获得各自的特征。

历史城区和内城

- 历史城区的"岛屿"特征应该得到加强。
- 历史城区的机动车交通流量不应该再增加。

城市出入口：
- 城市出入口处的空间序列应该突出历史城区的岛屿特征。
- 城市出入口的导向性应该被改善。
- 城市入口应该塑造类似"门"的空间效果，形成到历史城区的交接和过渡。
城市入口和停车系统
- 外来交通应该在城市入口一带被消化。
- 停车位不应该影响城市景观。

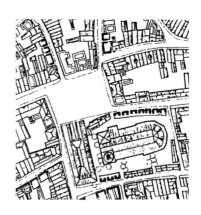

城市平面

· 历史上的不同城市发展阶段应该通过保留各个时期的城市平面特征加以体现。

平面系统和城市空间

· 城市平面系统应该加以完善，在各个区域中保持其特点，使各自景观特征在街道空间中清晰可读。

城市平面系统和街区

· 利用不同的街区大小和建筑布局方式在城市平面系统的基础上塑造各有特征的城市区域，并且应该表达出历史上的不同城市发展阶段。

城市空间

· 在保证各个区域个性和功能需要的情况下，塑造一个可识别和可体验的整体城市空间结构。

· 每一个街道空间和广场空间应该在城市空间结构内获得自身的特征。铺地、灯具和绿植以及街具应该考虑空间界面、空间特征和空间形态。

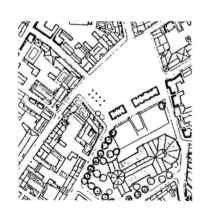

城市空间结构

· 在老集市广场、新集市广场和港口区域间应该建立一个统领的可体验的城市空间结构。

· 这三个区域应该在整体空间结构下有自身的中心。

· 街道和城市广场应该在整体的空间序列下互相区分，各有特色。

街道和广场空间序列

· 通过填充空置地块、缺失的界面来完善城市空间界面。

· 在新建和改建活动中，街道空间和广场空间的空间特征如空间形态、空间序列、空间比例应该得到保持。

· 每个街道空间和广场空间的特点应该通过铺地、绿植、灯具、街具得到进一步加强。

铺地

· 现有铺地特征应该保持。

· 城市空间结构和空间等级应通过不同的铺地得到体现。

· 绿植、灯具和街具应该和铺地的设计相和谐。

照明

· 夜间城市景观应通过照明设计得到塑造。

· 城市空间结构中应该通过街道空间的照明设计在夜景中得到表现。

· 街道的空间特征应该通过相应的照明方案加以突出。

绿植

· 只有在特殊情况下，在历史城区才可以通过树木来组织或者强调城市空间。

· 生态平衡措施只针对内院空间和城市边缘区域。

· 边缘区域的自然景观特征需要被加强，以突出历史城区的岛屿特征。

历史城区的建筑

建筑形制

· 汉莎城市施特拉尔松德独一无二的城市景观风貌应该通过典型的建筑来加以延续和发展。

· 城市的景观风貌应该通过当代的建筑手法获得和当下的联系。

· 在不同的历史发展阶段形成的区域应该采纳相应的建筑，使这些区域能够相互区分。

· 应该通过普通建筑和特殊建筑间的对比来塑造城市的景观风貌。

建筑类型

· 每个建筑应该在基本的造型特征上和施特拉尔松德典型的建筑类型相符。可能的建筑类型包括山墙式、屋檐式、阁楼式和子山墙式。街角建筑应该加以特殊的设计。

立面

· 每个建筑立面都应该是一个独立的个体，是城市景观风貌多样性的基本单位，并且能够融入聚落整体。

· 建筑立面应该有明确的分区和形式秩序，应该是开洞式立面。

由子区域组成的历史城区

作为子区域和整体的历史城区

不只是街道广场空间和建筑类型的造型特征影响着城市的子区域特征，建筑功能也同样重要。所以要在整体的历史城区眼光下，对各个子区域的造型和功能特点加以考虑。

- 区域 A 是城市最古老的部分：
    - 老集市广场为各种行为和活动的中心。
    - 主要功能为商业、文化、行政和服务业，居住为次要功能。
- 区域 B 的结构应该进一步被完善：
    - 新集市广场为各种行为和活动的中心。
    - 功能为商业、酒店、服务业和居住。
- 区域 C1(水城) 是历史核心区域（区域 A 和 B）与港口间的过渡区域，其整体质量需要提升：
    - 拉斯塔迪碉堡旧址改造为公共广场。
    - 提升瓦瑟街的品质：考虑到新的交通需要对街道空间谨慎加以改动，在现状小尺度的布局结构下建新建筑。
    - 作为内城中可体验水景的区域来设计，功能为购物、滨水景观居住。
- 区域 C2(港口) 在功能和设计上都需要加以重新组织：
    - 港口的滨水景观漫步道作为各种行为和活动的中心。
    - 北港作为施特赖松德海湾方向的新城市入口。
    - 带有休闲、酒店、服务和居住功能的滨水区域。
- 区域 D(历史城区边缘) 应该成为一个有休闲功能的区域，特别是提供接近自然的体验（绿地和水体）和历史文化体验（城墙和碉堡）：
    - 碉堡旧址改为绿色广场
    - 城墙
    - 树列和景观道路

建筑序列和建筑类型混合

· 城市风貌景观应该是个体建筑在一个共同的框架下形成的多样性的集合体。

· 多样性：

相邻的建筑立面应该至少在以下六点造型特征中的三点上互相区分：

　　一 建筑高度

　　一 立面形式秩序

　　一 立面开窗和立面面积的比例关系

　　一 门、窗

　　一 雕塑感

　　一 表面

· 统一性：

相邻两座建筑应该在至少两点造型特征上相同。同一个造型特征最多重复出现在三座相邻建筑上。檐口或者阁楼高度，水平向的秩序元素，这两点则最多在两座相邻建筑上重复出现。

区域内的建筑类型混合

区域内典型的建筑类型混合方式应该延续和发展。

· 在区域 A 主要为山墙式建筑。通过子山墙式和屋檐式建筑获得区域的多样性，其中主要考虑混合子山墙式。特殊情况下也可以混合阁楼式。

· 在区域 B 主要为屋檐式和子山墙式。通过混合阁楼式建筑塑造多样性。特殊情况下，针对特殊的建筑体量，可以采纳山墙式或者屋檐式以及子山墙式。

· 在区域 C 水城部分主要为屋檐式。通过混合阁楼式和子山墙式建筑塑造多样性，其中主要混合阁楼式。特殊情况下可以采用山墙式建筑。沿着水渠应该容许建筑上建造凸窗。

· 在区域 C 港口部分主要应为阁楼式，通过混合屋檐式建筑形成多样性。特殊情况下针对现状的仓储建筑和街角建筑可以采纳山墙式。在这一区域应该容许凸窗。

· 在边缘区域主要为屋檐式建筑。通过混合阁楼式建筑形成多样性。在特殊情况下，可以采用山墙式和子山墙式。在这个区域，可以容许建筑采用凸窗这种特殊元素。

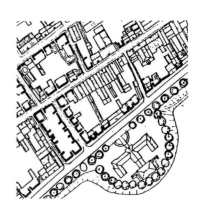

参考文献

G. Baier: *Denkmale in Mecklenburg* ; Hermann Böhlaus Nachfolger, Weimar ; 1977.

Richard Sennett: *Verfall und Ende des öffentlichen Lebens • Die Tyrannei der Intimität* ; S. Fischer Verlag, Frankfurt am Main, 1983.

Wolfgang Rauda: *Lebendige städtebauliche Raumbildung* ; Julius Hoffmann Stuttgart, VEB Landesdruckerei Sachsen, Dresden, 1957.

Sundische Reihe 2 : Stralsund - Die historische Altstadt; herausgegeben vom Rat der Stadt Stralsund Abt. Kultur, Rostock.

Sundische Reihe 3 : Stralsund - Altstadt/Wohnen/Bauen; herausgegeben vom Rat der Stadt Stralsund Abt. Kultur, Rostock.

Herbert Ewe: *Stralsund* ; Hinstorff Verlag, Rostock, 1989.

Herber Ewe: *Aufgaben der Denkmalpflege am Beispiel der Ostseestadt Stralsund* in; Mathematisch - naturwissenschaftliche Reihe Heft 1/2, Jahrgang XXVII, 1978.

Herbert Ewe: *Das Stralsunder Rathaus*.

Uwe Kieling; Gerd Priese: *Historische Stadtkerne - Städte unter Denkmalschutz* ; VEB Tourist Verlag, Berlin, Leipzig, 1989.

Kulturhistorisches Museum - Stralsund ; Hrg. Kulturhistorisches Museum Stralsund, Ostsee - Druck Rostock.

Stralsund ; Brockhaus Souvenir, VEB F. A. Brockhaus Verlag Leipzig, DDR, 1986.

Die Altstadt von Stralsund ; Hrg. von Deutsche Bauakademie.

Hans Simon: *Das Herz unserer Städte* ; Verlag Richard Bacht GmbH, Essen, 1967.

Rohde, Elfriede: *Hansestädte in unserer Zeit - Städtebau u. Erbepflege* ; Ostsee - Druck Rostock, 1984.

Nikolaus Zaske: *Die gotischen Kirchen Stralsunds und ihre Kunstwerke* ; Evangelische Verlagsanstalt GmbH. Berlin, 1964.

Fritz Adler: *Stralsund - Aufgenommen von der staatlichen Bildstelle* ; Deutscher Kunstverlag, Berlin, 1928.

Günter Rieger, Ulrich Windoffer: *Städte in Deutschland - Stralsund* ; Nicolaische Verlagsbuchhandlung, 1990.

Klaus - Peter Zöllner: *Vom Strelasund zum Oslofjord* in; Abhandlungen zur Handels- und Sozialgeschichte, Hrg. von der Hansischen Arbeitsgemeinschaft der Historiker - Ges. der DDR Band XIV, Verlag Hermann Böhlaus Nachfolger, Weimar, 1974.

Herbert Langer: *Stralsund 1600 - 1630 - Eine Hansestadt in der Krise und im europäischen Konflikt* ; Abhandlungen zur Handels- und sozialgeschichte, Hrg. von der Hansischen Arbeitsgemeinschaft der Historiker - Ges. der DDR Band IX, Verlag Hermann Böhlaus Nachfolger, Weimar, 1970.

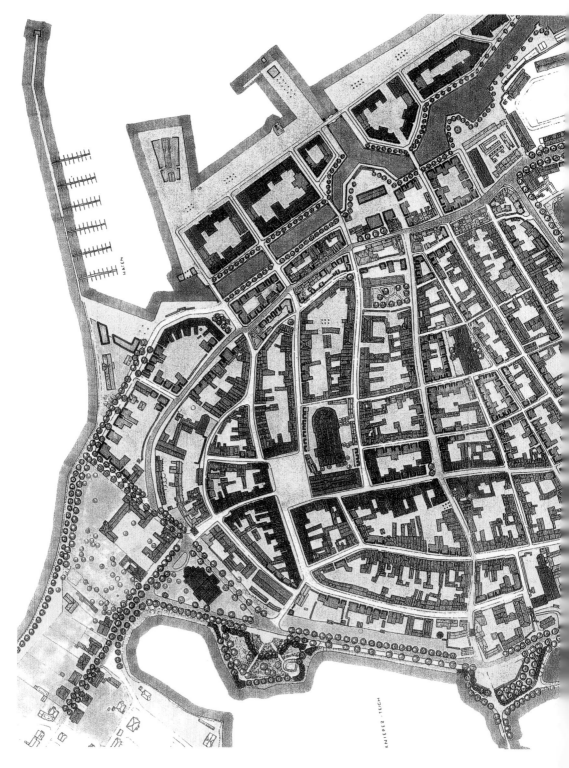

·Auftraggeber: Stadt Korntal-Münchingen/Deutschland
　委托方：德国科尔恩塔尔-明欣根市

·Projektname: Erhaltungssatzung und Gestaltungssatzung für
　den Ortskern Münchingen
　项目名称：明欣根市中心区现状保留及风貌保护条例

·Zeitraum: 07/2014 bis 07/2015
　项目时间：2014.07-2015.07

·Beteiligte Mitarbeiter: Prof. Dr. Philipp Dechow, M. A. Muyang
　Wang, Dipl.-Ing. Stefanie Heidinger, Bc. A. Murat Aygün
　设计人员：Prof. Dr. Philipp Dechow, M. A. Muyang Wang, Dipl.-Ing.
　Stefanie Heidinger, Bc. A. Murat Aygün

案例二 明欣根，一个德国小村镇的城市设计导则

Gestaltungsrichtlinien des Kleines dorf Münchigen, Deutschland

WARUM BRAUCHEN WIR GESTALTUNGSRICHTLINIEN?

我们为什么需要城市设计导则？

关于城市设计，我们的四个主张：
AUSSAGEN ÜBER STADTGESTALTUNG

1. 好的设计，是"设计"的结果
   Eine gute Stadtgestaltung ist das Ergebnis des Entwurfs

2. 好的设计，是社会功能和需求的一种表现形式
   Eine gute Stadtgestaltung ist eine Manifestation der sozialen Funktionen und Bedürfnisse

3. 好的设计，随社会变化中功能和需求的改变而改变
   Eine gute Stadtgestaltung ändert sich, weil sich die Funktionen und Bedürfnisse der Gesellschaft ändern

4. 好的设计，是一个整合后的整体
   Eine gute Stadtgestaltung ist eine kollektive Angelegenheit

1 好的设计，是"设计"的结果
Eine gute Stadtgestaltung ist das Ergebnis Des Entwurfs

Wolfgang Braunfels
《中世纪的托斯卡纳城市建设艺术》
柏林，1953年（引用自第5版 柏林，1982年）

《1297年5月10日，关于锡耶纳开窗设计的规定》（Braunfels 1982：250）

《1297年10月，关于锡耶纳建筑出挑构件设计的规定》（同上）

－禁止建设建筑突出物和阳台
－规定开窗类型（窗口类型：双开窗户，三开窗户，多扇开窗）

世界文化遗产城市锡耶纳（Siena）的设计并不自由，它是自"框架中"生长而成的

  锡耶纳专门设立了"城市之美"部门——一个服务于锡耶纳市民的高级部门，该部门提议市民拆除建筑悬挑构件，并执行系列其他规定，重建优美的个体立面，共同实现一个美丽城市！（15世纪早期，Braunfels，1982：254）

  "城市之美"部门提议，一位锡耶纳市民可以通过拆除阳台，免除其债务。（15世纪，布劳恩费尔斯，1982：25）

  "佛罗伦萨和锡耶纳，两座城市所呈现出的丰富多彩不是偶然的。

  锡耶纳是一座城市建设艺术的杰作。它和 Pistoia 和 Arezzo（托斯卡纳地区其他两座城市）的城市尺度相似，但锡耶纳市政当局在城市的整体性设计方面显然付出了更多努力。"（Braunfels 1982：14）

建筑的个体美与城市环境的制约框架共同构成了锡耶纳的美

  "陌生的舶来品风格被厌恶，"伦巴第的"，"拜占庭的"，"哥特式的"是平庸、低俗、无品位的近义词"。（布劳恩费尔斯，1982：19）

本次我们面对：

明欣根 – 一个斯图加特附近的小镇

不是历史文保城市，不是工业中心，不是大都市……

一个典型的德国小镇

这意味着：

自然生长型的结构

独立的建筑

松散的道路结构……

明欣根 – 简朴而自然的街道

在这样一个小镇中，建筑立面是影响城市建成环境的重要因素，因此也是城市设计导则控制的核心内容。

明欣根 – 看起来相似的房子

立面呈现：统一的基因密码 + 个性的面貌

为什么需要制定城市设计导则，因为村镇中亦有……

头重脚轻的个性化设计

等比例放大的巨无霸，与失衡的立面结构

臆想的建筑设计要素
不均衡的立面比例

虽然运用了地方设计元素，但比例失衡……
在此次导则中，我们以这栋建筑体为原型
进行特别试验，以予"改善"。

传统建筑的默契在于融于简朴的，乡村的式样。
该建筑物在形体上呈现了过多的凹凸及与场地不相符的复杂形式，例如圆窗和弧形屋顶。
在一个质朴的乡村环境中，这样的建筑形式过于复杂了。

奇突的公共空间界面

未制定城市设计导则之时，村镇中亦有……

"外来的一切都被认为是不好的，'伦巴第的'，'拜占庭的'，'哥特式的'，等同平庸、低俗、无品位的近义词"

德国小镇里的罗马柱廊

施特拉尔松德：应用设计导则 28 年之后

我们过往的成就：

世界文化遗产城市吕贝克，1974

世界文化遗产城市波茨坦，1990

世界文化遗产城市施特拉尔松德，1991

世界文化遗产城市马拉喀什，2013

世界文化遗产城市施特拉尔松：城市设计导则法规持续性的影响

这栋新建的建筑物，按照我们的导则适应了周边环境。然而它看起来缺乏现代气息，也许也不能满足现代人群的居住需求。

这是一个"经典"的城市设计导则

经典导则并没有错。但是它更为重视历史街区的特征而相对放弃对现代居住需求的满足。

经典性的城市设计导则：同等元素的微量调整与再利用

2 好的设计，是社会功能和需求的一种表现形式

Eine gute Stadtgestaltung ist eine Manifestation
der sozialen Funktionen und Bedürfnisse

曾经的农庄

今天的农庄

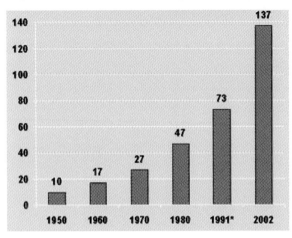

1950年 一个德国农民可以养活10个人
2002年 这一数字增长至137人

3 好的设计，随社会变化中功能和需求的改变而改变

Eine gute Stadtgestaltung ändert sich, weil sich die Funktionen und Bedürfnisse der Gesellschaft ändern

"传统"的生活方式在改变中……

"城市"，重新成为人们生活的首选地。

新生活方式的解放

- 1 或 2 人家庭的增加
- 生活方式的多样化
- 多元化和个性化的社会
- 首先在中心城市中，但周边地区也在呈现这样的趋势
  ——不同的亚文化群体
  ——个性化生活模式的设计和需求
  ——对居住环境的需求变化

多彩的我们

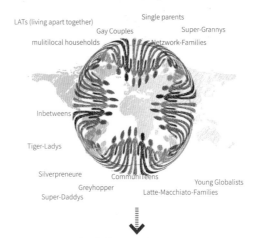

"经典"的导则不再满足需求和功能

第二代设计导则：明欣根的设计导则

巨大落地窗和舒适的大阳台是人们衷心的渴望：

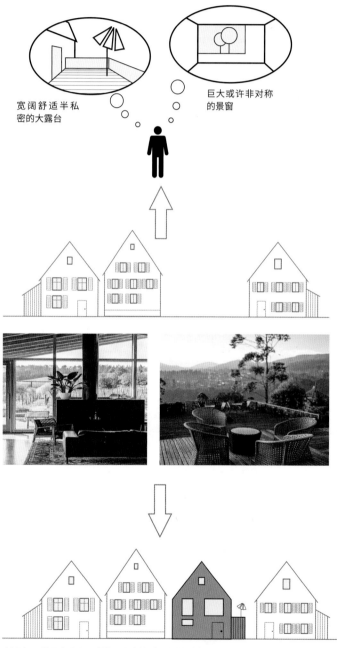

宽阔舒适半私
密的大露台

巨大或许非对称
的景窗

新目标：满足当代人需求的现代建筑，也和谐地适应周边环境

导则作为实现目标的工具

· 需求导向
例如露台、大型开窗的设计

· 多样性
不同的类型和个性化的表达谱系

· 和谐的城市意象
每一座建筑都应该和谐地融入城市

· 对识别性的积极贡献
每一座建筑都应该为城市意象的识别性做出积极贡献

· 精准选择的规则体系
在规则的制定要纳入考虑之中，不破坏城市功能和不产生高额费用

一般原则

从限制条件到实现目标的工具

塑造变化
变化在发生，但我们不会任它摆布。我们可以在框架内塑造它。

强调识别性
不是保护城市景象要素，而是强调保护其独特性和识别性。

保持灵活并鼓励创新
理解新产生的需要。只有当一个地方允许新事物出现，它才能保持活力。

将改变看作机会

导则不仅是一种限制，也是实现目标的工具

明欣根——小城风貌的核心特质?

简约的形式语言及和谐的比例

· 简洁的形式
· 相似的比例

"比例之谜"

人们可以凭借建筑形式辨别出建筑物来自德国哪个地区

然而建筑形式究竟是如何被定义的呢?

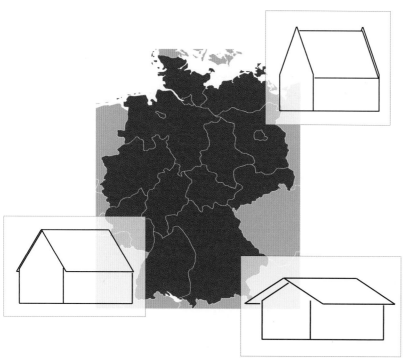

很多研究都在试图解读建筑的比例语言

QUADRATUR IN DER TRADITIONELLEN
ARCHITEKTUR

传统建筑物中的求积

Abb. 28: Appenzeller Bauernhaus
bei Trogen, Einzelhof
("Weberhaus"), Anfang 19. Jh.

Abb. 29: "Eglihaus" in Hombrechtikon
Lutikon im Kanton Zürich von 1566

Abb. 29: Ettenhausen (Kt. Thurgau),
1775 (Ständerbau, Kreuzfirstbau)

Abb. 30: Typisches Bauernhaus

Abb. 31: Hemmiken (1813), Kt. Basel-
-Land (Bez,. Sissach), Bauernhaus

Abb. 32: Traditionelle Architektur
aus Schottland (nach R.J.. NAISMITH
1989 64[1]

Abb. 33: Bauernhaus, Patergassen (Nock),
Kärnten, in "westslawischer Quadratur".

Abb. 34: Bauernhaus bei Hard, Vorarlberg,
"alemannische Quadratur".

[1] Ibd., 65: The essence of these houses lay in the following characteristics. (1) the clarity
of their geometric shapes and forms; ...(3) The average angle of the roof pitch is generally
close to 45°...

Fig. 27: Baroque village houses in Feher/Zeiden (1769, Brassó area)

Fig. 28: Ecel/Hetzeldorf (Nagyszeben area). Such house types were built by Saxons, but also by Hungarians
and Skéklers. Probably a state-guided rebuilding scheme?

图 片 来 源: Huber,Florlan;Rottlander,Rolf C.A.: Ordo et mensura VIII: Internationaler Interdisziplinarer Kongress fuer Historische
Metrologie; Berlin 2003

　　复杂的研究并无益于建筑形式的清晰定义——符合或违背某种形式规则建筑物，在数量上几乎旗鼓相当。

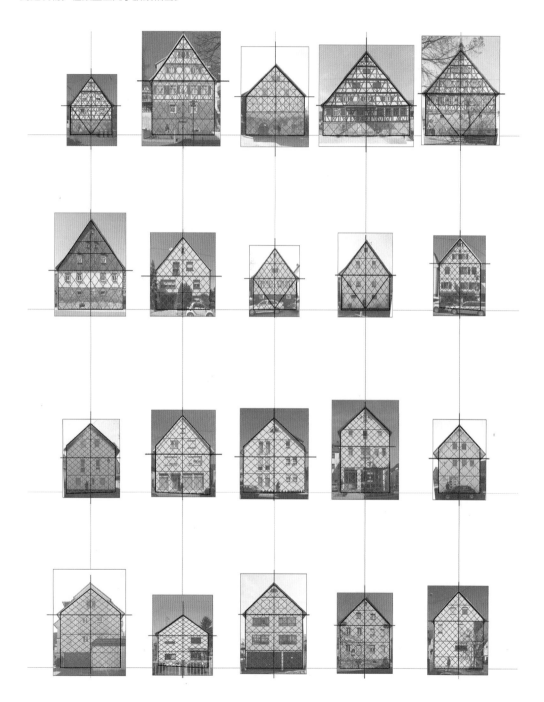

4 好的设计，是一个整合后的整体
Eine gute Stadtgestaltung ist eine kollektive Angelegenheit

"传统"的生活方式在改变中……
"城市"，重新成为人们生活的首选地。

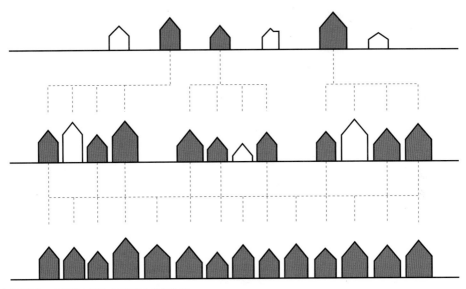

在建造过程中，农民们未必运用了复杂的数学法则。
更可能的是像一个深具相似性的大家族一样，那些广受欢迎的建筑物成为新建筑的参照，并在几代传承中逐渐形成了某些标准。

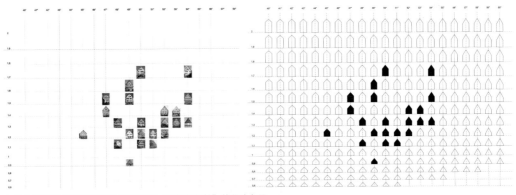

在与左图相对应的矩阵中可以看出这种"家族相似性"的紧凑布局。

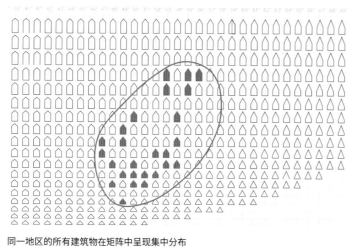

同一地区的所有建筑物在矩阵中呈现集中分布

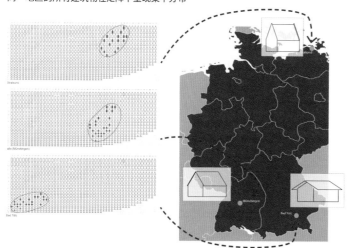

各地区的建筑物在矩阵上呈现相应的分布范围，就像符合遗传规律的"指纹"。

01 简单的矩形平面

平面体现简约原则

02 房屋山墙比例

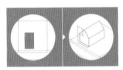

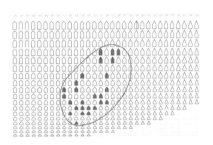

呈现区域特色的立面比例

03 加建建筑

加建让平面更加灵活并使露台成为可能

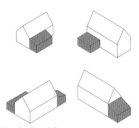

Verschiedene Anbautypen
不同的建造类型

Verschiedene Nutzungen der Anbauten
(Wohnraum mit Dachterasse, Loggia,
Windfang)

加建建筑的不同功能(带露台的起居
室,柱廊,挡风门斗)

04 建筑立面

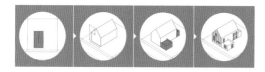

在比例确定的基础上，建筑的立面造型可以更为多样化。

05 屋顶结构

建筑屋顶结构应服从以下原则

Das Dach eines Anbaus kann als Dachterrasse genutzt werden.

Durch einen Dacheinschnitt vor der Gaube kann eine Loggia im Dach geschaffen werden.

Bei bestehenden Scheunengebäuden ؛ auch größere Dacheinschnitte ohne Gauben möglich.

配楼的屋顶兼可具露台功能

老虎窗前侧的凹空间可以修建屋顶屋廊

现存的谷仓建筑也可构建大尺度无老虎窗的屋顶凹空间

06 颜色，材料

（建造材料）只能使用特定范围的色系

Holzverschalungen am Hauptbaukörper: Weißtöne, helle Grau-/Brauntöne

主体建筑的木立面：白，浅灰，棕色区间

Gauben (seitlich und vorne): helle und dunkle Grautöne, Brauntöne

老虎窗（侧面和正面）浅灰，深灰，棕色区间

Anbauten:
helle und dunkle Grautöne, Brauntöne

配楼：浅灰，深灰，棕色区间

Akzente (Türen, Tore, Fensterrahmen, Fensterläden, Ortgang)
Akzentfarbe rotbraun oder blassgrün

重点（大门，门，窗框，百叶窗，山墙封檐板）：重点色彩，可使用红棕色或浅绿色

Dach:
naturrote oder rotbraune Ziegel

屋顶：天然红或红棕色瓦片

07 私人开放空间，围墙

开放空间有连续界面。联排住宅的围墙要统一化。

08 影响城市意象的建筑细节

细节往往能体现场所特有的魅力。因此每一个建筑物都要至少展示一个这样的细节。

Giebelfenster
山墙开窗

Treppe zum öffentlichen Raum
通往室外空间的台阶

Fensterläden / Faschen
窗框或门窗周边涂饰

Bank vor dem Haus
屋前座椅

Informelle Freifläche
房前空地

Bauerngarten
宅前花园

试验性设计

0 起点

这个并不完全错误的建筑，看上去却和场所不相匹配。

1 比例

这是在正确的比例下建筑呈现的面貌。然而立面还是显得单薄。

2 材料与分配

木材质外墙让建筑立面变的富有活力,部分包木外墙也能达到效果。

3 建筑细节

或者是通过设置有韵律的窗户和百叶窗。

前　　　　　后

这两张图的对比效果非常明显。